本专著获得国家自然科学基金项目"社交网站使用及其对领导—成员交换关系的双刃剑效应研究：基于边界管理与身份建构视角"（71862004）资助。

RESEARCHES ON
EMOTION WITHIN WORKPLACE

工作场所中的情感研究

韦慧民　潘清泉◎著

经济管理出版社
ECONOMY & MANAGEMENT PUBLISHING HOUSE

图书在版编目（CIP）数据

工作场所中的情感研究/韦慧民，潘清泉著 . —北京：经济管理出版社，2019.12
ISBN 978-7-5096-6951-8

Ⅰ.①工…　Ⅱ.①韦…②潘…　Ⅲ.①情感—研究　Ⅳ.①B842.6

中国版本图书馆 CIP 数据核字（2019）第 287750 号

组稿编辑：胡　茜
责任编辑：任爱清
责任印制：高　娅
责任校对：陈　颖

出版发行：经济管理出版社
　　　　　（北京市海淀区北蜂窝 8 号中雅大厦 A 座 11 层　100038）
网　　址：www.E-mp.com.cn
电　　话：（010）51915602
印　　刷：北京晨旭印刷厂
经　　销：新华书店
开　　本：720mm×1000mm/16
印　　张：19
字　　数：362 千字
版　　次：2019 年 12 月第 1 版　2019 年 12 月第 1 次印刷
书　　号：ISBN 978-7-5096-6951-8
定　　价：79.00 元

·版权所有　翻印必究·
凡购本社图书，如有印装错误，由本社读者服务部负责调换。
联系地址：北京阜外月坛北小街 2 号
电话：（010）68022974　　邮编：100836

序 言

情感在组织情境之中普遍存在，可以说，情感是组织生活中的一个重要组成部分。有关组织情境中情感的研究也是由来已久，并且现在越来越受到学者们和管理实践者们的关注。众多的组织学者都强调，情感对于个体的认知与行为均可能产生重要的影响。在工作环境中，员工的情感不仅会影响员工之间互动（刘得格和李焕荣，2013），还会对他们完成共同工作的过程和结果产生影响（Barsade & Gibson，1998；Smith et al.，2007）。据此来看，工作场所中的情感不仅影响个体自身，还可能影响团队甚至组织。有鉴于此，组织行为学者及管理实践者均需高度重视情感在组织情境中的意义，一方面，加强对于工作场所中情感发展机制以及影响效应机理的理解；另一方面，采取有效措施积极发挥工作场所中情感的价值，同时尽力避免由于不良情感可能给个人或组织带来的负面结果。

随着积极心理学与积极组织行为学的研究与发展，组织管理者不断探寻如何才能促进员工更好的情感体验。管理的真谛之一就是帮助员工创造幸福。因为这是促进组织管理效能提升的一个重要手段。例如，有研究表明，员工幸福感是员工感知到自身价值得以实现，且内心积极情感远大于消极情感的一种心理状态（Grant & Price，2007）。员工幸福感作为一种健康的心理状态，能对员工的工作态度和工作行为产生直接影响，进而影响到组织绩效（Wright & Cropanzano，2000）。另外，激情被定义为一种对个体喜欢的、重要的且需投入时间和精力的活动的强烈倾向。在工作场所中，激情可以促使员工增加时间投入（Murnieks et al.，2012），面对困难也能坚持不懈（Cardon & Kirk，2015）。此外，工作移情通常被视为一种积极的个体情感反应。工作移情使员工更加关注移情目标个体的福利和利益，对他们面对困境时的情感状态感同身受（Longmire & Harrison，2018）。

由于情感研究的进一步细化，探讨不同类型情感的内涵、影响效应及驱动机制越来越受到学者的关注。在此背景下，工作场所中的负面情感研究兴趣日益增长。工作场所焦虑定义为个体对工作场所相关的未来可能发生的事件产生的心理紧张、忧虑、焦灼不安等情绪反应，工作场所焦虑可能对员工的工作相关态度与行为产生负面影响（Bennett & Robinson，2000；Rotundo & Sackett，2002）。另外，愤怒通常被认为是消极情绪的代表。愤怒通常会与愤怒表达联系在一起，愤怒表达是个体感受到的愤怒所需要宣泄和释放出来的方式和途径。组织中的愤怒及愤怒表达可能会对组织及其成员产生显著的影响，包括消极结果和可能的积极影响。理解愤怒表达的重要影响因素及其作用机制具有重要意义，可以帮助组织及其成员更好地认识愤怒表达的潜在危害及恰当愤怒表达的价值。

就工作场所中的情感研究而言，针对领导者这一角色的探讨较为常见。领导者情感是领导者在工作场所中所体验到的一系列情感现象的总称，包括领导者状态情感和领导者特质情感两种类型。全面理解领导者的状态情感与特质情感对于理解组织中领导者情感发展及其影响效应机制具有重要作用。在实际的组织情境下，领导者可能常常会体验不同情感的矛盾性组合或动态性发展（George et al.，2007）。组织及领导者自身都应该关注相继引发的对立性质情感存在的矛盾情感以及动态情感发展状况，并对由此可能产生的后继影响高度重视，以利于领导者自身情感的更深层次调适，借以避免领导者不良情感状态可能导致的不利管理后果。另外，领导者的情绪智力和领导谦卑都是可能显著影响下属态度与行为的具体情感相关构念，值得进一步探讨和对比研究。

除了个体层面的情感之外，基于群体或组织层面的情感研究也逐渐受到重视。在传统的管理研究中，情感通常被认为是理性的对立面（Seo & Barrett，2007）。从现有研究来看，大量学者探讨了个体层面的员工情感影响效应和员工对特定情感的需求。但实际上，由于组织成员密切的相互作用过程，可能发生情绪传染，并因而形成相似的情感状态和集体情感氛围（Barsade & Knight，2015；Barsade，2002）。大量情感的研究学者提出，即使是在大型组织中，情感也能汇合在一起（Barsade & O'Neill，2014；Menges & Kilduff，2015），形成统一的组织情感氛围。组织情感氛围是个体层次的情感历程、规范、情感渲染以及同步交互等过程聚合而成的组织层面的情感（Barsade，2002；Elfenbein，2014）。鉴于组织情感氛围对于个体和组织的重要影响作用，组织管理者需要高度重视不同分类依据下的组织情感氛围及其发展演化，同时把握组织情感氛围发挥效应的具体作用机制，并予以针对性的管理和引导，从而发挥组织情感氛围对于个体及组织的积极影响作用，而最小化可能的负面影响。

正是出于上述考虑，本书聚焦于工作场所中的情感及其管理问题，通过对工作场所中的各种情感相关主题的探讨，明确不同情感的内涵、影响因素以及作用机制，促进工作场所中有关情感问题的理论研究，同时对于组织的情感管理相关实践提供参考与借鉴。本书共包括十五章，第一章导言概括性地介绍工作场所中情感的相关研究及其对于管理实践的意义。第二章和第三章探讨的是关于幸福感的主题,包括员工幸福感和具体的职业幸福感。其中,第二章介绍了员工幸福感的内涵、影响因素以及影响效应等;第三章则是具体实证检验员工的职业幸福感对于组织公民行为的影响,情绪智力在其中的调节作用和情感承诺的中介作用。第四章和第五章关注的是工作激情主题。其中,第四章梳理了工作激情的最新研究进展,阐释了工作激情的内涵、前因变量以及影响效应机制等。第五章实证检验职场排斥对于员工创造力的影响,特别剖析了工作激情在其中的中介作用以及员工自我效能感的可能调节影响。第六章聚焦于工作场所移情,介绍了工作场所移情的概念、影响效应以及驱动机制,最后指出工作场所移情研究的管理启示。第七章和第八章探讨的是工作场所焦虑。其中,第七章梳理了工作场所焦虑的概念、影响前因和作用效应机制,结合所构建的工作场所焦虑效应机制模型提出了相应的管理启迪;第八章实证探讨工作场所焦虑在专制型领导和员工工作绩效关系间的中介作用,以及员工权力距离感在其间的调节影响。第九章和第十章探讨的是组织中的愤怒表达,其中第九章介绍组织情境中的愤怒表达的内涵、影响因素以及影响效应,根据所构建的组织情境中愤怒表达的综合效应模型并提出针对性的管理启示;第十章具体检验领导者愤怒表达对员工工作绩效的关系机制,包括 LMX 的中介作用及领导者情感真诚的调节影响。第十一章和第十二章继续针对领导者这一重要的组织角色,探讨领导者情感的影响作用。其中,第十一章阐释领导者的情感概念、矛盾情感与动态情感以及具体作用机制。第十二章实证检验领导者情绪智力对下属工作绩效作用机制,包括领导—成员交换关系在其间的中介作用及员工权力距离感在其中的调节影响。第十三章和第十四章讨论的是领导谦卑主题。其中,第十三章梳理并阐释了领导谦卑的内涵、影响因素与效应机制,相应地提出了领导谦卑研究发展的管理启迪;第十四章实证检验谦卑型领导对员工情感承诺的影响机制,包括员工传统性的调节影响以及领导—成员交换关系的中介影响。第十五章讨论组织层面的情感,即组织中的情感氛围的界定、影响因素及影响效应,并针对性地提出了情感氛围研究的管理启迪。

概括而言,众多研究均表明,情绪或情感对于个体和组织均会产生重要的影响,并且情感的表现方式与过程管理比情感本身的影响效应更为突出。有鉴于此,在组织情境下理解情感的发生机制,学会恰当地表现情感,对可能产生负面效应的情感进行针对性管控,同时促进积极情感的积极价值发挥将具有重要意义。正是因为如此,在当代组织背景下,个体情商对于职业成功的重要性受到越来越多的关注。而情商包括了情感的自我管理与控制及对他人情感的理解与影响。在组织情境下,对情感的自我控制是个体获得成功的一项基本能力,但是自我控制情感并不意味着完全不能表达负面情感。不过正如生气很容易,但是选择在正确的时候用正确的方式表达生气却是一件并不容易的事。基于此,本书将聚焦于组织中的情感发展、影响效应机制及管理的探讨,旨在促进组织中情感相关理论研究的进一步发展,同时对组织中情感管理实践有所启迪。

目 录

第一章 导 言 ··· 1

第二章 工作场所中的员工幸福感研究 ······································· 5
    第一节 引言 ·· 5
    第二节 员工幸福感的内涵、维度和测量 ······························· 6
    第三节 员工幸福感的影响因素 ·· 11
    第四节 员工幸福感的影响效应 ·· 18
    第五节 结语、管理启示及未来研究展望 ······························· 22

第三章 职业幸福感与组织公民行为：情绪智力与情感承诺的影响 ········· 27
    第一节 引言 ·· 27
    第二节 理论基础与研究假设 ··· 28
    第三节 研究方法 ··· 32
    第四节 研究结果 ··· 35
    第五节 讨论与分析 ·· 39

第四章 工作激情研究最新进展及未来研究展望 ······························ 42
    第一节 引言 ·· 42
    第二节 激情与工作激情的内涵界定及测量 ···························· 43
    第三节 工作激情的影响因素 ··· 48
    第四节 工作激情的影响效应 ··· 50
    第五节 工作激情的作用机制综合模型构建及管理启示 ·········· 56
    第六节 结语及未来研究展望 ··· 57

第五章 职场排斥与员工创造力：工作激情与自我效能感的影响 …… 60
第一节 引言 …… 60
第二节 理论基础与研究假设 …… 61
第三节 研究设计 …… 65
第四节 结果分析 …… 67
第五节 讨论分析与未来研究展望 …… 71

第六章 工作场所的移情及其管理研究 …… 75
第一节 引言 …… 75
第二节 移情的概念及维度划分 …… 76
第三节 工作场所移情的影响效应 …… 80
第四节 工作场所移情的驱动机制 …… 85
第五节 工作场所中移情研究的管理启示 …… 89
第六节 结论与未来研究展望 …… 91

第七章 工作场所焦虑及其管理研究 …… 95
第一节 引言 …… 95
第二节 工作场所焦虑的概念、维度及测量 …… 96
第三节 工作场所焦虑的影响因素 …… 99
第四节 工作场所焦虑的影响效应 …… 104
第五节 工作场所焦虑发展及影响效应模型构建 …… 108
第六节 结论、管理启示及未来研究展望 …… 111

第八章 专制型领导与员工工作绩效：工作场所焦虑与权力距离感的影响 …… 117
第一节 引言 …… 117
第二节 文献回顾与假设提出 …… 118
第三节 研究方法 …… 121
第四节 研究结果 …… 123
第五节 讨论与分析未来研究展望 …… 129

第九章 组织情境中愤怒表达研究 …… 133
第一节 引言 …… 133
第二节 愤怒表达的内涵界定及测量 …… 134

第三节　愤怒表达的影响因素 …………………………………… 136
　　第四节　愤怒表达的影响效应机制 ……………………………… 138
　　第五节　组织中愤怒表达的综合效应模型构建 ………………… 140
　　第六节　结语、管理启示及未来研究展望 ……………………… 142

第十章　领导者的愤怒表达与员工工作绩效的关系机制研究 ……… 147
　　第一节　引言 ……………………………………………………… 147
　　第二节　文献回顾与假设提出 …………………………………… 148
　　第三节　研究方法 ………………………………………………… 153
　　第四节　数据分析结果 …………………………………………… 155
　　第五节　讨论分析与未来研究展望 ……………………………… 158

第十一章　领导者的情感及其影响研究 ……………………………… 161
　　第一节　引言 ……………………………………………………… 161
　　第二节　领导者情感的概念界定、分类及测量 ………………… 162
　　第三节　领导者的矛盾情感与动态情感 ………………………… 167
　　第四节　领导者情感的影响因素 ………………………………… 170
　　第五节　领导者情感的影响效应 ………………………………… 173
　　第六节　领导者情感的作用机制 ………………………………… 175
　　第七节　领导者情感发展及其影响的综合模型构建 …………… 178
　　第八节　结论、管理启示及未来研究展望 ……………………… 181

第十二章　领导情绪智力对下属工作绩效的影响机制研究 ………… 185
　　第一节　引言 ……………………………………………………… 185
　　第二节　文献回顾与研究假设 …………………………………… 187
　　第三节　研究设计 ………………………………………………… 190
　　第四节　数据分析和结果 ………………………………………… 193
　　第五节　结论、管理启示与未来研究展望 ……………………… 196

第十三章　领导谦卑研究综述及未来研究展望 ……………………… 199
　　第一节　引言 ……………………………………………………… 199
　　第二节　谦卑与领导谦卑 ………………………………………… 200
　　第三节　领导谦卑的影响因素 …………………………………… 205
　　第四节　领导谦卑的影响效应机制 ……………………………… 208

第五节　领导谦卑发展及影响效应的综合模型构建 …………… 216
第六节　结语、管理启示及未来研究展望 ………………………… 217

第十四章　谦卑型领导对员工情感承诺的影响机制研究 ………… 221
第一节　引言 ………………………………………………………… 221
第二节　理论基础与研究假设 ……………………………………… 222
第三节　研究方法 …………………………………………………… 227
第四节　数据结果与分析 …………………………………………… 229
第五节　讨论与分析 ………………………………………………… 235

第十五章　组织中的情感氛围及其影响研究 ………………………… 238
第一节　引言 ………………………………………………………… 238
第二节　组织情感氛围的界定与分类 ……………………………… 239
第三节　组织情感氛围的影响因素 ………………………………… 246
第四节　组织情感氛围的影响效应 ………………………………… 249
第五节　组织情感氛围及其影响研究的管理启迪 ………………… 256
第六节　结论与未来研究展望 ……………………………………… 258

参考文献 ………………………………………………………………… 261

后　记 …………………………………………………………………… 284

第一章 导 言

在组织情境下，情感对于理解组织行为的重要价值越来越受到认可（Barsade, Brief & Spataro, 2003）。早前的研究关注了积极情感与消极情感的影响作用，并且得到了较为一致的观点，即员工的积极情感对于组织是有利的，消极情感对于组织则是有害的（Lindebaum & Jordan, 2012）。如有研究发现，积极情感有助于激发认知，从而带来更高的创造力（Binnewies & Wornlein, 2011）；而消极情感状态下的个体，因为可能经历各种厌恶情绪状态，对自身更容易产生消极的看法，甚至更为缺乏自信和工作主动性，导致工作绩效的下降。根据这些观点，组织应该努力促进积极情感的产生，尽力避免消极情感的出现。然后进一步的研究出现了不一样的结果，如发现消极情感状态，一定的焦虑可以促进工作绩效的提升。为此，组织管理学者逐渐意识到仅将情感根据性质不同分为积极情感与消极情感是不够的。许多组织相关情感研究的矛盾发现促进了情感研究的进一步细化发展。

最近，有关组织中情感的研究开始逐渐意识到组织生活是充满着许多具体明确的情感的，如幸福感、骄傲、愤怒、妒忌、焦虑、激情等，每一种具体的情感对于员工的态度与行为均可能有着独特的意义（Butt & Choi, 2006; Butts, Becker & Boswell, 2015）。具体来说，员工幸福感有助于提高其组织公民行为、创新绩效等（Halbesleben & Wheeler, 2011）；工作激情较高的员工将会投入更多的进谏行为之中（Rothbard, 2003），并会产生较高的工作满意度（Carbonneau et al., 2008）；工作场所移情也可能促使员工产生更多的积极工作行为与态度（Ku, Wang & Galinsky, 2015）。一定程度的职场焦虑可能会促进员工绩效提升，但是过犹不及，过高的职场焦虑不仅可能阻碍员工绩效，甚至导致员工产生离职行为。由此来看，组织中的情感研究确实有必要对于每一种独特的具体情感进行深入探讨，以更准确地理解不同情感对于个体态度和行为及整个组织的具体影响及其内在的作用机理。

具体来说，就当前工作场所普遍存在的焦虑情绪而言，存在着不一致的观点。焦虑可以概念化为一种对压力源的反应,表现为紧张症状,甚至会带有模糊的忧虑,即个体可能都不知道自己为什么如此不安。一般情况来看,工作场所焦虑可能对员工的工作相关态度与行为产生负面的影响(Bennett & Robinson, 2000; Rotundo & Sackett, 2002)。因为焦虑的个体更易受到刺激,会变得更为敏感,当人们面对问题时更易选择逃避,减少工作行为,甚至产生更多的非伦理行为。弥漫性的焦虑体验不仅影响个体的工作,还可能对其家庭生活产生负面溢出影响,导致焦虑这种不良情绪状态更为严重,形成恶性循环。不过与之相对,焦虑有可能产生积极的结果。例如,Dodson(2011)提出,焦虑对个体的工作绩效具有促进作用。因为焦虑可能源自压力,而压力可能是一种重要的动力源,促进个体更努力地投入到工作之中,进而提高工作绩效表现。可见,焦虑并非一无是处,恰当地面对和处理工作场所的焦虑也可能带来积极的结果。在当前高压力的职场背景下,工作场所焦虑变得更为普遍,如何全面地理解工作场所焦虑的产生及作用机制,恰当地加以调控和利用,将有着更为重要的意义。

除焦虑之外,工作场所中的愤怒和愤怒表达还日益受到学者和管理实践者的关注。愤怒常被看作是一种典型的消极情绪。当人感受到愤怒时,通常需要通过某种方式将愤怒情绪表现出来,即所谓的愤怒表达。愤怒表达是任何一个经历愤怒情绪的个体都需要采取的方式,只是愤怒表达的具体方式会因人而异。传统观点强调了工作场所中愤怒表达的破坏性一面,指出它经常和消极的结果联系在一起。不管是理论研究还是实践均表明,普遍来说,愤怒会导致非常多的消极影响,愤怒表达也往往会导致来自他人的较低评价。相比之下,其他研究对这一观点提出了挑战。例如,Tiedens(2001)发现,在职业环境中表达愤怒的男性更有可能在工作中获得更多的地位、权力和独立性。Wang 等(2018)在研究中发现,当员工存在基于正直的违背行为时,领导者的愤怒表达会触发员工的推理路径,下属从他们领导者的愤怒中推断出发生不正直行为或情况是不可接受的,从而增加了领导有效性。由此可见,工作场所中的愤怒和愤怒表达并非是洪水猛兽,唯恐避之不及。恰当地表现愤怒也是一种重要的情境应对策略。

在组织情境中,角色地位的差异可能导致情感的发生及影响效应也会有所不同。作为具有相对优势地位和一定支配权力的领导者,其情感的影响更是得到了更多的关注。新兴的实证研究发现,相比以往研究所探讨的个体因素而言,情感对领导有效性的预测力更大。Little 等(2015)基于社会交换理论认为,领导者如若对下属表现出积极情感,那这种情感在满足员工期望的同时,也能激发下属做出更多回报,从而促使双方的领导—成员交换关系质量得到提升。Medler - Liraz(2018)在研究中除了证实领导者积极情感对领导—成员交换关系的正向影响之外,还发现了领导者消极情感与领导—成员交换关系的负向关系。Liu 等

(2017)以中层管理者及其直接下属为研究对象进行配对调查,结果发现,领导者所表现的积极情感有助于下属做出更多的建言行为。还有研究表明,谦卑型领导一方面可以直接影响员工的情感承诺,另一方面也可以通过建立高质量的领导—成员交换关系去影响员工情感承诺。为此,领导者可以通过策略性的情感表达与管理来提升领导有效性。

此外,情感的一个重要功能就是促进和调节社交互动(Keltner & Haidt, 1999)。在人际互动及关系发展日益受到重视的背景下,关注情感对人际互动的影响将是一个非常有趣的主题。有研究指出,就激情而言,不同类型的激情可能会产生不同的结果,其中和谐型激情对于人际关系可能产生正向影响,而强迫型激情则可能恰好产生相反的影响。有学者指出,从社会功能的角度出发,愤怒表达被认为是达到人际和个人内部目标的一种方式(Keltner & Gross, 1999)。只是组织管理者及其成员都需要正视并恰当运用愤怒表达。例如,Wang等(2018)就强调,一个成功的人很可能是谨慎地运用愤怒的人。即使员工有正当的理由也要适当地表达愤怒。为了避免不当的愤怒表达破坏员工之间的信任关系,员工应该提供明确的反馈,说明引起员工愤怒的行为或原因是什么,既向他人表明了自己愤怒的原因,同时也传递自己对于什么是不能接受的。由于在组织情境中,人际互动对于个体和组织的重要意义,深入理解不同性质的具体情感在其间的作用机制将有助于更好地理解组织中的人际互动过程,以更好地促进组织中人际关系质量的提升,为组织和个人发展提供更好的服务。

随着情感研究的不断推进,对于情感的关注开始由个体层面向群体层面拓展。由于群体和团队成员密切的相互作用过程,可能发生情绪传染,并因而形成相似的情感状态和集体情感氛围(Barsade & Knight, 2015)。在组织中,个体的情感可能汇合在一起(Barsade & O'Neill, 2014;Menges & Kilduff, 2015),形成统一的组织情感氛围。组织情感氛围是个体层面的情感向组织层面的过渡,从而在整个组织中形成一种一致性和共享的情感体验。有研究表明,组织中的消极情感展示氛围会向他人传达负面的人际交往信号,如冷漠、拒绝,这会导致人际交往压力,增加紧张和不适,从而对组织中的人际关系发展造成负面影响。积极情感体验氛围通过培养内外部成员之间健康和亲密的关系能促进较高质量的关系产生(Hartel & Ashkanasy, 2011)。组织中人际关系的质量对于组织的生产绩效、创新绩效等均可能产生显著影响。因此,组织需要努力营造积极的情感氛围。在组织情感氛围的营造过程中,领导者可以通过表现合理情绪为下属提供支持性环境,努力鼓舞和激励下属,通过情绪感染激发并维持一个积极的情绪氛围,从而提升领导者和组织成员的幸福感(Rajah et al., 2011),最终促进组织成员更多地投入到组织期望的积极行为之中。

总的来说，情感现象遍及工作场所，是我们认知、动机和行为的关键心理驱动力（Kanfer & Klimoski，2002）。可以说，情感在人力资源和组织行为管理过程中扮演着重要的角色。研究表明，个体对于具体情感的反应不再是早前研究认为的那样，即不会简单地表现为积极性质的情感带来积极结果，消极性质的情感则会引发消极结果。有时消极情感也可能带来一定的积极结果。此外，不同性质的具体情感类型也可能通过不同的作用机理产生不同的影响效应。当前的情感研究已经逐渐发展到对于具体类型情感发展及影响机制的深入探讨。不过，尽管组织领域中情感的研究取得了较为丰富的成果，但是究竟情感会如何影响组织的各种相关结果仍然很不明确。首先，为什么同一种情感均有着不同的结果？可能导致这一差异的边界条件是什么？都是需要进一步深入探究的主题。例如，妒忌这种隐藏的情感，一方面，可能激发妒忌者努力改善和提升自己，以缩小与妒忌对象之间的差距；另一方面，也可能导致妒忌者的拉低行为，即不是着手于自己的发展提升之中而是想办法拉低妒忌对象，使两人之间的差距看起来不是那么大（Tai，Narayanana & McAllister，2012），以达到心理的暂时平衡。这种损人不利己的反应策略可能会对组织产生极为不利的后果。其次，为什么不同的具体情感，甚至是性质上对立（积极的与消极的）的两种情感在某些情境下却有着相似的结果？也是值得深入探讨的问题。

第二章　工作场所中的员工幸福感研究

第一节　引言

幸福感是衡量个人生活质量和社会发展水平的一项重要指标。长期以来，哲学家一直在争论美好生活的本质，从这场争论中得出的一个结论是，美好的生活应该是幸福的。尽管哲学家们对幸福的定义常常不同，但均普遍认同幸福是美好生活的一个重要标杆（Diener et al., 2003）。Diener 和 Suh（1998）从效用的哲学概念出发，提出幸福感是评估社会生活质量的三种主要方法之一，与经济和社会指标并列作为社会生活质量的重要衡量标准。就普遍大众而言，人们对自己生活的感受和思考对于理解任何一个社会的福祉都是至关重要的。因为社会不仅重视专家或领导人的意见，还应重视社会中的所有普通老百姓的看法。为此，幸福感研究及幸福感提升实践对于社会具有根本的重要性。2017 年，习近平总书记在党的十九大报告中明确强调了"为人民谋幸福"是一项长期且艰巨的任务[①]。在这一背景下，关注幸福感成为一个十分贴切和响应各方呼吁的一个重要主题。

不仅普通的社会生活中幸福感受到重视，实际上在职场环境中幸福感同样也是一个不能回避的重要话题。随着积极心理学与积极组织行为学的研究与发展，企业管理者们不断探寻员工更好的情感体验和工作行为（叶龙等，2018）。管理的真谛之一就是为员工创造幸福，这也是提高管理效能的一条行之有效的重要途径。目前，正值经济新常态的背景之下，员工基本的物质需求得到满足，逐渐开始追求精神层次的满足（梁彦清，2018）。员工幸福感（Employee Well-Being，EWB）作为一种健康的心理状态，能对员工的工作态度和工作行为产生直接的

[①] 徐凤佳. 党的十九大报告（全文）报告诞生记. 新华社，http://m.cnr.cn/mil/20171029/t20171029_524004019_1.html, 2017-10-27.

影响，进而影响组织绩效以及组织目标的顺利实现（Wright & Cropanzano, 2000）。可见，在当前背景下，组织及其管理者努力提高员工的工作幸福感是必要且迫切的管理诉求。那么，员工在工作场所中的幸福感究竟如何产生，都有哪些因素促进或削弱了员工的幸福感呢？员工幸福感的提升对于组织而言有何影响，这一影响产生的机制是什么？……这些问题都值得组织及其管理者高度关注。

有研究表明，员工幸福感进一步影响了员工之后的工作情绪与工作表现，组织的幸福感影响机制对于员工在组织中能否感受到幸福，是否愿意留在组织并为其付诸努力，同时对自己最大限度地实现人生价值起着重要的基础保障作用（方慧等，2018）。由此可见，对员工幸福感影响因素和影响效应的挖掘与整理，无论是对于员工还是对于组织而言，都有着重要的理论意义和现实价值。有鉴于此，本书在梳理员工幸福感相关文献的基础上，首先系统总结并详细阐释了工作场所中员工幸福感的内涵和维度，其次剖析了员工幸福感产生的影响因素及其可能的影响效应，并基于此构建了工作场所中员工幸福感的综合作用模型，借以达到梳理和完善员工幸福感文献，展望员工幸福感未来新的研究视角和研究方向以促进员工幸福感理论研究，同时对工作场所中员工幸福感管理实践起到有所借鉴的作用。

第二节　员工幸福感的内涵、维度和测量

一、幸福、幸福感和员工幸福感的内涵界定

最早研究对幸福的定义主要从两个角度展开：一是享乐主义，它以快乐为中心，以获得快乐和避免痛苦的方式来定义幸福；二是自我目标主义，也称功利主义，它专注于意义和自我实现，并根据一个人充分发挥作用的程度来定义幸福。其中，将幸福等同于享乐或快乐有着悠久的历史，即长期以来幸福的享乐主义观都受到不同学者的关注。公元前4世纪的希腊哲学家Aristippus说，人生的目标是体验最大限度的快乐，而快乐是一个人所有快乐时刻的总和。他早期的哲学享乐主义被许多人追随。具体来说，享乐主义作为一种对幸福的看法，常常以多种不同的形式表现出来，从相对狭隘地仅关注身体的快乐到广泛地关注包括对食欲、生活和自我利益的普遍追求。采用享乐主义观点的学者倾向于关注以快乐为中心的幸福定义，这其中的快乐包括身体和心理在内的全方位的偏好和快乐

(Kubovy, 1999)。实际上,功利主义哲学家 Bentham(1994)也认为,正是通过个人对快乐和自我利益的最大化的追求,美好社会才得以建立。由此看来,即使是功利主义观也认可追求快乐最大化是非常重要的。

综合享乐主义和功利主义两种观点形成了关于幸福感不同的研究重点和知识体系,就像有哲学上的争论把享乐的快乐等同于幸福一样,关于幸福感的衡量标准也有相当多的争论(Ryff & Singer, 1998)。这些争论在某些领域存在分歧,而在另一些领域则是相辅相成的(Ryan & Deci, 2001)。幸福感是一个复杂的概念,涉及最佳的体验和功能。Diener 等(1999)定义主观幸福感(Subjective Well-Being, SWB)认为,人们对自己的生活到底如何科学地评价与分析,包括了对自己当前和过去一年甚至更长时间在内的生活全方面的评估。这些评估包括人们对事件的情感反应、他们的情绪、他们对生活满意度和满足感及对婚姻和工作等领域的满意度的判断。可见,主观幸福感关注的是常人称为幸福或满足的研究(Argyle, 2001; Diener et al., 1999)。事实上,享乐主义学者的主流观点是幸福感由主观的幸福组成,关注的是快乐和不快乐的体验,广义上解释为对生活中好的或坏的因素的所有判断。因此,幸福感不能单单归结为身体上的享乐主义,因为它可以从实现不同领域的目标或有价值的结果中获得,所以心理上的快乐同样是构成幸福感的一个重要部分。这也是在享乐主义和功利主义观共同驱动下发展起来的幸福感内涵(Diener et al., 1998)。Ryff 和 Singer(1998, 2000)也探索了关于幸福感定义的问题。他们借鉴亚里士多德的观点,不仅把幸福感描述为获得快乐,还把幸福感描述为"追求完美,代表一个人真正潜力的实现"。Ryff 和 Keyes(1995)还进一步区分了不同类型的幸福感,即将心理幸福感(Psychology Well-Being, PWB)与主观幸福感区分开来,并从六个方面定义心理幸福感,包括自主性、个人成长、自我接受、生活目标、掌控力和积极的综合感知结果。

就工作场所中幸福感的研究也随之得到了发展。例如,Horn 等(2004)把员工幸福感定义为员工在工作过程中对认知、行为、动机、情感及身心等各方面的综合状况评价。王佳艺和胡安安(2006)在享乐主义观点下定义员工幸福感为对工作的满意程度,主要是较多的积极情感体验。Grant 和 Price(2007)定义员工幸福感就是员工感知到自身价值得以实现,且内心积极情感远大于消极情感的一种心理状态。Page 和 Dianne(2009)将员工幸福感定义为员工在工作场所这一特定情境下对工作状况的积极情感以及认知体验。苗元江等(2009)认为,员工幸福感是员工的幸福感知在工作领域的反应,主要包括员工的感知、情感、评价和动机四个方面。Fisher(2010)认为,员工幸福感是一个多维的概念,它是工作中员工的心境、情绪、稳定态度的聚合体验。Xanthopoulou 等(2012)认为，员工幸福感是个体从低度唤醒到高度唤醒的一种愉悦状态。Véronique 和 André（2012）从目标主义观出发，定义员工幸福感为员工在工作过程中的积极的情感体验。陈建安和金晶（2013）将员工幸福感定义为员工对企业福利和企业生活的一种认知和情感体验，是员工对自己工作质量的一种综合评估状态。黄亮（2013）将员工幸福感定义为员工能够从事与自身能力匹配的工作，且努力寻求自身价值得到充分发挥的一种状态。邹琼等（2015）定义员工幸福感是员工发挥自身潜能、实现组织目标过程中的愉悦体验与心理感受，是员工和组织之间长期的、动态的体验。

概括而言，享乐主义和功利主义理论家之间的争论，既有古代的，也有当代的，而且常常是相当激烈的，这个问题不会很快得到解决。我们之所以高度重视这个问题，是因为它们在幸福和幸福感理论研究和实践上的重要性，也因为这个问题在我们的主题领域产生了不同但相互关联的研究文献（Ryan & Deci, 2001）。在享乐主义和功利主义两种理论的交织下，有了既重视员工的快乐结果又重视员工在工作过程中的自身价值实现的员工幸福感定义视角（孙健敏等, 2016）。随着员工幸福感研究地不断发展和深入，近年来又有学者综合享乐、目标、职业发展等方面，把员工幸福感定义为员工既对当前工作体验，又对整个职业生涯发展的综合感受（Kidd, 2008；翁清雄和陈银龄, 2014）。其中，员工职业生涯发展规划为核心，员工当前工作经历、工作情感和状态为辅助。总结上述员工幸福感内涵，可发现其主要包括愉悦感知、能力发挥、价值实现、享受过程这几个方面，再加之新的职业生涯幸福感视角下对职业的综合感受，本书把员工幸福感定义为员工在发挥自身潜能、实现自身价值的过程中感到愉悦，并对整个职业生涯发展充满信心的一种动态和长期的情绪体验。

二、员工幸福感的维度划分

在侧重享乐主义视角下，王佳艺和胡安安（2006）把员工幸福感划分为积极情绪、消极情绪、工作不同方面的满意度及工作整体满意度四个维度。Page 和 Dianne（2009）将其划分为工作内部因素满意度、工作外部因素满意度及核心情感三个维度。Xanthopoulou 等（2012）将员工幸福感分为积极情绪、工作投入、工作参与度和工作满意度四个维度。张兴贵等（2012）将其分为情绪体验、工作不同层面的满意度、整体工作满意度和幸福感体验四个维度。

在侧重功利主义视角下，Véronique 和 André（2012）把员工幸福感划分为工作认可度、工作参与度、工作胜任感、工作旺盛感及工作—人际匹配度五个维度。张兴贵等（2012）将其划分为优秀品质、实现个人价值和从事有意义的活动三个维度。陈建安等（2013）认为，员工幸福感应当划分为发挥潜能、实现自身价值两个维度。黄亮（2013）则在重视完全的精神体验上将其划分为自我完善、充分发挥自身潜能两个维度。

在综合享乐主义和功利主义两者的视角下，Horn 等（2004）把员工幸福感划分为身心幸福感、认知幸福感、社交幸福感、职业幸福感及情绪幸福感五个维度。Grant 和 Price（2007）则把员工幸福感仅仅分为情感体验、自我效能两个概括性的维度。苗元江等（2009）将其分为正向情绪、负向情绪、自我成长、自我价值、人际关系及完美工作的满足程度六个维度。Creed 和 Blume（2013）基于职业发展的视角下把员工幸福感的维度划分为工作困扰和工作满意度两个部分。黄亮（2014）认为，员工幸福感包括社会幸福感、认知幸福感、职业幸福感和情绪幸福感四个维度。邹琼等（2015）把员工幸福感划分为积极情感、工作满意度、工作旺盛感、工作投入度及心理体验五个维度。

综上所述，员工幸福感是一个多维度的构念。虽然不同的学者对于员工幸福感的维度划分有着不同的观点，但是均认可员工幸福感包括多个维度。基于综合视角下，对员工幸福感的维度划分主要集中在工作过程中的情感体验和自我价值实现这两个大方面，不仅包含了员工在工作过程中的情绪波动及最终情绪状态，也囊括了员工的感性情绪和理性情绪，工作过程满足了自身价值发挥的潜能，最终通过工作过程及工作结果获得全身心的幸福感体验。在此视角下的员工幸福感维度划分得到了大多数学者的认可并在自己的研究中采用。

三、员工幸福感的测量

关于员工幸福感的测量量表，也有不同视角下不同的测量题项选择。首先是基于享乐主义和功利主义各自视角下的测量量表，其次是基于综合视角下的员工幸福感测量量表发展。

第一，在享乐主义幸福感视角下，Van Katwyk 等（2000）把员工幸福感的测量分为唤醒状态、愉悦情绪两个子量表，共 30 个题项。Page 和 Dianne（2009）制定了工作整体满意度、不同工作层面满意度两个子量表，共 16 个题项的员工幸福感量表，量表用 Likert 5 点计分法，从"非常不符合"到"非常符合"计分。高丽丽（2014）将员工幸福感列为单维度，共 12 个题项的列表，示例题项为"我认为我有良好的工作状态""我能感受到我工作的意义""我拥有值得依赖和信任的同事"，量表用 Likert 5 点计分法，从"非常不符合"到"非常符合"计分。

在功利主义视角下，文峰（2006）将员工幸福感分为环境适应、发展前景、福利待遇、工作价值、工作自由、人际关系及自我接受 7 个子量表，共计 38 个题项的总量表，量表用 Likert 5 点计分法，从"非常不符合"到"非常符合"计分。而郭杨（2008）制定了含有工作胜任、工作认可、民主和睦、内部激励、坚强乐观、工作生活平衡度和福利待遇 7 个子量表，共计 69 个题项的员工幸福感量表，量表也采用更细致的 Likert 7 点计分法，从"非常不符合"到"非常符合"。Véronique 和 André（2012）根据自己关于员工幸福感的维度划分制定了包含工作卷入度、工作认可度、工作胜任感、工作旺盛感及工作人际匹配度 5 个子量表，共计 25 个题项的总量表，此量表用 likert 5 点计分法，从"非常不符合"到"非常符合"计分，并且得到了学界的广泛应用。

在综合视角下，员工的感知与心理感受都考虑了进来，也形成了更加科学、完备、有说服力的员工幸福感量表。Warr 和 Peter（1990）最早编制了整合员工幸福感视角下的员工幸福感量表，共包括工作胜任感、工作自主性、工作抱负、情绪幸福感 4 个子量表，共计 24 个题项，量表用 Likert 5 点计分法，从"非常不符合"到"非常符合"计分，示例题项有"我享受在工作中做出的新尝试""我能够调整我自己的工作目标"等，这也是国内外许多学者经常参考的量表，比较具有权威性（刘斌，2018）。Horn 等（2004）根据自己对员工幸福感的 5 维度划分，制定了包含身心幸福感、认知幸福感、社交幸福感、职业幸福感及情绪幸福感 5 个子量表，共计 114 个题项的总量表，量表用 likert 7 点正向计分法。Paschoal 等（2008）制定了具有积极情绪、消极情绪和自我实现 3 个子量表，共计 30 个题项的员工幸福感量表，量表用 likert 5 点计分法，从"非常不符合"到"非常符合"计分。Orsila 等（2011）开发了具有个体内部幸福感、组织氛围 2 个子量表，共计 33 个题项的员工幸福感量表，量表用 likert 5 点计分法，从"非常不符合"到"非常符合"计分。Baldschun（2014）制定了具有个体幸福感、认知幸福感、身心幸福感、社交幸福感、职业幸福感及情感幸福感的 6 维度员工幸福感量表，量表用 likert 5 点计分法，从"非常不符合"到"非常符合"计分。国内学者黄亮（2014）根据自己对员工幸福感的社会幸福感、认知幸福感、职业幸福感和情绪幸福感 4 维度划分，制定了具有 29 个题项的量表，其中社会幸福感维度包含相信企业重视自己的价值、相信企业成员间是友好和睦的等 5 个题项；认知幸福感维度包含认为自己有思考复杂问题的能力、觉得自己有清晰的思维力等 5 个题项；职业幸福感则包括工作胜任感的 3 个题项、工作认可度的 4 个题项和工作抱负的 3 个题项；情绪幸福感包括积极情绪的 4 个题项和消极情绪的 5 个题项，该量表用 likert 5 点计分法，从"非常不符合"到"非常符合"计分。黄亮有效地整合了快乐观和享乐观两种理论视角，构建了情绪与认知、胜任与抱负、个人与企业、主观与客观相统一的员工幸福感量表，深化了学者对工作场所中的员工幸福感的内涵、结构及理论认知，有效地解决了中国情境下员工幸福感的理解和测量问题，得到了国内很多学者的认可、接纳和采用（马金鹏，

2015)。此外,学者也不断开发新的理论视角下员工幸福感的测量量表,Creed 和 Blume(2013)基于职业生涯幸福感的视角制定了员工幸福感的"工作困扰"和"工作满意度"2个子量表,共计18个题项的总量表,量表用 likert 5 点计分法,从"非常不符合"到"非常符合"计分。

总的来说,尽管综合视角下的员工幸福感的测量表得到了大多数学者的追捧,但不同组合构念是否能够完整地解释员工幸福感的内涵还存在一定争议,缺乏充分的论证,其量表的科学性和信效度需要进一步得到验证(Luo et al., 2011)。因此,在此类量表的使用过程中,第一要注意文化情境的适应性,尽量选择适合自己文化特征的测量表,以确保量表良好的信效度;第二要对量表进行科学、严谨、完善的效度检验,以保证测量结果的有效性和实证研究的准确性。另外,目前员工幸福感测量表忽视了工作过程中对导致员工幸福感产生变化的原因的理解和测量,员工幸福感不是一个单独的变量,在企业管理实践中应考虑多方面相关因素的理解和测量。

第三节 员工幸福感的影响因素

员工幸福感是员工的积极情感体验在工作领域的反映,是员工对自己整体工作状况、组织氛围、员工关系、能力发挥的综合感受和评价。首先,员工自身的性格、认知,可能使其较容易获得积极情绪体验,有较高的工作幸福感;其次,员工人际关系、员工与领导之间的关系带给员工不同的情绪和抱负,进而影响到员工的幸福感状况;最后,组织环境的不同也给了员工不同的幸福感体验,组织的氛围、工作特征及领导风格赋予员工培训、成长与发展的机会也使员工产生了正向或者负向的情绪。可以说,工作场所中各种复杂交错的事物各自以及整体上均可能带给员工不同的幸福感体验。理解并全面把握员工幸福感的影响因素将有利于更好地理解员工幸福感究竟如何产生,组织及其管理者可以从哪些方面入手主动提升员工幸福感。在此,本书对员工幸福感的影响因素进行了系统的文献梳理,具体归结为以下三个方面,包括员工个人层面因素、关系层面因素及组织层面因素。

一、员工个人层面因素

1. 员工的人格特质

从快乐观的观点出发,员工幸福感是员工在工作过程中的一种主观体验和感受。为此，员工自身的人格特质在很大程度上可以决定员工的幸福感认知。Eysenck（1983）认为，外向性的人格特征不仅使其愿意与同事相处、充满活力，也会更加积极投入到集体活动中，从而容易收获到较高水平的积极情绪体验；反之，内向性人格的人往往不能很好地调节自己的情绪，对外界刺激反应敏感，且不会较好地应对工作压力，因而容易产生消极的情绪体验。Scheier 等（1993）通过研究发现，乐观主义者比悲观主义者更容易被激励去做出更优秀的工作行为和工作成绩，也更容易鼓舞士气，获得较高的幸福感。Judge 等（2002）的研究也证明了员工的人格特质对员工幸福感会产生直接影响。

国内学者梁艳华（2009）发现，人格特质是影响员工幸福感的重要因素。张一（2012）也认为，大五人格的不同人格特质会对员工幸福感产生或正或负的影响，同时员工的外倾性、责任感也会对员工幸福感产生预测作用。概括而言，正如心理学家 Seligman（2004）曾说过，积极的人格特质是一个人容易感到幸福的保障。可见，乐观、开朗、积极的员工更容易感受到工作过程和工作结果中的乐趣，更容易产生较高的工作幸福感。不过，因为员工的人格特质是相对稳定存在的，其对员工情感和幸福感体验形成的影响也是同样长期稳定存在的。基于人格特质影响员工幸福感的观点，员工幸福感似乎是难以改变的。从实际上来说，同样是内向人格特质的员工在员工幸福感的体验上也存在着显然的差异。由此来看，人格特质是影响员工幸福感体验的一个重要因素，但是这种影响也是潜在的，而不是必然的。由于员工的人格特质在进入职场之后就相对稳定难以改变，考虑到人格特质对于员工幸福感的重要影响，因此，组织及管理者在提升员工幸福感的管理实践过程中还需要针对员工人格特质的不同特点采取差异化的针对性措施以达到更好的实际效果。

2. 员工的认知

从综合员工幸福感的概念来讲，因为员工幸福感不仅是享乐主义观点下的身体上的快乐感知和体验，也包含了功利主义观点下员工在工作过程中产生的内心愉悦感，以及完成工作实现自身价值而产生的心理上的积极情感体验。正是出于此，员工幸福感可以说是一种有较强主观性的情感体验，这导致了员工的认知状况会通过影响员工心理上的具体评价体验，并进一步影响员工最终的幸福感（屠兴勇等，2017）。例如，Crocker（2002）指出，自尊作为员工的一项认知，它的高低状况对员工的幸福感体验有着完全不同的影响结果，其中，高自尊的员工总是试图寻求自己在组织中的较高地位和价值，如果自我调控能力比较弱，在高组织自尊的目标自己达不到后，可能就会产生愤怒、不公等消极情绪，降低幸福感体验，因此，高自尊追求而自我调控能力又较弱的员工会有相对较低的员工幸福感。

另外，员工内部人身份认知作为员工对个人属于组织的感知和作为组织成员的接受度，这个认知类型突出关注员工身份的定义，关注他们对公司的认知和心理判断。角色反映个人期望自己在组织中的身份，也相应地承担这个角色对应的工作心理和工作行为（Burke，2006）。根据角色认同理论，员工依赖于内部人身份认知来认识到别人对自己角色的期望，根据这一点，使自己的心理状态和工作行为得到了调整。国内学者屠兴勇等（2017）在验证内部人身份认知对员工角色内绩效的实证中，间接证明了员工较高的内部人身份认知给了员工较高的心理安全感和归属感，对自己的工作也有了更高的期待和目标，也在努力工作的过程中因实现了自己的工作价值而感到更加愉悦和幸福。由此可见，较高的内部人身份认知从功利主义的幸福感视角给了员工更多的幸福感体验。基于此，组织和管理者可以通过影响员工的认知进而影响员工的幸福感。例如，可以努力帮助员工增加组织内部人身份的认知，提高员工的归属感和组织认同度，进而更能体会到来自于组织和工作的价值与意义，最终提高员工的工作幸福感。

二、关系层面因素

1. 员工的人际关系

人是社会性的群居物种，人际关系对员工的情绪体验很重要，加之我国的文化传统历来重视面子、人情，为此，在我国文化背景下人际关系对员工的幸福感影响就显得更为突出。Cohen 和 Wills（1985）认为，员工良好的人际关系能够构建良好的员工交流网络，从而持续提高员工幸福感水平，他们还针对人际关系对幸福感的影响效应提出了两种模型：主导模型和缓冲模型。主导模型认为，不管在不在应激状态下，员工的人际关系好坏始终是影响员工幸福感的重要因素，而缓冲模型则认为，员工的人际关系状况是工作心理刺激的缓冲器，人际关系是保护处于应激状态下的员工的，缓解其工作中的不愉快、压力大的刺激，进而间接增强员工幸福感。也有学者甚至认为，员工的人际关系状况就是员工幸福感的本质体现（Deci et al.，1991）。

国内学者苗元江等（2009）认为，良好的人际关系给了员工足够的心理安全感，增加了员工的归属感和安全感；相反，不理想的人际关系使员工与同事在合作中容易出现隔阂，与领导的上传下达中产生不信任，员工自信心被打压，没有归属感和安全感，饱受消极情绪的困扰，无形中降低了员工对组织的依赖感和幸福感。

综上来看，一方面，员工的人际关系状况可以作为缓冲带，使员工的压力与刺激等不良诱因可能引发的不良心理状况有所缓解，从而间接提高员工的幸福感体验；另一方面则可能直接作为员工心理满足的重要因素，员工可以从良好的人际关系水平中获得满足与幸福。中国历来对于人情和关系都非常重视,基于此,组织与管理者可以遵从这一传统,在制度管理的基础之上,同时考虑员工关系管理,让员工在良好的组织人际关系背景下能够更有心理安全感和满足感,从而体验到综合的幸福感。

2. 领导—成员交换关系

员工与领导良好的上下级关系是员工实现良好的工作环境、收获工作绩效与积极情感的重要途径。有研究表明,与领导坦诚、开放的沟通可以构建领导和员工之间相互信任的关系网络,从而提升员工幸福感(Kramer & Tyler,1996)。Liden 和 Maslyn(1998)也验证了领导—成员交换对员工幸福感和员工工作满意度的积极影响。另外,由于在中国传统文化背景下,员工普遍具有较高的权力距离和集体主义倾向,这就使领导—成员交换关系对员工幸福感的影响作用引起了更多国内学者的注意。国内学者梁彦清(2018)就基于自我实现理论和社会交换理论,从领导—成员交换的情感、忠诚、贡献和专业尊敬4个维度证实了其在职场精神力的中介影响下对员工幸福感有着显著的正向影响作用。由此来看,组织与管理者在重视培训和指导员工良好人际关系发展的过程中还需要特别关注上下级关系质量,如可以努力提高领导—成员交换关系水平。

正是由于领导—成员交换关系对员工幸福感产生的显著正向影响作用,领导者在日常分配工作与员工交往中,要意识到忠诚、积极情感、贡献及专业尊敬的重要性,可以通过尽量给予员工言语、物质与权力上的帮助与支持,给员工充分的信任和安全感,认可员工的专业技能,共同制定员工的工作目标,让员工切实感觉到领导者对自己的重视以及赋予自己的宝贵资源,从而增加内心的幸福感。由于中国文化背景下高权力距离的特点,因此,组织领导者更需要在这一过程中发挥主导力量和主动作用,由领导者作为发起者,在领导—成员交换关系的发展中起着积极的引领和促进作用,努力提升领导—成员交换关系质量,从而促进员工幸福感的提高。

三、组织层面因素

1. 工作氛围

企业从成立之初到不断发展壮大,会形成一些被多数新老员工认可并遵守的系列文化观点、价值理念、办事原则,而这些因素综合起来可能成为员工日常办公和同事之间交往的工作氛围。工作氛围充斥着员工每天的工作过程,必然会对员工的情绪产生或积极或消极的影响。组织中的工作氛围是一个比较笼统的概念,组织管理研究者在探讨工作氛围对员工的影响时常常会细化出不同的工作氛围要素,探讨其对于员工可能产生的不同影响机制,如组织中的集体主义氛围、支持性人力资源管理下形成的主人翁氛围、强调创新的组织创新氛围等。

(1) 集体主义氛围。集体主义氛围重视员工的安全感、归属感和团队凝聚力，能够促进紧密人际关系的形成，给员工营造家一样的亲切感，对员工给予亲人般的关切和照顾，满足员工各方面的物质和精神需求，从而增强员工幸福感（时勘等，2011）。根据社会认同理论的观点，在集体主义氛围下，企业不单单是劳动和报酬交易的场所，还是员工间紧密联系、互帮互助的大家庭，员工深知自己作为集体中一员的重要性与艰巨性，更加认可组织的绩效目标，在组织的积极情绪诱导下，与组织共同努力实现组织目标（李燕萍和徐嘉，2013）。李正卫等（2018）也设计理论模型阐述了集体主义氛围对员工幸福感的正向影响。

(2) 主人翁氛围。支持性人力资源管理强调企业重视员工的幸福感和贡献，给员工塑造了主人翁氛围。在这种主人翁氛围下，员工尽职尽责地工作，更加追求卓越的绩效，并且愿意在工作中关心、帮助其他同事，对组织更加忠诚，工作氛围更加积极愉悦（张瑞娟，2016）。虽然工作氛围看不见、摸不着，但其的确能够影响员工的日常生活和工作，较高的主人翁氛围使员工有了主人翁的认知，在心理上更易于融入组织且为自己是组织中的一分子而感到骄傲，牵挂着组织的相关事宜，拥有强烈的个人幸福感，并且逐步激发员工的群体幸福感（刘超等，2012）。陈建安等（2018）运用自我效能理论和目标理论，通过配对调查数据也揭示了在支持性人力资源系统下，主人翁氛围对员工幸福感的积极影响。

(3) 组织创新氛围。刘斌（2018）运用社会认知理论，探究了组织创新氛围在员工幸福感的中介下，对员工创新行为的影响机制模型。由此可见，组织创新氛围对于员工幸福感有着积极的正向影响。在强调创新的大背景下，员工可以通过加强创新投入，获得自我成就感，并且由于组织鼓励创新，所以员工在追求这一可能存在失败风险的创新过程中不需要过于担心可能带来的损失，从而可以全身心地投入到创新实践之中，在这一尝试过程以及最终可能得到的创新成果中，员工可以获得较大的满足感与成就感，员工幸福感有了更深层次的来源。

综合上述分析，组织及其管理者应当意识到工作氛围营造的重要性，可以通过积极的工作氛围促进员工的幸福感，包括提高组织的集体主义工作氛围、主人翁氛围及组织创新工作氛围等。在组织管理实践中，适当通过组织文化以及良好员工关系的营建，塑造良好的工作氛围作为员工积极情感体验的辅助背景，力求从各个方面来提升员工的幸福感体验，由此进一步增强员工幸福感带来的一系列有益后果，实现组织与员工个人的双赢目标。

2. 激励性的工作特征

20 世纪 80 年代初，Hackman 和 Oldham（1980）发展了有影响力的工作特征理论（Job Characteristics Theory，JCT）。在该理论中，他们提出了可以增强员工积极工作的潜力，并对员工满意度和绩效等工作成果产生积极影响。这五个工作特征分别是技能多样性（工作对各种活动的要求程度，使员工能够发展出各种技能和才能）、任务完整性（工作是否需要从头到尾做一件完整且可识别的任务）、任务重要性（工作对他人的影响程度）、自主性（在执行工作时是否自由、独立和谨慎）及基于工作的反馈（工作活动是否为个人提供有关工作表现有效性的直接和明确信息）。此后的分析证实，这五个工作特征在工作层面上确实与员工幸福感、工作动机和绩效等重要结果呈正相关（Fried & Ferris，1987；Humphrey et al.，2007）。然而，正如 Oldham 和 Hackman（2010）所认识到的那样，JCT 还有很多方面有待深入研究。

（1）随着时间的推移，工作以及由此产生的激励工作特征的可获得性变得更加具有动态性。在整个工作日的不同工作活动中，员工的自主权会发生波动，工作特征的动态方法与激励工作特征的情景方法相呼应。例如，在上午执行重新询问的行政职责时，员工可能会发现很少或没有机会来行使他们的自主权，而在下午处理一个新项目时，员工将有更多的机会来执行这些自主权（Oerlemans & Bakker，2013；Weiss & Cropanzano，1996）。因此，Hackman 和 Oldham（1980）所定义的工作激励特性很可能会在一项活动与另一项活动之间发生波动，并可能预示着员工幸福感在一项工作与另一项工作之间的短暂变化。所以学者强调，研究应同时考虑员工对一般情况下激励工作特性的反应及对激励工作特性的时间波动的反应，以之作为员工关键心理状态的评判参考（Bakker，2015；Fisher et al.，2013；Grant et al.，2011）。

（2）也有学者指出，尽管个体差异可能会缓冲激励工作特征对心理状态和重要工作结果的影响，但尚未得到充分的研究（Barrick et al.，2013；Fisher et al.，2013）。

（3）文献研究确实表明，积极的情感状态在人体内会随着激励工作特征的变化而发生变化（Ilies et al.，2006；Xanthopou et al.，2009）。然而，目前还不清楚人与人之间（在工作层面）和人与人之间（在活动层面）的激励工作特征如何相互作用来预测员工的幸福感（Bakker，2015；Ilies et al.，2015）。

综合来讲，在职场环境中，工作特征是影响员工幸福感的基础。不过，有关工作特征对于员工幸福感的影响机制还存在着许多不明确的地方。对此，最近的一些研究开始更深入的机制问题探讨。例如，从 JCT 对激励工作特征研究的空缺入手，Wgm 和 Bakker（2018）提出，适应水平理论（Adaptation Level Theory，ALT）可能有助于更好地理解激励工作特征在工作水平上如何影响工作特征感知与工作活动中的员工幸福感之间的函数关系。适应水平理论（ALT）的研究表明，个体对新环境的适应能力较强，心理系统会对当前适应水平的偏差做出反应。自动适应过程是自适应的，他们允许持续的刺激逐渐减弱和消失，这样就有足够的心理资源为个人处理新的刺激（Bowling et al.，2005；Sheldon & Lyubomirsky，2012）。根据 ALT，员工在某一特定工作活动中的幸福感取决于员工在该工作活动中感知激励工作特征的程度及在工作层面上已经存在类似的工作特征的程度。依据 ALT 预测，员工只有在工作水平上类似激励工作特征变化时，幸福感才会出现显著和积极的变化。例如，当工作层次上的技能多样性较差时，在活动层次上需要高技能多样性的一项特定活动将导致员工在该特定活动期间增加幸福感，因为该活动丰富了其工作阶段。然而，当工作已经包含了很多需要高技能多样性的活动时，一个同样需要高技能多样性的活动就不会被发现与其他活动不同，因此，也不会在特定的工作活动中增加幸福感。Wgm 和 Bakker（2018）也设计实证验证了"对于那些在工作中普遍具有低（或高）水平相似的工作特征的员工来说，激励工作特征与员工满意度之间的正相关关系更强"这一假设。总的来说，在工作特征相似的情况下，激励工作特征便成为正向影响员工满意度的主要原因。在这一过程中，管理者们要时刻注意员工的情绪状态在不同时间的动态变化状况，以不断调整工作特征及激励工作特征，使员工也不断适应和调整自己的心理状态，加强自己的幸福感知，以更加饱满的精神投入自己的工作任务之中。

3. 领导风格

领导者作为员工日常工作的第一指挥者与管理者，其领导风格必然会对员工的情感状况，例如，员工幸福感、工作满意度产生预测作用（Kimberley et al.，2014）。Fleming 和 Asplund（2007）也证实了领导者对下属的积极管理行为能够增强员工的归属感和幸福感；反之，领导者滥用权力等消极行为会给员工造成较高的心理压力，降低员工幸福感。就领导风格对员工幸福感的影响来看，管理学者通过细化不同领导风格的实证探讨检验了基于领导者视角的员工幸福感提升机制，例如，服务型领导、伦理型领导的影响。

（1）服务型领导以员工为本，植根于为员工考虑，强调把下属的利益和兴趣放在第一位，尊重员工的心理和物质需求，能够减少员工的工作压力，并让员工真正体验到领导的关怀，从而增强员工幸福感。董临萍和於悠（2017）以知识型员工为样本，运用多元线性回归分析方法验证了服务型领导对员工幸福感、员工敬业度之间的正向影响作用。方慧等（2018）基于自我决定理论，从员工自主、胜任和归属三个基本的心理需求角度，验证了服务型领导对新生代员工幸福感的正向影响关系。

（2）伦理型领导者在工作中和员工关系处理中展示合乎规范的行为，并与员工双向交流、共同制定决策来激发下属的积极情绪和工作表现，也会对员工幸福感产生积极影响（Brown et al., 2005）。郑晓明和王倩倩（2016）基于资源保存理论，验证了伦理型领导对员工幸福感的正向影响。赵洁（2016）设计实证证明了伦理型领导对员工幸福感的正向预测作用。伦理型领导者拥有诚实、公平、正直的优良品质，在工作中通过合理奖惩和双向沟通的方式带领他们的员工做出与自己道德行为相符的工作行为（Michael et al., 2005）。伦理型领导内涵中的正直、诚实部分使员工相信自己的工作表现和工作结果会被上级公平、公正地评价并给予相应奖励，从而不断增强对组织的信任感和依赖感，也加强了自身的幸福感感知（Brown & Trevi, 2006）。薛晓州和赵畅（2016）从同事关系的角度出发，运用实证证明了伦理型领导能够显著促进员工的主观幸福感，其中，同事间的完全支持和信任起到了完全中介作用。

综上，领导风格多种多样，关于领导风格对员工幸福感的实证还不够充分与全面。目前，关于领导风格对员工幸福感影响机制的探究主要集中在如上一些正向性的领导风格中，但是关于负向领导风格（如辱虐型领导、破坏型领导等）和员工幸福感的影响作用还少有探析和验证，这也是未来学者需要深入思考和探究的方向。相信通过对于正向和负向领导风格与员工幸福感间的关系机制探讨，我们可以更全面地理解提升和抑制员工幸福感的领导者因素，从而为组织领导者从改善自身领导风格视角更深入全面地指导，为员工幸福感提升加以指导。

第四节　员工幸福感的影响效应

自我决定理论认为，当人的基本心理需求得到满足之后会触发其内部行动动机，进而产生相应的行为。在职场环境中，当员工幸福感达到一定程度后，其积极工作表现也会随之提升。大量的实证研究也证实了员工幸福感与员工工作绩效、工作态度、工作行为等有关。由此来看，为了提高组织管理效能，促进员工积极工作相关态度和行为确实可以从员工幸福感的提升入手。在此，本书总结员工幸福感的影响效应为以下三个方面，即工作态度、工作相关绩效和组织公民行为。

一、工作态度

1. 组织承诺

组织承诺是指员工对组织的价值观和目标的认可、接受和信任程度及由此带给自己的积极情感体验，主要分为情感承诺、规范承诺和持续承诺3个维度

(Meyer & Allen，1991）。组织承诺是员工幸福感和工作满意度的重要结果变量，组织承诺作为一个整体的构念，它与员工幸福感之间有着较强的正相关关系（Mcguire & Mclaren，2017），另外，当组织承诺作为拥有3个维度的构念时，也是员工幸福感的重要产物。首先，较强的员工幸福感给了员工较强的组织情感依赖，出于社会责任感，员工也会选择在组织中继续努力，从而促进其规范承诺；其次，员工会把幸福感作为留在组织的一种激励和收益，因此，员工幸福感同样正向影响了员工的持续承诺。苏涛等（2018）基于工作需求—控制—支持模型，运用元分析方法检验和评估了员工幸福感对组织承诺的影响结果相关研究，并且从组织承诺的3个维度验证了员工幸福感对其正向影响作用，即员工幸福感对于员工的情感承诺、持续承诺和规范承诺提升均会产生积极影响作用。

另外，凌文辁（2000）在实证研究中发现，员工满意度对组织承诺中的理想承诺存在显著影响，员工在工作中的人际快乐关系会影响员工的情感承诺（刘小平，2002）。其中，员工满意度是员工幸福感的一个极强反映指标，由此来看，员工在工作中的幸福感越高，其对于组织的情感承诺将会越强。肖琳子（2006）认为，知识型员工的领导风格、同事关系和工作回报之间的幸福度与组织承诺有很大的相关性。如果员工能够感受到工作中的幸福，就会自愿建立并维持一种融洽的工作关系，会更加热爱自己的工作，并担心失去这份充满幸福感的工作，因此，其会增强对组织的依赖感和归属感，想要继续留在组织中为其效力，从而增强组织承诺。

2. 离职倾向

离职倾向指员工在组织中工作一段时间之后，通过深思熟虑，产生的想要离开组织的意愿，属于主动离职的范畴（Mobley，1977）。而影响员工离职倾向的两个关键因素就是向心力和离心力，向心力吸引员工进入新的单位和组织，现有的工作对其有比较小的吸引力，而离心力就是员工离开现在组织寻求新单位的意愿。George和Joner（1996）确定了员工幸福感与员工离职率之间的显著负相关关系。Aziz（2007）以快餐店员工为研究对象，发现员工幸福感和金钱激励能够有效降低员工的离职意愿；反之，对目前工作状况的不满会使员工产生另寻更合适工作的意图。兰玉杰和张晨露（2013）以新生代员工为研究对象，通过调查问卷和统计分析等方法，探究了员工幸福感对员工离职倾向之间的负向效应。颜爱民（2016）认为，员工幸福感与员工的缺勤率、离职意愿及工作激情有很大的关系，员工幸福感还能激发员工潜能，提高员工生产率。施涛（2015）通过实证发现，员工幸福感部分中介组织绩效和组织学习，因此，当员工幸福感较高时，工作对其产生的吸引力也就相应升高，从而降低了员工的离职倾向。李正卫等（2018）通过案例分析和理论推导指出，员工幸福感和组织认同感负向影响员工离职率。

基于员工幸福感对员工离职倾向的负向影响，企业管理者应该意识到员工幸福感作为一种积极的正能量，能改善员工的同事关系、促进员工的工作满意度和身心健康，使员工更加积极地投入到现有工作之中。员工只有拥有强烈的工作幸福感，才会在工作中增强工作投入度，降低工作倦怠情绪，进而降低离职意愿（Van et al.，2001）。因此，组织及其管理者们在避免员工流失率过高的问题中，需要关注员工离职出现的主要影响因素，并利用各方面的改进与完善（如领导风格、工作氛围、激励工作特征等的调整与改进）加强员工的幸福感体验，从而给予员工心理上的有效保障，降低员工的离职率。

二、工作相关绩效

当员工拥有较高的幸福感时，自身会拥有更好的生理和心理状态，就会在工作中更加积极地调动自己的创造性思维，从而增强自己的工作绩效和创新绩效（Alfes et al.，2012）。在中国传统文化背景下，集体主义倾向和"报恩主义"也更加明显，当企业为员工提供工作上的支持与鼓励之后，员工幸福感得到提升，并且为了报恩，其会产生更多的为集体出谋划策的奉献行为，也会在自己和其他同事的工作中投入更多的时间和精力，进而促进更多的创新绩效。另外，刘斌（2018）还从工作的幸福感情绪、工作抱负、胜任感和自主性4个维度设计实证，分析并证实了员工幸福感对创新绩效的正向作用。首先，幸福感情绪使员工更加乐观和自信，更易受到同事的欢迎且更快融入到集体之中，并且也拥有更加开放、接纳的心态，对自己的工作充满新鲜感和好奇心，全身心地投入到工作之中，产生新的想法和技巧；其次，工作抱负作为员工对自己未来工作前景的展望，拥有较高的工作抱负就会对自己的工作成果拥有较高的期待，且容易得到上级的重视，对自己的高期待使自己更加突出自己的实力和产出，也更易产生创新绩效；再次，胜任感代表员工对当前工作事物处理的能力，胜任感高的员工拥有较强的工作能力，并且拥有更多创新行为成功的经验，这些经验不仅给了员工创新所需要的理论、知识和技能，而且还给了其继续创新的信心和勇气，因此，高胜任感的员工更有突出的创新绩效；最后，自主性给了员工在工作时间、工作内容、工作方法上更多的自由，而创新就需要打破传统，需要尝试新的东西，自主性高的员工在完成自己任务的前提下，有自由发挥想象力和创造力的条件，用自己独特的方法更快更好地完成某些工作任务，进而有了创新绩效。任华亮等（2019）基于6家企业的员工—主管配对数据，验证了在工作自主性与工作价值观的双重调节作用下，工作幸福感对员工创新绩效的正向影响作用。姜秀丽和齐蕾（2018）论述了员工个人状况，如员工价值观、员工心理压力、员工幸福感感知都是影响员工创新行为的重要影响因素。

总之,员工如果能在工作中感受到幸福,便会更加热爱自己的本职工作,并增加自己的投入甚至不计回报,此时的工作积极性、创造性也会跟随着发挥出来,在工作中会表现出更多的创新行为,对创新绩效产生显著的正向影响。因为高水平幸福感拓宽了员工的认知灵活度和认知范围,从而使员工更容易产生新的想法(Feist,2003)。由此来看,在创新需求日益突出的背景之下,组织管理者可以通过提升员工幸福感来促进员工创新绩效,以更好地支持组织创新。通过营造员工高水平的幸福感,组织能确保组织创新能力,加快组织发展步伐,增强竞争力,对组织发展具有重要意义。

三、组织公民行为

组织公民行为作为一种积极的员工角色外行为,近年来一直受到国内外学者的关注。有研究明确指出,感到幸福的员工会更愿意向同事提供组织公民行为,而消极情绪的员工则在工作中较少提供组织公民行为(Halbesleben & Wheeler,2011)。积极心理学的研究也发现,员工幸福感不仅能增加员工之间有效的沟通,也会增加他们更多的合作行为、帮助行为、促进生产力的提升。身心愉悦的人可以交到更多的朋友,能得到社会帮助和社会支持也就更多(Requena et al.,1998)。有学者发现,拥有更多积极情绪的员工也更容易从管理者或同事那里获取更多的资源支持和情感帮助,相应地,在得到较多帮助之后的员工也更愿意为同事提供更多的帮助行为,而帮助行为是组织公民行为的一个重要维度。可见,当员工具有较高的幸福感时,他们也会为他人提供更多的帮助,如工作环境中的组织公民行为。幸福的员工在工作中表现得更加有礼貌,他们很少嫉妒他人,有助人意识、有责任心,这也是组织公民行为的种种表现(Staw et al.,2008)。另外,拥有积极情感的员工会容易得到同事更高的评价,从而也会使他们的出勤率、为组织服务的年限升高,他们把组织视为自己的大家庭,所表现出的工作行为也就更加亲民和自主,这些行为可能并不包含在组织的薪酬和奖励政策范围之内,因此,属于角色外行为,但对组织绩效的提高有着很大的作用。由此来看,幸福感可以促进员工表现更多的既对组织有益而又非组织明确奖励范围内的组织公民行为。

整合已有文献,目前国内学者关于员工幸福感与组织公民行为之间关系的研究比较少。例如,有学者认为,组织中的助人行为、组织公民行为会对员工幸福感产生正向影响(高丽丽等,2014)。员工幸福感究竟对组织公民行为是否有正向影响还缺乏探讨,关于员工幸福感对组织公民行为的影响作用机制也还有待进一步深究和探寻的问题。鉴于组织公民行为对组织发展壮大的重要作用,如何提高员工的组织公民行为是组织管理实践者与研究者长期以来一直关注的主题。员工幸福感在这一过程中究竟发挥什么样的作用，具体的作用机制如何，也是今后学者应当重点关注的研究方向。相信基于幸福感视角探讨组织公民行为将是一个有益的新尝试。

第五节　结语、管理启示及未来研究展望

一、结语

幸福快乐作为员工生活的初衷和追求的愿望，是近年来组织行为学领域新的研究视角。然而员工幸福感是一种情绪，它是随时动态变化的，虽然对其研究较为困难但却意义重大。本书从工作场所中的员工幸福感内涵、维度、量表、影响因素及影响效应五个方面全面地梳理了员工幸福感的起源、发展和研究现状，员工层面因素、关系层面因素和组织层面因素等很多因素都会影响到员工幸福感，员工幸福感也会影响到员工的工作态度、工作相关绩效和组织公民行为。结合上文阐述，本书构建了如图1-1所示的工作场所中员工幸福感的综合作用模型，期望能够对员工幸福感的管理与引导、未来研究方向产生新的借鉴和思考。

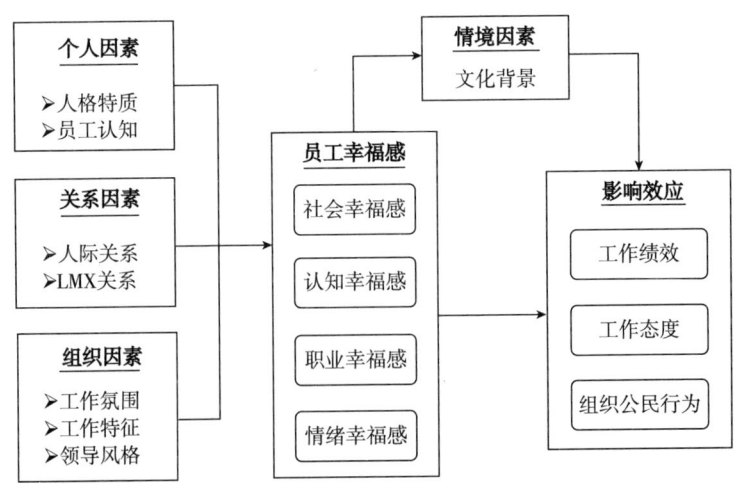

图1-1　工作场所中员工幸福感的综合作用模型

首先，员工幸福感是一个多维度的构念。员工的幸福感是一个包括多个维度

在内的综合概念，包括社会幸福感、认知幸福感、职业幸福感及情绪幸福感等。为此，要理解和把握员工幸福感需要从多方面入手，全面认识。这是进一步理解员工幸福感的影响因素和影响效应及对员工幸福感有效管理实践的基础。

其次，员工幸福感受到多层面因素的影响。具体来说，在工作场所背景下，员工幸福感的影响因素包括最微观的个人层面、中观的关系层面和较宏观的组织层面因素。其中，个人层面的较稳定人格特质及可以动态调整的认知状态均可能影响员工的幸福感体验。相对来说，调整认知是一个较不错的幸福感提升途径。关系影响员工幸福感，在中国文化背景下尤其如此。为此，可以多角度调整关系，包括总体的一般人际关系及领导—下属成员交换关系。从较宏观的组织层面来看，工作氛围、工作特征及领导风格均可能影响员工幸福感体验。组织层面因素调整应该是组织及其管理者高度关注并切实可行的提高员工幸福感的重要策略。

再次，员工幸福感对于组织而言有着重要意义。众多研究表明，员工幸福感可以正向影响员工的组织承诺、工作绩效、创新绩效及组织公民行为，有助于降低员工的离职倾向。从提高管理效能来看，组织及管理者关注员工幸福感，努力提升员工幸福感将可能达到事半功倍的效果，尤其是对于无法制度强制、需要员工主动投入的创新绩效和组织公民行为等将有着更为显著的积极影响。

最后，关注员工幸福感影响效应的边界条件。在员工幸福感影响效应的机制探究中，情境因素是学者常用的调节变量，其中的一个重要因素即是文化背景。因为文化是员工价值观的一个重要影响因素，身处不同文化背景下的员工对于幸福感的理解和认知不同，因此，对员工幸福感的作用结果也会产生比较大的分歧。例如，有研究把这个情景文化差异区别为东亚文化和欧美文化，分别探讨不同文化特点背景下员工幸福感对于结果变量可能表现的差异性影响。

二、管理启示

对企业来说在工作场所中提升员工幸福感有着重要的意义，让员工拥有较高的幸福感，是企业不断向前发展的动力。可以说提升员工幸福感是企业现代化管理中最人性化的一面，在企业的现代化管理中，科学利用员工幸福感提高员工工作的积极性、创造性、助人性，综合其他工作资源，可以使员工做事达到事半功倍的效果，确保企业目标的顺利实现。另外，员工幸福感还可以传播企业的和谐文化，在提高员工幸福感的过程中还能塑造员工之间和谐的人际交往关系，利于员工的日常交流和相处，最终提升企业的整体素质，让企业获利。综合上文总结的员工幸福感的内涵、影响因素与影响效应，本书从组织角度出发，总结出以下管理启示，希望对企业管理者有所借鉴。

1. 善于营造良好的工作氛围，激励员工积极施展才能

良好的工作氛围不仅是员工间良性竞争的保障，也是确保员工之间和睦融洽地相处，使员工间能够更多地互帮互助，在组织中工作的员工也会感到更加满足和幸福，会对组织充满强烈的认同感，在这样的氛围里工作，员工会更乐于奉献自己的潜力和学识，也更加容易产生新的想法和观点，从而可以带动员工的创新绩效。同时，组织也要宣扬员工主动发挥自身聪明才智，员工能否在工作中展现自己的价值既意味着他对这份工作的重视程度，也意味着他对组织的归属和依赖程度，这些对组织的承诺进一步影响着员工的工作绩效。因此，只有让员工展现自己的价值、发挥自己的才智、增强员工幸福感，才能进一步加强组织的创新能力和竞争能力。

组织要建立公平公正的薪酬福利制度，并提供足够的工作支持。在组织中，员工能否得到公平合理的报酬、员工的收入能否进一步上涨都是影响员工幸福感的重要因素。组织应该关注到一个公平公正的薪酬福利制度的必要性，制定合理的奖惩体系，让有上进心、有才能的员工在自己的努力付出下得到应有的合理报酬和奖金。员工在应有待遇得到满足之后，就会大大提升幸福感，进而拥有更高的组织承诺，发挥最佳潜能。另外，在员工施展才能时，组织也要提供一定的支持，让员工利用好组织给予的各种资源，最大限度地发挥潜力，实现价值，达成工作目标。在这个过程中，员工对组织的忠诚度也会不断提高，会更加积极地为组织发展贡献力量。

2. 组织结构逐步扁平化，给予员工更多的工作自主权

在扁平化的组织结构中，员工与上级交流障碍减少，员工可以把自己的想法更加便捷迅速地陈述给自己的领导者，领导者也愿意与员工共同努力，倾听员工的新想法并尽力支持员工的工作，给予其更多的工作自主权，为组织目标的实现尽心尽力。员工的意见得到领导认可和接纳之后，员工就会感到幸福，并且有一种自我成就感，再加上员工有了某些权力，在工作中可以更加得心应手，自由发挥才能和想法，进而提高工作绩效。

3. 逐步改善领导风格，加强激励性工作特征

总的来说，积极的领导风格给员工更加亲切的感觉，幸福的员工会主动拉近和领导之间的距离，并且积极为组织效力。在这种积极领导风格下，员工的心理安全感、组织认同感都会相应提高，和谐的上下级关系促进了员工工作绩效的提高。加之领导者还要加强相似的员工之间的激励工作特征，使员工更明显地感受到自己得到激励、提高绩效之后的幸福感，从而感到更有信心和动力，更愿意为组织贡献力量。

4. 政府机构不断支持，促进全民幸福

随着我国各地方政府相继出台的年度幸福指数报告，"幸福"一词逐渐引起人们的关注。加之现代快节奏的工作与生活进程中,员工工作压力也不断加大,员工跳楼、员工过劳死等消极事件屡屡频发,引发了人们对工作场所中的员工幸福感知的深思,只有对员工积极心理状态的研究需要不断深入,才能进一步激发其工作的热情和动力(苏涛等,2018)。这也需要各地方政府的努力宣扬和支持。可以说,政府机构是员工幸福感提升的一个大基础背景,相信良好的政府支持与社会环境营造对于提高员工幸福感是一个最基础的大保障。

三、未来研究展望

尽管目前社会、企业及学者逐渐意识到员工幸福感的重要作用,关于员工幸福感的讨论和研究也日益增长,但总结已有文献,仍有一些地方还未曾引起学者的注意,或说仍有值得细致考虑和深入研究的部分,在此做出以下未来研究展望,希望给学者更多思考和研究的方向:

1. *细化员工幸福感影响因素的实证研究*

在对员工幸福感的影响因素的研究上,工作特征作为员工幸福感的影响因素已经很明显,也得到了国外实证检验,而国内关于这方面的研究比较少。由于员工幸福感又很容易受到文化情境因素的调节,因此,我国学者有必要对我国传统文化背景下工作特征对员工幸福感的影响机制进行深入细致的探讨。还有激励工作特征对员工幸福感的多层次影响模型刚出现在国外文献上,国内关于这一方面的研究几乎空白。另外,关于不同领导风格对员工幸福感的影响作用,目前学者主要关注于正向领导风格,而负向领导风格,如辱虐型领导、破坏型领导对员工幸福感的负向影响机制同样需要引起关注,以启示企业采取合理的方式有效规避此类负向领导风格,加强员工幸福感,加强组织绩效。

2. *拓展员工幸福感影响效应研究*

在对员工幸福感的影响效应的研究上,因为学者关注员工幸福感的重点在于其影响因素的探究及作为中介变量对员工创新绩效、员工工作投入和员工离职倾向的研究,对员工幸福感对员工角色外积极行为的实证探究很少。而从理论探究上来说,员工幸福感与其角色外积极行为之间的确有着紧密的关系,所以员工幸福感对组织公民行为和它的各维度、员工建言行为等积极员工角色外行为的影响机制有待进一步假设和实证验证。另外,还是从员工幸福感的影响效应来说,因为员工幸福感是针对员工自身情绪状态的一个变量,所以学者对其影响效应的研究集中在员工层面,忽略了员工层面的工作行为、工作情绪、工作状态也可能会导致团队层面、组织层面相应的绩效、创新能力、团队利他行为等的不同,这也需要学者的进一步探究。

3. *加强对员工幸福感影响效应的边界条件影响*

员工的幸福感是组织领域的一个主要研究关注点(Page & Vella,2009)。对其原因和与之有关的组织后果的了解被认为是优先主题。但是员工幸福感对于结果变量的影响效应研究发现还存在着一些矛盾。为此，未来研究可以进一步探讨其间可能存在的边界条件，以更好地调和已有研究的矛盾结论。如早前研究人员通常只考虑与工作职位相关的变量的调节影响。然而，幸福感有一个重要的文化组成部分，文化的主导价值观影响着员工的主观感知。Diener等（1995）认为，在幸福感的研究中不仅要考虑组织因素，还要考虑文化因素（如个人主义或文化异质性）。未来可以进一步检验不同文化因素可能在员工幸福感对于工作相关态度和行为影响过程中的调节效应。

第三章　职业幸福感与组织公民行为：情绪智力与情感承诺的影响

第一节　引言

在新时代下，人民日益增长的美好生活需求已经被党和国家提上重要议程，同时，党的十九大报告指出，"为人民谋幸福、为民族谋复兴"是共产党人的初心和使命（叶龙等，2018）。可以说，幸福已经成为上至国家下至个人努力追求的一个目标。作为职场人，幸福及幸福感也成为个体在工作中的重要追求。实际上，随着社会的不断发展，人们已经不再满足于每天只是一味地机械式工作以换取经济报酬，而越来越注重自身价值的实现以及工作中的积极情感体验。例如，赵然等（2015）就验证了积极情绪体验会给员工带来莫大的精神鼓舞，进而增强员工的组织承诺和工作绩效。作为一种积极的情感体验，员工在工作场所中的幸福感也成为越来越热的话题，引起了人们的广泛关注。在工作中，人人有追求幸福工作的想法，人人也有追求幸福工作的权利。由此，学者也不断意识到职业幸福感在工作中的重要性（Wgm & Bakker，2018）。

近年来，学者在关于职业幸福感的研究中，很多都集中在职业幸福感的前因变量上，即什么因素导致员工产生更高的幸福感。例如，有学者探讨员工层面的个体人格特质（Judge et al.，2002）、员工社会关系（Cohen & Wills，1985）及工作层面的工作氛围（刘斌，2018）和工作特性（Wgm & Bakker，2018）等对员工职业幸福感的影响，着重探究了职业幸福感的产生机制。相比之下，对于职业幸福感的影响效应，学者们的研究还比较少。已有的一些研究重点也多是将职业幸福感作为中介变量探讨其对员工的工作绩效（Alfes et al.，2012）、创新绩效（任华亮等，2019）和离职意愿（Van et al.，2001）等方面传递机制的研究。

并且已有的少数一些研究关于职业幸福感影响结果也主要是探讨职业幸福感对员工积极工作表现的正向影响作用（Requena et al.，1998），关于职业幸福感对员工角色外积极行为的影响机制的实证探究很少，现有研究鲜见明确探讨职业幸福感与组织公民行为之间的关系机制。从 Halbesleben 和 Wheeler（2011）基于社会交换理论的探究上来说，职业幸福感与组织公民行为之间的确可能有着极为密切的关系，因此，探究员工职业幸福感对组织公民行为的影响机制具有较强的理论意义和实践意义。

已有研究指出，提高员工职业幸福感也不断影响着他们的情感和态度反应（蔡建雄等，2015）。情感承诺作为反映员工对组织的情感依赖与归属感的重要构念，是促使员工积极工作相关行为的重要心理驱动力（姚计海等，2018）。基于社会交换理论，员工在组织中产生较高的职业幸福感时，会更强烈地感受到组织对其给予的关心以及对其工作给予的重视，相应地，员工会产生对组织更高的情感承诺（Mcguire & Mclaren，2017）。由此来看，职业幸福感较高的员工对组织的情感依赖也随之越强。基于社会交换的互惠观，员工会努力作出相应的回报。具体来说，员工为了维持组织的继续发展壮大，会增加自己的工作投入度，表现更多的积极行为，包括组织公民行为（Egan et al.，2014）。另外，关于职业幸福感影响效应的边界条件，目前主要集中在情境因素上，如组织道德气氛等（王佳艺和胡安安，2009）。关于员工自身因素的调节作用研究较少，而情绪智力作为员工的一种感知和管理情感的能力，能够帮助员工调整和理解自己的情绪状态（Mayer & Salovey，1997）。在社会交换理论的观点下，高情绪智力的员工会更容易引导积极情绪、理解组织的工作任务，也更容易通过互惠行为来回报组织，继续加固这种社会交换关系（Angelidis & Ibrahim，2011），即更可能在高组织情感承诺的影响下表现出更高的组织公民行为。由此，本书将基于社会交换理论的视角，探讨员工职业幸福感对其组织公民行为的影响机制，包括情感承诺的中介作用和情绪智力的调节作用。期望通过本书提出并实证检验的一个职业幸福感的影响效应模型，对促进员工组织公民行为的管理实践有所借鉴，同时也能对员工职业幸福感影响效应机制理论研究的进一步推进提供一些参考方向。

第二节　理论基础与研究假设

一、职业幸福感

员工幸福感是一个综合的概念，它强调员工快乐工作的结果与员工自身价值实现的并重（孙健敏等，2016）。员工幸福感是员工在整个工作过程中，对自身认知、情感、行为和动机等方面的综合评价（Horn et al.，2004）。员工幸福感主要分为社会幸福感、认知幸福感、职业幸福感和情绪幸福感4个维度。其中，职业幸福感主要是指员工对自己所从事的职业及在工作过程中的幸福体验（黄亮，2014）。

二、职业幸福感与组织公民行为

在组织公民行为的影响因素研究中，员工的个体特点，如员工满意度、组织承诺等常被作为预测变量用于组织公民行为的前因变量研究中（Organ & Ryan，1995）。组织公民行为作为员工自发表现出来的积极工作行为，虽未得到组织正式薪酬体系的明确认可和正式激励，但确实又能促进组织整体利益的有效提升（Organ，1988），得到学者的广泛认可和研究。

根据社会交换理论的互惠原则，员工在工作中感到幸福之后会对组织充满依赖、信任并实施一系列积极工作相关行为来回报组织，其中，包括组织公民行为（Grant & Price，2007）。员工的高度职业幸福感增强了员工的积极工作情绪，积极工作情绪不仅激发了自己的工作潜力，也营造了员工间交流相处的融洽氛围，更增加了员工的社交资源，这些良好的氛围和社交资源正是员工实施组织公民行为的有利机会（Fredrickson，1998）。Isen（2000）通过研究发现，员工高水平的满意度等积极情绪体验会增加员工的灵活应变能力，使员工更加富有创造性，因为员工在积极情绪体验中会感到一种安全感和舒适感，在思考问题时就更加具有发散性，激发了工作自主性和创新性，使自身潜力、能力和工作效率得到提升，而工作自主性和创造性也符合组织公民行为定义的范畴，这也间接证实了职业幸福感对组织公民行为的正向预测作用。

心理学的研究也发现，职业幸福感增加了员工之间的沟通，提供了员工间更多的交流和互相提供帮助的机会（陈亮和孙谦，2008）。另外，也有学者发现，在工作中幸福的员工更容易感到身心愉悦，良好的情绪体验使他们在工作中得到上级或同事更多的情感帮助和资源支持，相应地，他们也乐于把自己的长处和优势资源分享给其他同事（王佳艺和胡安安，2006）。基于此逻辑，高职业幸福感将促使员工更愿意提供帮助，包括实施没有正式奖励而对他人或组织均有益的组织公民行为。国外也有学者证实，员工的良好情绪使他能得到别人更高的评价，他们对组织会产生一种家的依恋感，有着更高的出勤率和更高的服务年限，他们对组织表现出的工作行为也更接近于一种自主性行为，这些自主性行为不属于组织奖赏的范畴之内，却对组织绩效的提高有着突出的贡献（Lgubomirsky et al.，2006）。并且职业幸福感体验高的员工很少嫉妒别人，在工作中也更加富有责任感和爱心,更愿意给他人提供便利,这种互助、利他的工作行为也属于组织公民行为的范畴。基于上述理论和实证文献分析,本书提出如下假设:

H1:员工职业幸福感与组织公民行为有显著正相关关系。

三、情感承诺在职业幸福感与组织公民行为间的中介作用

情感承诺是指员工真实地对组织产生依赖感,他们发自内心地认同组织,认为自己属于组织的一部分,对组织的发展壮大尽职尽责(苏涛等,2018)。情感承诺是员工高职业幸福感的重要产物(Mcguire & Mclaren,2017)。首先,从社会交换理论的角度来讲,较高的职业幸福感让员工感受到组织对他的重视及对他工作能力的认可;相应地,他也会觉得自己是组织中的重要一员,自己对组织发展充满责任和义务,为了更快融入这个组织,自己也需要更加努力地为工作付出(Kim et al.,2015)。其次,从心理学视角来说,高职业幸福感的员工内心充满对组织的感激与信任,他们喜欢处在组织中的安全感、快乐感并产生依赖感,从心底里热爱自己的组织,对组织的这份情感依赖使其越来越认可、信赖这个组织的一切,把组织当作自己的大家庭,并用心经营,这便是高职业幸福感给予员工的高情感承诺(Zheng et al.,2015)。

另外,国内学者苏涛等(2018)基于工作需求—控制—支持模型,检验了员工职业幸福感对组织承诺的影响,验证了职业幸福感对组织承诺3个维度的正向影响作用,包括对情感承诺的正向影响作用。刘小平(2002)证实了工作中员工的人际快乐关系会正向影响员工的情感承诺。肖琳子(2006)也认为,员工的职业幸福感知与情感承诺有着很强的正相关关系。在工作中能够感受到高度幸福的员工为了组织的发展,他会愿意与同事和上级建立和睦融洽的工作关系,与同事相互帮助和交流经验;他也会担心自己因为一时疏忽而失去这份职业幸福感满满的工作,因此,他会不断主动增强对组织的认可度和归属感,想办法长久地留在组织中回报组织,为组织贡献自己的聪明才智。可见,高职业幸福感的员工会不断提高自己的情感承诺。根据以上的理论推理和文献验证,本书提出如下假设:

H2:员工的职业幸福感与情感承诺有显著正相关关系。

根据社会心理学的观点,员工的态度与行为具有高度的一致性,员工良好的工作态度对员工优秀的工作行为起指导性和决定性的作用。而情感承诺作为员工积极工作态度的代表性变量之一,以及组织公民行为作为员工优秀工作行为的代表性变量之一,他们之间的关系已经得到了国内外学者的关注(潘胜强,2018)。如果员工在产生某种积极工作行为之前,组织给予其实施这种工作行为相应的压力,他们的工作行为就会受到这个压力的大幅度影响和推进(Ajzen et al.,

1987)。并且员工在决定实施某种积极工作行为之前,他会考虑周围同事和组织状况对其实施积极工作行为的认可程度,如果认可程度达到自己的心理预期,他们才会真正决定实施工作行为;相反,如果并没有达到自己的心理预期,他会放弃做出积极工作行为的想法(William et al.,1991)。据此,可以推断员工情感承诺的高低可能会对其是否做出组织公民行为有着显著影响。

在实证研究中,国外学者 Francesco(2003)也验证了员工的组织承诺对组织公民行为有较强的正向影响作用,其中,情感承诺可以有效地促进员工组织公民行为想法的积累和行为的实施。也有学者认为,员工的组织承诺和组织公民行为本来就是息息相关的两个变量,它们之间正相关关系非常明显(Organ et al.,1995)。国内学者杨林等(2006)通过设计实证分析,验证了中国情境下员工的组织承诺各个相关维度对组织公民行为的正向预测作用,并且在其实证中也主要强调了情感承诺这一维度,极大地促进了组织公民行为的积累和发生。刘璞和井润田(2007)的研究也发现,员工的情感承诺会对组织公民行为的所有维度都产生正向影响关系。综上,本书提出如下假设:

H3:情感承诺与组织公民行为呈显著正相关关系。

根据上述分析,员工的职业幸福感有助于提升其对于组织的情感承诺,而高水平的情感承诺又会促进员工表现出更多的组织公民行为。为此,员工职业幸福感可能通过提高情感承诺,并进一步驱使员工投入到为组织更好地服务之中,包括更多的职责之外奉献的组织公民行为表现。由此,本书提出如下假设:

H4:情感承诺在员工职业幸福感和组织公民行为之间起中介作用。

四、员工情绪智力在情感承诺与组织公民行为关系间的调节作用

Salovey 和 Mayer(1990)最初定义员工的情绪智力为一种区分自己和他人情绪之间的差异,并应用这些信息指导自己实践和思考的能力。他们对于情绪智力的这个定义主要是基于员工认知的视角。后来,Bar(2006)又在全面综合考虑下,把情绪智力定义为员工在工作和日常生活中能够有效理解和处理同事关系,并能准确了解和表达自己情绪的一种多重交叉的综合能力。也有学者从胜任力的角度认为,员工的情绪智力是员工在意识、理解和使用同事及自己的情绪信息来促使自己做出更优异工作行为和工作绩效的一种能力(Boyatzis,2009)。总结上述文献,虽然情绪智力有不同的定义,但其共同点都在于其能使员工意识到自己及同事的情绪状态,并应用这些情绪信息来调节自己的情绪状态,引导自己积极的工作行为。其与工作行为之间的关系研究明显且有必要。

社会交换理论认为,当员工与组织的交换关系越紧密时,他们的交换质量越高,他们回报组织的义务感和责任感也会增强,从而主动地参与成员之间的工作交流与汇报，采取积极地工作行为和新颖的工作想法来促进组织运作，回报组织（刘顿和古继宝，2018）。员工在高水平的情感承诺下，与组织有着良好的交换关系，也愿意积极回报组织。在这种情况下，员工的情绪智力起到了一定程度的交互作用（杨五洲等，2014），拥有越高情绪智力的员工，越能更好地理解组织目前的信息状况，并从掌握的信息中获得对自己有益的信息。社会交换理论又认为，掌握越多对自己有益的信息，就越容易产生互惠的工作行为来维持这种良好的社会交换关系，也更容易产生组织公民行为。在实证研究中，Duran等（2010）验证了员工较高的情绪智力能产生更多的人际敏感性，从而通过情感调节和沟通技巧来增加自己的工作参与度，维持组织内部良好的人际关系。綦萌和宋萌（2018）设计实证验证了员工的情绪智力在员工—团队认知方式一致性与组织公民行为之间的正向调节作用。基于此逻辑，当员工情绪智力水平高时，员工的情感承诺对组织公民行为的正向影响更强。针对以上所述，本书提出如下假设：

H5：员工情绪智力正向调节情感承诺和组织公民行为之间的关系。

综上所述，本书的理论模型框架（如图3-1所示），较高的职业幸福感正向促进员工情感承诺，而员工情感承诺的增强使其产生较多的组织公民行为，另外，员工较高的情绪智力水平也进一步正向调节了情感承诺与组织公民行为之间的正相关关系。

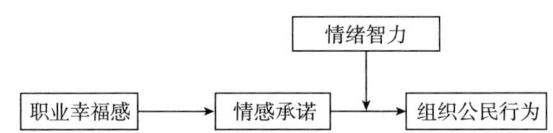

图3-1　职业幸福感与组织公民行为的关系机制理论模型

第三节　研究方法

一、研究样本与问卷收集程序

本书对广西、河北等地的在职员工采用电子问卷的方式进行调查。研究样本涉及金融业、制造业及服务业等。本次调查一共发放了265份调查问卷，通过初步筛选，去掉空白作答、不完全作答及规律性作答的无效问卷后，有效回收 233 份调查问卷,有效回收率为 87.9%。其中,女性占比 56.2%,男性占比 43.8%。年龄区间主要集中在 25~35 岁和 36~45 岁两个年龄段,分别占比为 36.6% 和 20.1%。受教育程度主要集中在高中/中专和大学本科,分别占比 29.9% 和 23.2%。单位人数主要为 51~100 人,占比 28.9%。单位工作时间主要集中在 1~2 年和 3~4 年,分别占比为 34.0% 和 26.3%。样本具体信息如表 3-1 所示。

表 3-1 样本的人口统计学描述性统计

人口变量	具体类别	样本数量（份）	占比（%）	累计占比（%）
性别	男性	102	43.8	43.8
	女性	131	56.2	100.0
年龄	25 岁以下	35	14.9	14.9
	25~35 岁	85	36.6	51.5
	36~45 岁	47	20.1	71.6
	46~55 岁	36	15.5	87.1
	55 岁以上	30	12.9	100.0
受教育程度	高中以下	42	18.0	18.0
	高中/中专	70	29.9	47.9
	大专	41	17.5	65.5
	大学本科	54	23.2	88.7
	硕士及以上	26	11.3	100.0
单位人数	50 人以下	47	20.1	20.1
	51~100 人	67	28.9	49.0
	101~250 人	42	18.0	67.0
	251~500 人	34.0	14.4	81.4
	500 人以上	43	18.6	100.0
工作时间	1 年以下	51	21.6	21.6
	1~2 年	79	34.0	34.0
	3~4 年	61	26.3	82.0
	5 年以上	42	18.0	100.0

二、测量工具

本书 4 个变量的测量均采用国内外核心期刊上得到多次验证和使用的量表,

量表经过专家的直译和回译，经过预测试之后，形成正式问卷之后再开展正式调查。本问卷的所有变量测量都采用 likert 5 点评分法，1~5 分别表示"非常不符合""比较不符合""不能确定""比较符合"和"非常符合"，本问卷采用员工自评的方式。

1. 职业幸福感

选取 Zheng 等（2015）开发的员工幸福感中关于职业幸福感子维度的 6 个题项，示例题项有"总的来说，我对目前的工作感到相当满意""我在工作中找到了真正的乐趣""我总能找到方法来丰富我的工作"。本书中，职业幸福感量表的 Cronbach'α 内部一致性系数是 0.906。

2. 组织公民行为

组织公民行为在具体指向上可以分为对他人有利和对组织有利两个维度（Williams，1991），本书着重探讨员工在工作中对同事和组织做出的积极行为，因此，选取 Aryee 和 Chen（2002）开发的 9 个题项的组织公民行为量表。示例题项为"若有新同事加入组织，我会主动帮助他们适应环境""若同事在工作中遇到困难，我会主动提供帮助""若需要，我会主动替周围员工分担任务"。本书中，组织公民行为量表的 Cronbach'α 内部一致性系数是 0.902。

3. 情感承诺

使用 Allen 和 Meyer（1997）编制的组织承诺三维度量表中的情感承诺子维度，共包括 6 个题项，示例题项为"我对现在工作的单位感情深厚""现在的单位对我来说意义很大""现有单位能给我归属感"。本书中，情感承诺量表的 Cronbach'α 内部一致性系数是 0.928。

4. 员工情绪智力

因本书着重探讨员工对自身情绪感知评估之后，是否能有效地利用这些情绪到自己的工作中去，于是采用 Wong 和 Law（2002）编制的四维度情绪智力量表中关于情绪利用的 4 个题项，示例题项为我经常给自己制定一个目标，付出最大努力去完成这些目标；我经常告诉自己是一个有能力的人；我是一个善于自我鼓励的人。本书中，员工情绪智力量表的 Cronbach'α 内部一致性系数是 0.799。

5. 控制变量

本书选取了员工的性别、年龄、受教育程度、单位人数和工作时间等作为控制变量，因为员工的性别、年龄、受教育程度等可能会影响员工的内心情感体验，单位状况及自己的工作时间等可能会对自己的工作行为产生影响（Fredrickson，1998）。因此，为了更准确地检验本书所关注变量的影响效应机制，将上述员工的人口学信息作为控制变量加以控制。

第四节 研究结果

一、同源偏差检验

因为本书变量测量均采用的是员工的自我报告形式，所以可能会出现同源偏差。本书在此对于可能出现的同源偏差采取程序控制和统计控制两种控制方法。首先，在程序控制上，在开始实施调查前，在问卷开头详细说明问卷调查目的并保证问卷的匿名性与保密性，以加强作答者回答问题的真实性，减少同源偏差。其次，在统计控制上，本调查采用 Harman 单因子分析法来检验同源偏差，未经旋转时析出 6 个因子，第一个因子的方差解释为 24.5%，说明本书的单一因子没有解释大部分的变异量，本没有严重的同源偏差。单因子检验结果具体如表3-2所示。

表3-2 Harman 单因子检验

成分	解释的总方差					
	初始特征值			提取平方和载入		
	合计	方差的（%）	累计（%）	合计	方差的（%）	累计（%）
1	6.122	24.486	24.486	6.122	24.486	24.486
2	1.562	6.248	30.734	1.562	6.248	30.734
3	1.345	5.382	36.116	1.345	5.382	36.116
4	1.266	5.062	41.179	1.266	5.062	41.179
5	1.150	4.599	45.778	1.150	4.599	45.778
6	1.084	4.337	50.115	1.084	4.337	50.115
7	0.992	3.968	54.083			
8	0.950	3.799	57.882			
9	0.936	3.743	61.626			
10	0.883	3.530	65.156			
11	0.877	3.508	68.663			
12	0.785	3.142	71.805			
13	0.764	3.057	74.862			
14	0.748	2.994	77.856			

续表

解释的总方差

成分	初始特征值			提取平方和载入		
	合计	方差的（%）	累计（%）	合计	方差的（%）	累计（%）
15	0.723	2.891	80.747			
16	0.640	2.560	83.307			
17	0.604	2.414	85.722			
18	0.581	2.325	88.046			
19	0.519	2.076	90.122			
20	0.496	1.983	92.105			
21	0.465	1.860	93.964			
22	0.445	1.780	95.745			
23	0.412	1.649	97.394			
24	0.344	1.377	98.771			
25	0.307	1.229	100.000			

注：提取方法：主成分分析。

二、信度与效度分析

首先，本书运用了 SPSS21.0 来检验测量工具的信度。具体分析如表 3-3 所示，职业幸福感的 Cronbach's α 内部一致性系数为 0.906；组织公民行为的 Cronbach's α 内部一致性系数为 0.902；情感承诺的 Cronbach's α 内部一致性系数为 0.928；员工情绪智力的 Cronbach's α 内部一致性系数为 0.799。这些结果表明本书各变量的信度良好。

表 3-3 各测量量表的信度分析结果

变量	职业幸福感	组织公民行为	情感承诺	员工情绪智力
Cronbach's α 系数	0.906	0.902	0.928	0.799

本书还运用 AMOS 20.0 对职业幸福感、组织公民行为、情感承诺及员工情绪智力进行了验证性因子分析，分析结果如表 3-4 所示。通过比较四因子（职业幸福感、组织公民行为、情感承诺和情绪智力）、三因子（职业幸福感和情感承诺合并为一个因子）、二因子（职业幸福感、组织公民行为和情感承诺合并为一个因子）及单因子模型（四个变量合并为一个因子），结果发现四因子模型的

拟合度最好（$\chi^2/df = 2.565 < 3$；RMSEA $= 0.042 < 0.08$；CFI $= 0.931 > 0.90$；TLI $= 0.942 > 0.90$），证明了本问卷拥有良好的结构效度。

表3-4 验证性因子分析

测量模型	χ^2	df	χ^2/df	CFI	TLI	RMSEA
四因子模型（X、Y、M、Z）	705.335	275	2.565	0.931	0.942	0.042
三因子模型（X+M、Y、Z）	787.852	278	2.834	0.845	0.839	0.084
二因子模型（X+Y+M、Z）	871.662	281	3.102	0.764	0.771	0.096
单因子模型（X+Y+M+Z）	942.956	283	3.332	0.528	0.501	0.104

注：X表示职业幸福感；Y表示组织公民行为；M表示情感承诺；Z表示情绪智力。+表示将因子合并为一个因子。

三、描述性统计分析

本书运用了SPSS21.0来统计分析四个变量的均值、标准差以及各变量之间的相关系数，具体分析如表3-5所示。结果表明，职业幸福感与员工的组织公民行为（$r = 0.650$，$p < 0.01$）、职业幸福感与中介变量情感承诺（$r = 0.673$，$p < 0.01$）、中介变量情感承诺与组织公民行为（$r = 0.622$，$p < 0.01$）均显著正相关，可以看出初步分析结果与本书的假设方向一致，适合进行深入检验。

表3-5 各变量的均值、标准差和相关系数（N=233）

变量	M	SD	1	2	3	4
职业幸福感	3.82	0.90	1			
情感承诺	3.72	1.02	0.673**	1		
组织公民行为	4.14	0.71	0.650**	0.622**	1	
情绪智力	3.87	0.84	0.430**	0.382**	0.677**	1

注：** 表示 $p < 0.01$。

四、假设检验

本书运用SPSS21.0的层级回归方法进行假设的验证，具体回归分析结果见表3-6。

表3-6 主效应和中介效应的层级回归分析结果

变量名称	组织公民行为					情感承诺	
	Model1	Model2	Model3	Model4	Model5	Model6	Model7
控制变量							
性别	0.025	0.091	0.120	0.164*	0.161*	-0.258*	-0.158
年龄	0.212***	0.118**	0.100*	0.104**	0.100**	0.240***	0.100
受教育程度	-0.119**	-0.067*	-0.042	-0.048	-0.056	-0.212***	-0.134**
单位人数	-0.023	-0.039	-0.016	-0.014	-0.020	-0.103*	-0.126***
工作时间	-0.024	0.002	-0.007	-0.005	-0.004	0.009	0.048
自变量 职业幸福感		0.447***	0.323***		0.464**		0.674***
中介变量 情感承诺			0.183***	0.169***	0.157***		
调节变量 情绪智力				0.411***	0.402***		
交互项 情感承诺*员工情绪智力					0.202**		
R^2	0.223	0.496	0.527	0.582	0.587	0.242	0.545
$\triangle R^2$	0.223	0.273	0.031	0.582	0.005	0.242	0.303

注：N=233。*表示p<0.05；**表示p<0.01；***表示p<0.001。

1. 主效应检验

假设1提出职业幸福感会对员工组织公民行为产生正向影响。为了验证假设1，本书将组织公民行为作为因变量，依次将控制变量（性别、年龄、受教育程度、单位人数和工作时间）、自变量（职业幸福感）加入到回归方程中。在表3-6中，由模型2可知，职业幸福感与组织公民行为显著正相关（β=0.447，p<0.001）。由此，假设1得到了支持。

2. 中介效应检验

本书采用验证中介效应的4个步骤检验情感承诺在职业幸福感与组织公民行为关系间的中介作用。在表3-6中，由模型7可知，职业幸福感与情感承诺显著正相关（β=0.674，p<0.001）。因此，假设2得到验证。在模型7中，情感承诺与组织公民行为显著正相关（β=0.183，p<0.001）。由此，假设3得到了支持。在模型2的基础上，引入情感承诺后，职业幸福感对员工组织公民行为的影响减弱（β值从0.447下降为0.323，p<0.001），即情感承诺在职业幸福感与组织公民行为关系之间起部分中介作用。由此，假设4得到了部分支持。

3. 调节效应检验

假设5提出员工情绪智力正向调节了情感承诺与组织公民行为之间的正向关

系。员工情绪智力水平越高,情感承诺与组织公民行为的关系越强;反之,则越弱。为了验证此假设,将组织公民行为作为因变量,依次引入控制变量(性别、年龄、受教育程度、单位人数和工作时间)、职业幸福感、情感承诺、情绪智力和员工情绪智力的交互项;并且在构建情感承诺和员工情绪智力的交互项之前,对两个变量分别进行了标准化处理。在表3-6中,由模型5可知,员工情感承诺和情绪智力之间的交互作用正向影响组织公民行为($\beta = 0.202$,$p < 0.01$)。这也说明员工情绪智力越高,情感承诺和组织公民行为之间的正向关系越强。本书以高于均值一个标准差和低于均值一个标准差的基准,绘制了员工情绪智力的调节作用,如图3-2所示,表明员工情绪智力水平越高,员工的情感承诺对于组织公民行为的正向影响作用越大。据此,假设5也得到了验证。

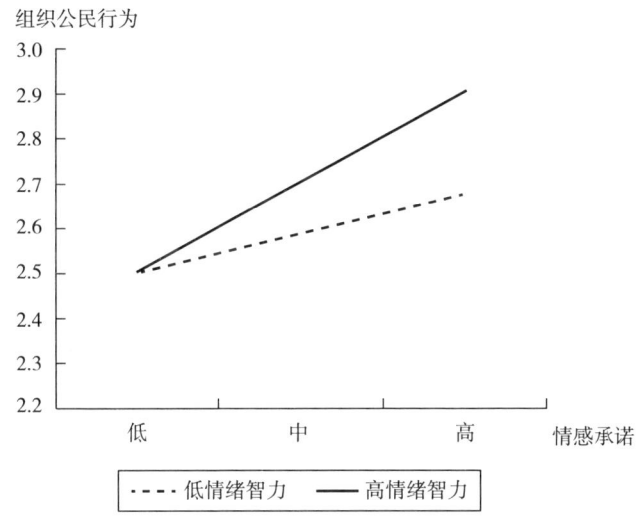

图3-2 员工情绪智力调节效应图

第五节 讨论与分析

根据本书数据分析得到的实证结果,员工的职业幸福感是员工良好的情感承诺及良好的角色外行为的重要前提条件,并且员工自身较高的情绪智力调节情感承诺与组织公民行为之间的关系。具体来说,本书发现,员工的职业幸福感显著正向影响员工的情感承诺与组织公民行为，同时情感承诺对员工的职业幸福感与组织公民行为之间的关系产生部分中介作用，此外员工情感承诺与组织公民行为之间的正向影响关系到员工情绪智力的正向调节。本书对于提升组织内员工组织公民行为，积极发挥员工职业幸福感的正向影响作用有着现实的指导意义。

一、理论贡献

总体而言，在这个讲究和谐、幸福的新时代，员工幸福感是社会的热点话题，目前关于员工幸福感的研究很多，但多数集中在员工幸福感的影响因素以及发生机制上面，或是把员工幸福感作为一种中介变量，探讨其对员工的离职意愿、工作投入等的中介作用。本书从员工幸福感作为自变量入手，探究其经过情感承诺的中介作用，对组织公民行为的影响作用机制，从以下三个方面对员工幸福感的研究提供了一些启迪：

第一，以往对员工幸福感影响效应的研究主要集中在员工的工作绩效（Alfes et al., 2012）和离职意愿（Van et al., 2001）等方面，而忽略了员工幸福感对员工角色外行为的探究。本书就针对员工幸福感的结果变量——组织公民行为进行了假设与验证，进一步检验了员工幸福感与组织公民行为之间的关系。本书对员工幸福感的结果效应机制研究提供了一些启示，即未来在研究员工幸福感的结果时，可以具体针对员工的一些积极工作行为（如利他行为、助人行为等）进行更深入细致的研究。

第二，以往对员工幸福感的研究，没有站在员工的视角上感同身受地考虑员工内心状态的变化。事实上，当员工有较高的幸福感时，其内心的安全感、归属感也会随之增强，其对组织不断依赖，也不断努力工作去回报组织赋予他的这种安全感（苏涛等，2008），从而促使了积极工作行为的发生。未来可以针对员工的其他心理状态进行深入的探讨，如可以检验心理安全感、领导认同等变量在员工职业幸福感与角色外积极行为之间的中介影响效应。

第三，员工情绪智力是员工把握自身情绪的能力。本书在此将员工情绪智力作为一个调节变量，探讨组织中的员工在幸福感的深层体验之下，情绪智力对员工情感承诺到组织公民行为的调节作用。本书对边界效应的探讨有助于更深入地明晰员工情感承诺这一心理变量影响其工作相关行为的可能催化机制，对于未来进一步探讨情感承诺影响员工工作行为的边界机制提供相关启迪。如未来可以深入检验员工情感承诺对其工作相关行为影响中的其他可能调节变量，如情绪敏感性的影响。

二、实践意义

针对以上的结论，我们对企业管理者在今后的管理实践中提出以下三点建议,希望能进一步提高员工情绪及员工优良的工作行为。

第一,企业管理者要注重员工职业幸福感的养成和营造。员工良好的角色外行为需要员工内心的职业幸福感来支撑,员工较高的职业幸福感使员工对组织充满心理依赖,从内心认为自己属于组织大家庭,于是就更加主动付出、努力增强自己的工作绩效及组织公民行为。所以为了促进组织公民行为,企业管理者要抓住职业幸福感产生的前因变量,例如,组织道德气氛、激励工作特征、领导—成员交换关系等,从这些方面进一步提高员工职业幸福感。

第二,要注重员工心理状态的变化情况。员工的情感承诺代表着员工对组织的依赖与归属感。员工较高的情绪承诺会增加其对组织的责任感,进而为了组织绩效产生更多的角色外行为。因此,企业管理者要善于观察和发现员工心理状态的变化情况,并及时采取措施干预和调整。

第三,多增加对员工情绪智力调整的相关培训和指导。员工自身较高的情绪智力使其能准确理解同事和自己的情绪状态,并自我控制、自我激励,提高自己的组织公民行为和工作效率。较多的相关培训与指导能进一步提高员工的情绪智力,使员工更加准确地定位自己的工作情绪、相应调整自我情绪与工作状态。

三、研究局限和未来研究展望

第一,本书只是检验情感承诺对于员工职业幸福感与组织公民行为关系间的中介作用。由于员工幸福感和组织公民行为之间的关系非常密切和复杂,究竟促进员工职业幸福感向组织公民行为转换和发展的内在机制还有哪些,仍然需要进一步的研究检验。另外,未来研究也可以将组织承诺的三维度同时纳入考虑,检验不同维度组织承诺在员工职业幸福感与组织公民行为关系中的差异性传递机制。

第二,关于员工幸福感对组织公民行为的影响效应机制研究中,本书仅把员工情绪智力作为调节变量。其实关于员工幸福感影响效应的边界条件还可能有很多(如文化情境因素),未来可以探讨在不同的文化背景下,员工幸福感影响其行为的可能差异。此外,未来研究还可以研究员工层面或组织层面的其他因素对员工幸福感作用机制的调节效应,如员工层面的价值观以及组织层面的组织氛围等。

第四章　工作激情研究最新进展及未来研究展望

第一节　引言

组织情境中情感的研究由来已久，并且现在越来越受到学者和管理实践者的关注。情感对于个体的认知与行为均可能产生重要的影响。有关情感的影响作用及其发展已经成为一个重要的组织行为领域的研究主题。其中，作为一种强度很高的情感状态的激情近些年来引起了管理学者越来越多的重视。激情涉及强烈的积极情绪和有意义的身份（Perrewez et al.，2014）。从强度和影响力来看，激情均可能有其不同于一般情绪体验的独特之处，因此，有必要对这一构念及其影响进行专门的研究。

作为一种将组织生活中的情感与工作联系起来的概念，工作激情获得了相当多管理学者的关注（Birkeland et al.，2016），已经成为工作情境中情感领域研究中的一个重要主题。工作激情对个人、团队及最终的组织结果都会产生强大的影响（Chen at el.，2015）。在工作场所中，激情可以促使员工增加时间投入（Murnieks et al.，2012），坚持不懈（Cardon & Kirk，2015）。然而，激情也可能是毁灭性的，尤其是强迫型激情（Adomdza & Baron，2013）。有研究表明，强迫型激情往往会引发工作冲突，造成职业倦怠，负面影响组织的发展（Carbonneau et al.，2008）。还有研究指出，个人层面的热情过高，表现过强的激情，将会导致创业者忽视潜在投资者的反馈（Ho & Pollack，2014），这可能会创建"永久失败"的组织（Astakhova，2018）。综合而言，激情作为一种强烈而积极的情绪，通常伴随着富有成效的结果。尽管在某些情况下激情也可能会产生负面影响，但激情的影响确实不容忽视。鉴于激情的重要影响及工作激情对于组织及其成员的重要意义，本书在此将工作激情作为一个重要关注点，在全面查找与梳理国内外工作激情相关文献的基础上，对工作激情的内涵、测量、影响因素和影响效应等方面的研究成果进行了系统梳理，并在此基础上提出工作激情的综合作用模型，最后总结当前工作激情的研究不足，提出工作激情的未来研究展望，希望借此能够进一步推进工作激情的研究与发展，同时对工作场所中情感与激情管理实践提供参考。

第二节 激情与工作激情的内涵界定及测量

一、激情的内涵界定

"激情"一词由来已久，最早由哲学家 Roberts（1924）提出，他认为，激情是所有能激发创造力以及做事能力的渴望与情感。到 20 世纪 90 年代，社会心理学家逐渐开始关注激情，强调激情是支持个体参加某种活动"愉快"的能量（Csikszentmihalyi，1990），激情能够激励个体全身心投入到活动中（Belita，1997）。Vallerand 等（2003）指出，激情是一种对个人喜欢的活动的强烈倾向，个人会认为这种活动是重要的并在其中投入大量的时间和精力。由此来看，激情是一种使人更愿意花费个人时间和精力主动投入到自己喜欢事情上的一种积极情感状态。Perttula（2003）认为，激情是指一种心理状态，其特征是强烈的积极情绪唤起，由内部驱动并驱使个人充分参与活动的一种情绪状态。此后，Maslach 和 Leiter（2008）强调激情是一种积极地沉浸于能建立自我效能感的有益活动的能量。Zigarmi 等（2010）将激情描述为一种持久的、积极的、内化的满足感，这种满足感来自于良好的认知和情感评估。Marsh 等（2013）则认为，激情是一个复杂的情绪，能够引起员工从非常积极到高度破坏等的不同反应。

概括来说，激情是一种使个体主动积极投入到所喜欢事情上的强烈情感状态。激情的概念与内在动机有一定的联系。处于激情状态下的个体会发自内心地主动选择将自己的时间和精力更多地投入到所喜欢的事情和活动中。激情的个体自主地参与到所关注的活动中，并从活动中获得内在的满足感。由此来看，激情以及与之伴随的内在动机首先来自于对活动所产生的某种喜爱。有了激情，活动就变成了一个人的自主选择部分，即产生"我愿意"的内在状态，即使投入再多的时间与精力都可能产生的是一种享受的感觉而不是疲惫与厌倦。

二、工作激情的内涵界定

Vallerand 等（2003）把激情放到工作情境中，指出工作激情（Passion at Work）是员工的一种强烈的行为倾向。当员工认为某项组织活动或工作重要时，会为此投入大量的时间与精力，将该组织活动或是工作看作实现个体职场价值的必经途径。Zigarmi 等（2009）将员工的工作激情定义为一种幸福感，这种幸福感会产生建设性的工作意图和行为。Carpentier（2011）指出，工作激情是员工对工作的一种强烈的喜爱倾向。这种倾向和状态能够更好地促进个体和组织的发展，而且工作激情还可以显著预测员工的幸福感。Perrewe 等（2014）在 Zigarmi 等（2010）的激情概念基础上指出，工作激情是个体在认知和情感评价的基础上，在工作欲望上所表现出的一种情感的持续状态。这种持续情感状态可以促使员工产生一致的工作意图和行为，包括从坚持完成工作任务到展示组织公民行为，甚至主动解决工作中遇到的各种挑战和难题。

通过对激情的概念进行详细分析后，可以得出激情与工作激情是有内在联系的。工作激情是基于激情研究基础上的进一步细化与延伸。激情是学者研究的出发点，其包含的范围最广，但最主要是从积极激情的视角进行探讨。工作激情是基于一般激情的基础上提出来的，其是在组织情景中展开的，工作激情对员工的幸福感、创造力工作相关结果变量具有重要影响作用。总的来说，员工的工作激情因其独特的内在情感倾向，不易受外界因素的干扰，具有相对稳定性（Vallerand et al.，2003）。充满激情的人渴望从事他们选择的工作，从而形成一个相当一致的行为模式。作为一种强烈的情感状态，工作激情对员工的工作相关认知与行为有着极强的影响作用。因此，组织管理者及其成员对工作激情概念进行了解，把握工作激情的影响因素与作用机制，将会对组织管理实践有着重要的影响意义。

三、工作激情与相关概念辨析

在工作激情概念产生之前，学者已对工作投入、工作狂、心流与情绪劳动等情感有关的一些构念进行了研究，并取得了较丰富的成果。工作激情与上述这些概念存在一定的交叉，均反映出一定的情感性特征。但是，正如 Perrewe 等（2014）所指出的，工作激情具有独特的特点，可以作为一个独立的概念，与其他工作情境中的情感相关概念相区别。在此，为了更准确地理解工作激情概念，并进一步明确工作激情概念独立存在并开展深入研究的必要性，本书将工作激情与上述工作情境中情感相关构念进行比较辨析。

1. 工作激情与工作投入

Schaufeli（2002）指出，工作投入描述的是员工的一种精神状态，并且这种精神状态往往表现出强烈的活力、奉献精神和对工作的专注（Hakanen et al.，2006）。Schaufeli 和 Bakker（2004）提出，工作投入主要指工作中的高能量及对所进行的工作的一种强烈的认同感，这种认同感主要体现在对于工作的专注度方面。

工作激情和工作投入在概念上是不同的。有学者指出，激情是一种自我定义的特征，是人们对自我感觉的一部分（Vallerand et al.，2003）。当一个人对工作充满激情时，工作也成为了一个人自我概念的一部分（Rip et al.，2012）。尽管 Kahn（1990）最初将工作投入描述为充分利用员工的自我，但这一观点突出工作投入是员工在身体、认知和情感上表现出来的能力，与身份和自我概念本身无关。在工作激情状态下，员工与工作的关系是和谐的，此时工作已经成为员工身份的一部分，因为工作本身是有趣的，并且员工在工作中产生内在的满足感。此外，工作投入与工作经历及情境激励有关。研究表明，投入的雇员会受到内在动机和外在动机的激发（Schaufeli et al.，2012），但工作投入并不一定是被他们的工作及自我概念和身份所激活的。然而，与工作投入不同的是，工作激情模型以自我决定理论为基础，而不是仅仅关注于活动投入的动机基础。再者，工作投入表明个体已经在进行工作，但工作激情可以在工作前，也可以在工作中，两者所强调的时间点也是不同的。最后，激情被定义为一种对工作的倾向，这种倾向被描述为一种与工作之间稳定的关系（Vallerand et al.，2008）。根据近年来的研究发现，工作激情只在有针对性的强烈干预之后才会改变，而一般情况下不会受到日常事件的影响（Forest et al.，2012）。为此，虽然工作激情与工作投入都可以表现出对工作的投入强度，但是两个概念还是相对独立的，并不能互相替代。

2. 工作激情与工作狂

Schaufeli（2012）指出，工作激情与工作狂是两个独立的概念。工作狂是个体自我强迫的行为表现，这种行为往往不易控制，从而可能使个体会在工作上花费大量时间，并且无法从工作中脱离出来（Robinson，2000）。由这一点来看，工作狂可能带来的结果并非总是积极的，甚至还有可能会引发较消极的后果。Harpaz 和 Snir（2003）认为，工作狂重点强调个体在工作中投入的时间多，并且其在工作中投入的时间往往不受外界影响，所做的工作超出了工作本身的要求。

就工作激情和工作狂之间的区别来看，工作狂不一定喜欢工作时间多并且高投入的状况，也未必能从长时间的工作投入中获得真正的满足感。虽然工作狂在工作上付出过多的时间，但他却未必喜欢自身的工作（Graves et al.，2012）。与之相对，对工作满怀激情的员工，虽然有很多工作难以抽身，但是他们还是很热爱自身工作的（Donahue et al.，2012）。从 Oates（1971）提出工作狂定义来看，工作狂是无方向性的。从传统意义上来看，关于工作狂的理论更关注员工总体上感到忙碌,而不是他们是否特别专注于自己的工作。与工作激情和工作投入之间的区别类似,工作激情模型需要更多的机制来解释人们为什么会对工作上瘾,而工作狂只衡量上瘾本身。并且工作狂本身带有一种比较中性和消极之感,凡事要把握一定的度,工作狂明显超过了时间度,有时甚至会给自身带来不好的影响。与之相对,工作激情则属于积极情感,富有工作激情的个体给自身带来利益的同时也会促进组织的发展。

3. 工作激情与心流

Csikszentmihalyi(1990)指出,心流是个体全身心投入活动时的一种整体感受。Lavigne(2011)对心流进行相关研究指出,心流是个体完全融入所从事的活动时的一种暂时性的失真体验,当处于这个状态时行动与意识是互相融合的。

从这里可以看出,心流属于工作激情状态下的一种结果,而且心流与工作激情正相关,即当个体的工作激情较高时,个体往往会体验到更多的心流。但心流往往是短暂的,当工作结束时心流也会消失。可见,工作激情可能是一种伴随着个体身份与自我概念的强烈工作相关情感,而心流则是当下的一种暂时体验。

4. 工作激情与情绪劳动

Grandey(2000)指出,情绪劳动是个体通过自身的调节而达到组织期望的情绪的一种努力。廖化化(2014)认为,情绪劳动是个体在工作中按照一定的组织规则对他人所展现的情绪,情绪劳动实际上反映了一种情绪调节行为。根据具体情绪调节的深度与内化程度来看,情绪劳动可以分为表层扮演与深层扮演。其中,表层扮演是指表面上遵守组织规则表现出相应的情绪状态,但个体实际内心可能体验到的则是另外的情绪。在这种状态之下,个体可能正在经历情绪冲突。深层扮演是指个体努力调整自我内在的真实感受,努力达到组织规则要求的情绪状态,表现出内在情绪与外在情绪的一致性。

工作激情可以调节情绪劳动,即当个体的工作激情较高时,个体会自然而然地通过自己的认知与行为对情绪进行控制。具体来说,当个体的工作激情较高时,会更容易也更愿意调节自身的情绪以符合组织对情绪表现的相关规定,使情绪劳动不仅是表层扮演,也可以是真正调节自身内在的情绪来实现深层扮演,即情绪劳动更富有深度。由此来看,工作激情作为一种强烈的源于自我身份的情绪状态,有助于个体更好地进行情绪劳动,以达到组织相关的情绪规则与要求。

5. 工作激情与创业激情

Breugst等(2012)提出,创业激情是基于特殊工作情景下的一种工作激情。Baum等(2001)提出,创业激情是企业家的个人特质,往往是先天就有的。Cardon(2005)则认为,创业激情是一种有意识的、可接近的、强烈的积极感觉,来源于对创业企业家自身的身份和对创业活动的管理。创业激情指导个人行为，间接作用于企业，且这种特质不易受环境的影响（张剑，2017）。例如，Baum 和 Locke（2004）指出，创业激情是对创业活动的热爱。Smilor（1997）基于动机视角对创业激情进行阐述，认为拥有创业激情的企业家具有一定的创业思想和行为，是创业中最关键的因素。Cardon（2009）基于情感视角，认为创业激情本身就属于一种积极情感，同时还指出企业家具有不同的身份，这些身份对于创业激情有着重要影响。激发激情并不是因为一些企业家天生就有这种感觉，而是因为他们被一种与他们有意义的、显著的自我认同相关的东西所引领。当个体出于这一自我认同相关的认知投入创业之中时，其创业激情更为突出。Ho 等（2014）指出，创业激情不光包含积极情感，还有认知成分，即对企业家身份的认同。

由此来看，创业激情属于特殊情境下的工作激情，是创业领域中的工作激情体现。创业激情更多地与企业家的行为和身份相联系。创业激情与工作激情也是密不可分的。例如，Cardon（2008）指出，企业家的创业激情往往会带到组织与工作中，在这样的环境氛围下，自然会影响到员工，激发出员工的工作激情。不过，工作激情与创业激情也有不同。第一是两者的范围大小不同，工作激情的构念涉及的范围更广；第二是两者针对的对象也有所不同，工作激情可能涉及所有的职场人，而创业激情当前研究更多关注的是创业企业家或创业者自身。综上，虽然工作激情与创业激情有所不同，但都是以一般激情为基础。可以说，虽然创业激情是基于特殊工作情境下提出来的，但仍属于工作激情中的一种。只是由于所涉及的范围不同以及针对的对象不对，工作激情与创业激情的影响因素及影响效应机制也有其不同之处，需要有针对性地分别研究。

综上所述，工作激情作为一种特殊的情感，与工作投入、工作狂、心流、情绪劳动及创业激情均有着密切的联系。如工作激情和工作投入都可以体现为对工作所做出的更多时间和精力奉献。当工作激情超过一定限度后可能会变为工作狂，同时心流是工作激情达到一定程度的体现，而工作激情又会影响个体情绪劳动的深度。创业激情作为一种特殊的工作激情，除了具有工作激情的一般特征之外，还有其独特性，更体现出高不确定性和高风险创业活动相关的特征。不过，总的来说，工作激情显然有其独特的内涵，对于这一主题进行研究势必可以更深入地推进情感相关的理论认识，同时对工作情境中情感管理相关实践问题也会有所裨益。

四、工作激情的维度划分与测量

1. 工作激情的维度划分

Vallerand 等（2003）提出了工作激情的二元模型，即将工作激情划分为和谐型激情和强迫型激情。其中，和谐型激情是一种积极情感，具有和谐型激情的个体在工作时是主动的，积极参与活动并积累相关经验的（Hodgins & Knee，2002）。此外，拥有和谐型激情的员工在工作时是自愿的，员工自身不会受到任何强迫去做不愉快的事情。换句话说，和谐型激情的员工在工作时，其真实的内心在发挥指引作用，员工在积极做好自身工作的同时，也能完成一些工作之外的事情，并且始终保持一种积极开放的心态（Hodgins & Knee，2002）。

强迫型激情属于一种消极情感，使人迫于内部压力而被迫参与活动。Mageau等（2009）研究表明，与具有和谐型激情的员工相比，具有强迫型激情的员工认为，工作占据了大部分的时间（Vallerand et al.，2003），无法更好地享受生活，带来更多的负面影响。此外，强迫型激情的员工在参与工作时更容易分心（Vallerand et al.，2011）。

总之，和谐型激情往往带来较多的积极影响，而强迫型激情则伴随更多的消极影响。拥有和谐型激情的员工，更倾向以灵活与自愿的方式参与到工作中，保持高度的注意力，并从中体验到自主性参与工作的快感。但是，拥有强迫型激情的员工，在工作中感受到的更多是一种"不得不"的压力，即使在工作中投入大量的时间与经历，也很难体会到工作中的乐趣，甚至会引发一些非预期的消极结果。

2. 工作激情的测量

Vallerand等（2003）基于激情的概念之上提出了激情的二元模型，并据此编制了测量工作激情的量表。起初，量表包含34个题项，但通过对工作激情量表的效度与信度进行分析后，最终选择了因子负荷最大的14个题项，其中，和谐型激情和强迫型激情各7个题项，最终选定的和谐型激情与强迫型激情量表的内部一致性系数分别为0.79、0.89，即表示所制定的量表内部一致性效度良好。

第三节　工作激情的影响因素

一、个体因素

1. 自尊

Ratelle等（2011）指出，个体的自尊影响其激情表现。一方面，外显自尊水平较高的个体，由于实施了相对适应的自我调节策略，会体验到更高水平的和谐型激情；另一方面，内隐自尊水平相对较低的人，由于其自我脆弱和防御性，会经历更高程度的强迫型激情。由此来看，自尊对于个体的激情有着重要的影响。

2. 目标追求

员工的工作激情也可能受到员工个体目标追求的影响。Belanger 等（2015）指出，当员工个体具有较高的目标追求时，其相应工作激情也较高，进而会影响到员工的工作状态。依据调节模式理论，员工在目标追求的过程中一般会采用两种模式，即行为和评估导向来实现个体目标。行为是一种朝向运动的方向，如从一种状态转移到另一种状态，在这一过程中，要求投入心理资源，以一种直接的方式启动和保持目标导向的进展，而在这种模式下往往会产生和谐型激情；相比之下，评估导向是一个"做正确的事情"的方向，包括比较和评估不同的实体（如目标和方法），以确定哪个是最值得追求的，在这种导向下，个体的选择往往是非自主性动机，将产生强迫型激情。

二、组织因素

1. 组织管理

Chen 等（2015）指出，依据"发展理论"，工作激情可以是后天形成的。组织通过实施雇佣政策、激励制度、生活关怀等方式，使员工感受到对工作的乐趣与重要性，从而产生工作激情。由此可见，在不同的组织环境下，员工所受到的激励与组织支持等的不同，有可能导致工作激情状态上的差异。当员工受到组织的公平对待、体验到组织的关怀与支持时，将更可能激发工作激情。

由于工作激情对于员工工作相关行为的重要影响。组织及其管理者需要高度关注"发展理论"指导下的员工工作激情培养策略，如透明公正的雇佣制度、积极全面的员工激励政策以及体验关怀的组织氛围，让员工发自内心地体验到组织对其的关心与爱护，将会极大地促进员工工作激情的激发，进而表现更多符合组织预期的积极态度与行为。

2. 领导激情

根据创业激情的研究，作为一种特殊情境下的工作激情，企业家如果自身表现出极大的创业激情，并且在与下属的互动过程中展现这一激情，其对待工作的热情与态度往往会感染到下属，从而更可能激发起下属的工作激情。如张剑等（2018）通过对企业家和员工进行配对来实证研究，探讨了企业家的创业激情对员工创造力的影响。具体来讲，他们检验了企业家的三种创业激情（发现激情、创建激情和发展激情）对员工工作激情的两个维度（情感和认知）的影响。不过，通过多层线性模型分析，只有企业家的发展激情能够对员工的情感与认知产生影响,即企业家的发展激情对员工的工作激情产生正向影响。当企业家拥有发展激情时,企业往往处于较为稳定的阶段,企业家对企业的发展抱有良好的组织愿景,会加大对工作的投入,员工感知到企业家在工作中所做的努力及对企业美好的愿景,便会更加积极、努力地工作,并且员工这种发自内心的对工作的自愿投入,更有利于其保持持久的工作激情。由此来看,虽然领导激情可以激发员工的工作激情,但是这种激发也可能有一定的边界条件。正如上面的实证研究所指出的,在组织发展前景乐观的情境之下,领导激情对于员工工作激情的感染与激发作用更为突出。

3. 领导风格

近年来领导风格对员工工作激情的影响是一个新兴的话题。秦伟平和赵曙明(2015)以情绪理论为基础,通过对89名主管及其532名员工进行配对研究发现,真实型领导对不同类型的工作激情的影响是不同的。真实型领导因其在工作中独特的领导风格会让员工体会到领导的热情、真实、支持与鼓励,能够帮助员工建立自信、自尊等心理资本,给下属更多的公平与尊重,从而极大激发员工参与工作的热情,有利于和谐型激情的产生与发展。其中,真实型领导的独特领导风格主要表现在内化道德、自我意识作风、透明化关系处理方式及平衡型信息加工上。另外,领导的支持使员工积极参与工作,使员工产生一种强烈的积极情绪,能够缓解员工的压力,在一定程度上降低或消除强迫型激情的产生与发展。所以,真实型领导与和谐型激情显著正相关,而与强迫型激情显著负相关。

苏勇和雷霆(2018)基于社会交换理论探讨悖论式领导对工作激情的影响。通过对11家企业的领导—员工进行配对问卷调查发现,领导风格对员工工作激情具有显著的正向影响。基于社会交换理论,悖论式领导能够在工作中尊重和信任下属,并给予下属个性化关怀,员工感受到领导的关心与关爱,将以积极的情绪状态和饱满的热情投入到工作中,以此来回报领导,从而促进了员工工作激情的产生。

综上来看,在工作情境中,由于管理的层级关系,员工往往只与自己的直接上级接触频繁,所以直接上级的领导风格对员工的影响较大,对员工的工作激情具有很大的影响。但是,在团队层面上针对员工工作激情的影响因素的研究较少,目前大多数学者主要聚焦于领导风格因素上,缺乏对其他影响因素的探讨,有待于后续加强探讨。

第四节 工作激情的影响效应

激情被理解为一种能量,它给人一种"快乐和希望"的感觉(Rockwell,

2002)。激情使人全心全意地投入相关的活动之中(Belitz & Lundstrom, 1997)。就工作激情而言,往往将员工指向其认为特别有意义的工作活动之中,可能对员工的工作相关态度与行为产生重要影响。在此,本书对工作激情的影响效应及其机制进行相关梳理,希望能够对发挥工作激情的作用有所参考。

一、职业倦怠

Carbonneau 等(2008)基于自我决定理论从教学领域探索不同类型的工作激情对职业倦怠的影响。通过对 494 名教师进行研究指出,和谐型工作激情的教师,具有自觉自主的工作内化特征,参与的工作活动是自身所认可的,不带有任何外在强迫。虽然和谐型工作激情的教师积极参与活动并投入大量的时间与精力,但不代表占据了他们所有的时间。实际上,工作与其生活的其他方面是和谐的,保持了比较平衡的状态。具体而言,和谐型激情的教师能够充分专注手头的工作,并在这一过程期间及之后均体验较为积极,从而职业倦怠症状减少。与之不同的是,强迫型激情来自于一种被控制的内部化,这种内部化缘于个人或人际压力(如社会接纳感和自尊感使个体不得不参与某种行为或活动)。强迫型激情的个体对活动需要额外投入大量的时间与精力,而忽视其他生活领域(如家庭、朋友和休闲),从而导致生活冲突,引起职业倦怠。

李力等(2017)通过对 248 名服务行业的员工进行调查发现,和谐型激情的员工在工作中有强烈的心理投入,把服务当作个人身份的一部分,在服务的过程中增强了自身积极的情绪体验,从而不易产生职业倦怠;而强迫型激情的员工仍然活在繁重的压力之下,一旦经历失败,其心理压力剧增,造成自身的罪恶感。由于一味地高度投入,缺乏对工作的正确反思,很难及时发现自身在工作中的缺点,往往会感到身心疲惫,从而产生了职业倦怠。

可见,员工的工作激情对其职业倦怠可能产生显著影响。员工工作激情是指员工个体对某些工作的独特的行为意愿。不同类型的工作激情对职场倦怠的影响效应是不同的。一般而言,和谐型工作激情有助于降低职业倦怠,而强迫型工作激情则可能带来职业倦怠。虽然工作激情会导致个体投入较多的时间与精力于工作之中,但是这种过高的投入未必一定带来积极的结果。鉴于职业倦怠对后期的工作相关态度和行为可能产生的严重负面影响,管理者需要高度重视表面的工作激情投入可能引发的后续隐患。基于资源保存理论,消耗的能量需要及时补充,适当的放松与从工作中的心理解脱是更好投入后续工作的保证,因此,要积极引导员工正确的工作投入,恰当的激情诱发,工作激情保持积极的状态程度,特别是关注和谐型工作激情,避免强迫型工作激情的不利后果。

二、情绪耗竭

Fernet 等（2014）通过对新教师的工作状况进行纵向研究以探讨工作激情的影响机制。通过研究发现，被内化的和谐型激情是个体身份的一个核心方面，使员工主动、积极地工作，但是过度的对角色外行为的投入会造成对其他工作等的干扰，造成员工情绪耗竭；而强迫型激情是个体身份内活动受控内部化的结果，受控内部化缘于工作内部和外部的影响（如社会接纳和高绩效要求）。这种受控内在化的过程导致了对工作的强迫型激情的发展，从而在工作中进行大量的时间与精力的投入，但是这种投入往往是不明智的也可能不是完全自愿的，从而造成个体情绪耗竭。由此来看，不同类型的工作激情都可能造成个体的情绪耗竭，其中的主要原因就是对于工作过多的投入，就和谐型工作激情而言，这种过多的投入是主动自愿的；就强迫型工作激情而言，这种过多投入是由于外部压力导致的非自愿表现。所以，不管是哪种类型的工作激情，主动或部分被动的过多工作投入都未必是好事，都可能带来个体的情绪耗竭。因为情绪耗竭可能对工作相关结果有不良影响，所以组织管理者还必须高度重视工作激情对个体情绪的这种负面影响，避免可能由此带来的进一步负面工作结果。

三、心理健康

Robert（2012）研究表明，工作激情可以以不同的方式为有意义的生活做出贡献。具体来说，如果员工对其工作富有热情，有利于其发挥自身的最大潜力，从而获得工作的满足感，有利于提升其身心健康。然而，当员工的工作激情是强迫型时，其在工作中可能不会带来积极影响，有时甚至可能会导致工作效率低下、萎靡不振等不良影响的增加。Rousseau 和 Vallerand（2003）通过对老年人的生活进行研究发现，当他们从事自己喜欢的活动（如打牌、听音乐）时，其和谐型激情提升了心理健康（生活满意度、活力和生活意义）的积极指数，而不健康（焦虑和抑郁）的消极指数明显下降。相反，强迫性激情正向预测焦虑和抑郁，与生活满意度呈负相关关系。随后的研究使用不同的心理健康指标，在人们的整个生命周期中得出了类似的结果（Rousseau & Vallerand，2008），即和谐型激情有利于心理健康，而强迫型激情则未必。

可见，和谐型激情对于心理健康的促进和保护作用得到了支持，而强迫性激情的作用却可能刚好相反。对生活中某一活动怀有和谐型激情的人，其心理健康水平要高于那些有强迫性激情和没有激情的人，并且强迫型激情与没有激情总体上没有差异（Philippe et al.，2009）。由此看来，工作激情也可能有利于员工的心理健康。只是其中特别需要鼓励的是和谐型工作激情，而不是强迫型工作激情。

四、创新行为

Vallerand 等（2003）在自我决定理论基础上提出了激情的二元模型，并指出不同的激情类型对员工个体的心理与行为的影响是不同的。首先和谐型激情的员工往往不易受外界的干扰，从而其对自身的行为具有很好的把控度，即可以自由选择是否参与活动，往往会产生适应性结果，更利于员工创新行为的产生；但是强迫型激情往往容易受到外界的干扰，缺乏对活动的自由把控度，往往对员工产生非适应性结果，而不利于员工产生创新想法。Binnewies 和 Wornlein（2011）提出，积极情绪的存在增加了产生新的和有用的想法的可能性。积极情绪能激发认知，增加认知灵活性，从而导致更高的创造力。

秦伟平和赵曙明（2015）通过对 532 名员工进行实证研究发现，和谐型工作激情能够激发员工的创造力。当员工个体全身心投入到工作中、对工作充满激情时，更容易激发自身的创造力并达到最大化；而强迫型激情的员工个体是迫于某种压力而被迫从事某种工作，并且投入大量的时间与精力，必会造成与个人生活冲突，极大地影响了员工创造力的发挥。苏勇和雷霆（2018）基于创造过程参与理论，探讨了员工的工作激情对员工创造力的影响。富有工作激情的员工，能够在工作中始终保持一种积极情绪，对工作充满热情，愿意投入更多的时间和精力到工作中，从而更能有效地提出一些创造性的方案，促进自身创造力的提升。

杨仕元等（2018）探讨了工作激情对员工创造力的影响机制。具体而言，他们检验了不同维度下的工作激情是如何影响员工创造力的。通过对知识型员工进行问卷调查发现，和谐型激情、强迫型激情及两种激情交互作用都会对员工的创造力产生正向影响。其中，和谐型工作激情对员工创造力的影响最为显著。

综上来看，工作激情有利于员工产生创新想法与行为。就具体类型工作激情与员工创造力关系的研究发现来看，和谐型工作激情对员工创新行为或创造力的正向研究得到了一致性的支持，而强迫型激情影响创造力的关系并不明确。如有研究指出，强迫型激情能够提升员工的创造力（杨仕元等，2018），有些学者则认为，强迫型激情不利于创造力发挥（秦伟平和赵曙明，2015）。杨仕元等认为，虽然强迫型激情是员工基于某种动机而在工作中投入大量的时间与精力，但其中仍然包含了自身对工作的喜欢，相比低工作激情和没有工作激情的员工来说，仍具有创造力。另外，通过实证还检验了二元激情都较高时，个体的创造力是最大的。究竟不同类型的工作激情对员工创新行为的影响效应如何，特别是强迫型激情是否有利于员工创新，其中的可能边界条件是什么，仍然是一个需要进一步探讨的问题。相信对于这一问题的探讨，将会更好地澄清已有研究不一致之处，促进工作激情影响效应的理论研究更深入发展。

五、绩效表现

Vallerand 等（2007）通过对即将进入戏剧艺术专业的学生探讨不同类型的工作激情对绩效的影响。研究发现，和谐型激情是积极活动投入的来源，拥有和谐型激情的学生，通过长时间的有意练习，最终通过自身的努力取得较好的成绩。相反，强迫型激情的学生往往回避目标，不利于提升自身的技能，对绩效产生负面影响。Ho 和 Pollack（2014）利用激情的二元模型，探讨了和谐型激情和强迫型激情与财务绩效之间的关系。具体而言，从社会网络视角出发发现，具有和谐型激情的企业家，能够主动通过社会网络解决企业发展过程中的问题，提升企业的财务绩效；而强迫型激情的企业家，往往不愿与他人交流，不利于提升企业财务绩效。因为企业家的工作激情将影响其在组织网络中能否占据核心地位，网络中心是对外交流的基石（Sullivan & Marvel, 2011）。由此来看，企业家更需要利用工作激情，特别是和谐型激情提升企业财务绩效。Cardon 等（2009）指出，企业家的工作激情对组织绩效具有正向影响。拥有工作激情的企业家为达成组织目标而不断投入到突出的角色相关的活动中，能够更好地识别潜在的机会与威胁，更好地发展企业。同时不断进行调节以使企业与外部环境相匹配，克服挑战，帮助企业成长，从而促进企业绩效的提升。

总之，工作激情一般而言有利于提升绩效，尤其是和谐型激情，更有利于绩效的提升。工作激情是一种主要的激励力量，是取得高工作绩效的基础。工作激情也是一种动力来源，个体通过自身的努力，而最终帮他们达到较高的水平，获得良好的绩效。不过，其中，需要特别强调的是，和谐型激情与强迫型激情对于绩效的影响并不一致，和谐型激情与绩效的正向关系得到了较明确的支持，但是强迫型激情与绩效的关系则不明确。另外，工作激情对于绩效的影响在表现层次上也可能存在差异，如员工个体的工作激情可能直接促进自己的个人工作绩效，而企业高层领导者的工作激情则可能直接影响企业层面的绩效。未来研究可以进一步检验不同类型工作激情及不同组织层面个体的工作激情对绩效的差异性影响效应机制。

六、进谏行为

许科等（2013）基于自我认知理论探讨了工作激情对进谏行为的影响。他们认为，工作激情是员工在对工作具有一定认识后而表现出的一种积极工作态度，继而员工能够全身心投入到工作中，表现出极大的热情。拥有工作激情的员工往往对自己所从事的工作具有清晰的认知，能够对工作中出现的问题进行正确分析，从而促进员工进谏行为的发生。之后他们通过对11家企业的650名员工进行研究发现，工作激情对员工的进谏行为具有显著正向影响。具体来说，和谐型激情属于员工自我内化的一种积极情绪，员工欣然接受自己的工作，并积极地投入到工作中。员工对工作自愿高度投入的行为与进谏行为的角色外特征（在行动和心理上额外付出）相吻合，从而和谐型激情的员工更能对组织提出建设性的意见，促进进谏行为的发生；相比而言，强迫型激情的员工是迫于某种压力而进行的自我内化的过程（如社会认可度、自尊）。所以，虽然员工在工作中也会投入大量的时间与精力，但是在大部分情况下，都是非自愿行为，相对于和谐型激情来说，强迫型工作激情对进谏行为的影响相对较小。

Rothbard（2003）指出，具有高工作激情的员工个体，更希望能够借助工作上的成功来获得更多的成就感，而进谏行为可以使组织更快地发现工作中存在的问题，促进组织及时改正问题并提升组织绩效，由此不仅获得了组织认可，更实现了自身价值，获得更高的成就感。依据角色认知理论（Ho et al., 2011），员工对自身工作具有更深的认识，愿意投入更多的时间到工作中，既能表现高度的注意力，也能体会到工作中的乐趣。也正因为如此，高工作激情的员工更能发现组织中的问题，进而提出自己的意见及看法，促进进谏行为的发生。

总的来说，由于高工作激情的员工自身对工作的强烈爱好，所以对所从事的工作具有较高的工作满意度（Carbonneau et al., 2008），使员工在工作中能够保持积极的情绪和高度关注，为进谏行为提供了有力的保障。就现有研究发现来看，和谐型工作激情对于进谏行为的正向影响作用比较明确，但是强迫型工作激情的影响还需要进一步的实证检验。

七、人际关系

基于激情的动机视角，Seguin（2003）探讨了二元激情对夫妻关系的影响。拥有和谐型激情的夫妻拥有更多的自主权，具有更高水平的自我决定动机，能够更好地维持夫妻之间的关系。与和谐型激情相反，拥有强迫型激情的夫妻，一旦沉迷于某一事件，很难融入到其他生活领域，将造成夫妻之间冲突的发生。同样，Vallerand等（2008）通过对英国的足球迷调查发现，对足球的痴迷与热爱预示着与其浪漫关系的冲突，从而导致恋爱关系质量的下降。相比之下，和谐的激情与浪漫伴侣的冲突无关。Jowett等（2012）探讨了激情与关系质量之间的潜在关联。具体来说，通过路径分析研究了和谐型激情与强迫型激情对人际关系满意度和人际冲突的影响。研究结果显示，和谐型激情与人际关系和关系满意度呈正相关，与人际冲突呈负相关。对某项活动拥有和谐型激情的人，可能有能力在关系的背景下更有效地与他人互动，更开放、更灵活地参与到充满激情的活动之中。

依上述研究发现来看，激情对于人际关系可能有着重要的影响作用，包括密切的夫妻伴侣关系和一般的人际关系。由此可以推断，工作领域中的激情同样也可能影响工作领域中的人际关系。和谐型激情让员工充分考虑自身与其他人的关系，从而投入必要的时间和精力来维持和提高他们的关系质量。而强迫型激情与人际关系冲突呈正相关，而与激情活动中的满意度呈负相关，过度的激情可能会损坏个人的关系质量。当然，究竟工作激情对工作场所人际关系有何影响，不同类型工作激情的影响机制有何差异等问题，仍然需要进一步的实证检验。从已有研究来看，关于激情与关系的探讨还主要在社会心理学领域，就组织领域的研究来说仍然是一个全新的主题，值得管理学者更深入地探讨。

第五节　工作激情的作用机制综合模型构建及管理启示

激情是工作的源泉与动力，是近年来组织行为学领域研究的热门话题。工作激情属于一种情绪，往往受到不同方面的影响，并且发展起的工作激情可能对个体的工作相关态度与行为产生重要影响，所以对工作激情进行深入研究具有重要的意义。在前述相关研究的基础之上，本书提出了如图 4-1 所示的工作激情的作用机制综合模型，以期对工作激情的管理与发展提供新的借鉴与思考。

首先，工作激情包括和谐型激情和强迫型激情。Vallerand 等（2003）最早提出了激情可分为和谐型激情与强迫型激情，不同类型的激情对其结果变量的影响也会有较大的差别，并且激发不同类型激情的因素也可能有所不同，因此，有必要在探讨工作激情问题时细分不同类型激情进行深入的对比研究。有时两种激情是交互产生影响，究竟这种交互作用机制如何，当前并未给出这一方面的实证探究，有待于未来进一步进行探索。

其次，影响工作激情的因素是多种多样的，包括个体层面因素以及组织层面因素。就个体层面因素而言，自尊和目标追求均有利于个体工作激情的激发；就组织层面因素来看，组织管理制度、领导风格和领导激情状态等均可能影响个体的工作激情水平。可以说，个体的工作激情是个体因素与组织因素共同作用的结果。

最后，工作激情可能影响个体的工作相关态度与行为。具体来说，工作激情

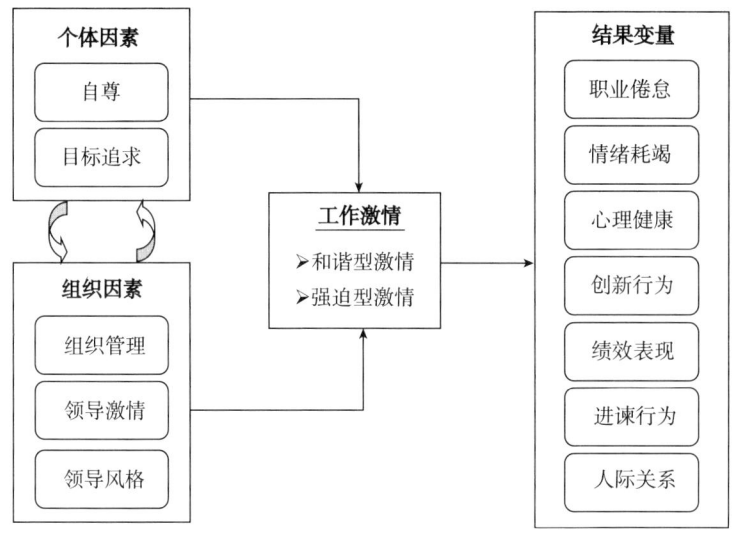

图 4-1 工作激情的作用机制综合模型

可能对个体的职业倦怠和情绪耗竭等产生显著影响，同时也可能对个体的创新行为、进谏行为和绩效表现具有较强的解释力。不过，特别值得强调的是，和谐型激情和强迫型激情对于上述态度和行为可能产生不同的结果，其中的机制如何还需要进一步检验。

综合而言，充满激情可以让活动变得丰富多彩，使个体以饱满的热情面对生活，使生活更有激情，同时也更好地投入工作之中。鉴于工作激情的重要影响，探讨工作情境中的和谐型激情与强迫型激情的前因与结果变量，对于我们的管理具有重要启示与借鉴。激情对有意义的生活非常重要。管理者可以通过个体层面与组织层面因素的综合考虑，激发个体的工作激情，特别是和谐型激情，促进个体产生更为积极的工作态度与行为结果，以提升管理效能。

第六节 结语及未来研究展望

一、结语

激情被定义为一种对个体喜欢的、重要的且需投入时间和精力的活动的强烈倾向。因此，要想让个体对一项活动产生激情，该活动必须在个体生活中具有重要意义,是个人喜欢的且需经常花时间做的事情。作为一种特定类型的激情,工作激情是员工个人在进行工作时表现出的一种强烈的意愿(Vallerand et al.,2003)。工作激情包含两个方面的重要含义,即积极情感与对工作的认同。首先,积极情感体现了员工个体对工作的喜欢与热爱(Mageau et al.,2009),为此员工会在工作中主动投入较多的时间与精力。另外,工作激情还包含员工个人对工作的认同,将工作看作自我身份象征,把这一工作当作自身定义的一部分(Perrewé et al.,2014)。工作激情是工作情境中的一种情感状态,有其独特性,尽管与工作场所中的其他情感相关概念有联系,但也存在显著的不同。工作激情是一种积极的情感。但是工作激情并不能等同于积极情感。正如 Perrewé 等(2014)所指出的,积极情感是产生工作激情的必备条件,但是员工在进行各类活动时都有可能会形成积极情感,这些积极情感并不一定仅仅针对工作本身,并且积极情感的强度可能差异很大,其强度范围是在一个从低到高的较宽区间内,而工作激情的情感强度会很高。同时,员工个体把工作当作自身的一部分,并且认清工作的价值,只有这样的员工才拥有工作激情。对于工作激情构念而言,积极情感和工作认同两者缺一不可。因此,对工作激情这一主题研究有其必要性,可以促进对工作场所中情感理论的认识,同时也会对工作场所中的情感管理实践提供更有针对性的参考。

另外,工作激情的产生受到个体因素与组织因素的共同影响,个体的自尊和目标追求都可能正向影响工作激情。并且工作激情对于个体的职业倦怠、情绪耗竭以及心理健康水平等情感心理均可能产生显著影响,同时对于个体的创新行为、进谏行为、绩效表现等行为结果也可能具有不可忽视的重要作用。除此之外,工作激情对于工作场所中的人际关系也会产生重要影响。由此来看,对于工作激情主题的探讨具有重要意义,越来越受到组织管理学者的关注。

二、未来研究展望

第一,对比不同类型工作激情的差异性效应机制。工作激情是一把双刃剑。和谐型激情往往会带来积极影响,而强迫型激情则往往带来负面影响。但是和谐型工作激情对结果变量的影响机制是什么,强迫型工作激情在什么条件下可能产生积极影响等问题仍然不明确,还需要进一步的实证检验。

第二,工作激情的跨层次效应机制研究。鉴于工作激情的重要影响,探索工作激情的影响效应显得尤为重要。不过,当前的大部分研究都基于员工层次的工作激情,却很少有跨层次的检验。例如,未来可以探讨领导的工作激情可能如何感染到下属,进而激发下属的工作激情。又如,工作激情可能受到个体、团队及组织多个层面因素的综合影响,未来可以通过跨多个层面的设计,探讨工作激情的综合发展与影响机制。

第三，工作激情与个体自尊的相互关系机制探讨。Mageau 等（2009）通过对 105 名本科以上学历进行激情测试后发现，有强迫型激情的个体比有和谐型激情的个体更依赖于他们的激情活动来获得自尊。Crocker 和 Wolfe（2001）提出的自尊随因模型，指出人们试图通过在与自己相关的领域取得的成功和避免失败来维持、增强和保护自己的自尊，并且人们的行为或表现与他们对自我价值的判断特别相关。员工越是依赖于某一特定来源来获得自尊，他们对与这些自尊相关的表现的反应就越强烈。而基于自尊等外在的压力下，员工在工作中更易产生强迫型激情。可见，一方面，个体的工作激情可能通过其激情活动的积极结果激发其自尊；另一方面，自尊也可能影响个体的工作激情水平。究竟两者间的关系发展机制如何，未来可以基于动态观探讨两者间的关系发展。

第五章　职场排斥与员工创造力：
工作激情与自我效能感的影响

第一节　引言

创造力是组织在动态环境中茁壮成长、应对不可预见的挑战及创造企业核心竞争力的关键要素之一（Tang et al.，2019）。在过去的30年里，学者们专注于创造力的研究越来越多（Liu et al.，2016），其中，作为组织创造力基础的员工创造力也越来越成为组织迫切关注的问题。在工作领域，所关注的不仅仅是员工如何工作，更重要的是如何让员工创造性地工作（Li et al.，2018）。许多学者研究发现，相比缺乏工作激情的员工来说，满腹工作激情的员工更具创造力，其更容易取得成功（Dong et al.，2017），这是因为工作激情能够给员工带来更多的保护与动力。工作激情包含了努力与勇气、激励与坚持，使员工能够更好地识别工作中潜在的机会与威胁（Nonaka et al.，2014），进而更多地在工作中产生新颖的想法，从而提升了自身的创造力。可以说，工作激情作为一种积极情绪，是激发工作动力的源泉，员工自愿付出额外的努力并不断激发员工的创造力，促进组织不断创新，这对于在急剧变化的商业环境中的组织的发展和生存至关重要（Zhou & Hoever，2014）。

不过，员工的工作激情可能会受到多种因素的影响，导致员工工作激情的降低甚至消失。其中，特别被忽视的一个重要因素就是职场排斥。归属的需要是员工最基本的需要，而职场排斥直接破坏了员工的这种需要。职场排斥被认为是一种社会痛苦的表现形式，这种经历可能是极其痛苦和不愉快的（Williams，2007）。尽管职场排斥现象无处不在，而且还对员工的工作产生了负面影响，但当前基于组织情境下对职场排斥影响效应的研究相对较少。组织研究人员需要更好地理解职场排斥如何影响员工的工作情绪和行为,最终如何影响员工的创造力。另外,Dong等(2014)研究表明,具有高信念的个体可以控制自己的情感,例如,能够使个体即使在面临困境时仍能保持一种积极乐观的态度。因此本书引进自我效能感这一个体自我信念变量,探讨是否自我效能感越高的员工,工作激情在影响员工创造力的作用过程中就越能发挥更有效的作用。

综上,本书在以往职场排斥研究的基础上,以员工个体为研究背景,将职场排斥作为前因变量,初步探讨了职场排斥对员工创造力带来的影响,包括工作激情的中介作用及自我效能感的调节作用。期望通过本书提出的职场排斥对员工创造力的效应模型及实证检验,对保持组织情境中个体的工作激情、提高个体的创造力及提升企业绩效水平具有一定的借鉴意义。

第二节 理论基础与研究假设

一、职场排斥与员工创造力

排斥是指被拒绝和孤立的经历或被个人或团体忽视的现象(Williams,2002)。排斥或被他人忽视,广泛存在于我们的日常生活与工作中(Forsdyke,2005)。在组织情境中,排斥也是常常发生的。许多员工都表示在工作中受到过"沉默对待"(Fox & Stallworth,2005)。可以说职场排斥是一种常见现象。Ferris等(2008)指出,职场排斥是在工作环境下员工所感受到他人对自己的拒绝、忽视和排挤等不公平的对待。职场排斥作为一种职场"冷暴力",对员工个体的心理和行为均会产生不同程度的负面影响,有时甚至超过了职场暴力所带来的直接危害(Robinson et al.,2013)。当员工感到被排斥时,消极的心理和行为后果随之而来,包括心理退缩、对工作的不满,有时甚至会产生辞职的念头(Scott et al.,2015)。

创造力,即开发新的和有用的想法(Dldham & Cummings,1996)。创造力既可为过程也可为结果,创造力作为过程主要表现在可以不断地发现工作中的问题,创造性地提出解决方案;创造力代表结果主要表现在其产生的新鲜的和有用的事物(Tierney & Farmer,2011)。员工创造力是员工个体在进行工作的过程中,通过对生产的产品、工作过程以及工作程序提出新颖的想法,以提高工作中的效率和提升产品的质量(马蓓等,2019)。

员工都具有社交需要,都期望能够获得同事和领导的认可(Ferris et al.,

2008），员工的心理状态和行为也会受到社交结果的影响。Wu 等（2012）指出，遭受到职场排斥的员工往往更容易表现出消极情绪（如自卑、消极等），从而影响员工在工作中的投入，不能正确处理工作中的问题，其创造力随之下降。依据资源保存理论（Hobfoll，2001），在获取与保存资源方面，员工往往更看重保存资源，以免自身已获得的资源产生不必要的损失。Halbesleben 和 Jonathon（2006）指出，职场排斥会造成员工社会支持性资源的减少（如遭受职场排斥的员工很少或不能获得同事与领导的支持），而此时员工会采取相应措施以减少职场排斥带来的危害（Leung et al.，2011）（如减少时间与精力的投入）。郑馨怡和李燕萍（2018）进一步强调，遭受职场排斥的员工为防止自身资源再次遭受损失，往往会通过减少自身角色外行为（如创造力），以保护自身的资源。并且，如果员工一直遭受职场排斥，员工会自动认为自身不再属于群体中的一员，其在工作中的创造力将很难激发出来。由上来看，基于资源保存理论，一方面，遭受职场排斥的员工无法获取新的资源以补充消耗掉的资源；另一方面，原有的资源可能会因排斥引发的不良体验而出现过多的损耗。正是资源的不足可能导致员工更关注原有的资源的保存，不愿意过多地投入到工作之中，而需较大投入的创造力（不管是创新的想法还是创新的事物均可能如此）相应较难出现。因此，本书提出如下假设：

H1：职场排斥与员工创造力显著负相关。

二、工作激情在职场排斥与员工创造力关系之间的中介作用

职场排斥作为一种职场"冷暴力"，不仅会破坏组织关系，还会给员工带来负面影响。员工普遍希望能够与他人建立良好的人际关系，被其他组织成员接纳，但遭遇职场排斥的员工，其社交需求和被接纳需求没有得满足，从而导致其工作积极性以及相关工作体验均可能负向发展。遭受到职场排斥的员工，首先，由于被他人孤立而不能及时、准确地获得有用的信息。依据资源保存理论，在工作情境下，职场排斥往往会造成员工信息资源匮乏（Leunga et al.，2011），员工在工作中获得的资源是其工作激情的重要预测变量之一。另外，遭受排斥的员工会投入自身大量的时间与精力来弥补因资源缺失而带来的损失（如尽力讨好排斥者），从而自动降低了在本职工作的投入。其次，遭受排斥的员工因很难获取相应资源来弥补自身已经缺失的资源，从而造成自身资源的缺失（Wu et al.，2012）（如个体自尊水平下降）。最后，遭受排斥的员工很有可能会受到排斥者的侮辱以及不尊重，其自身的心理压力剧增，使其无法全身心投入工作，相应的工作激情降低。因此，本书提出如下假设：

H2：职场排斥与员工工作激情显著负相关。

Vallerand 等（2003）将工作激情定义为一种强烈的行为倾向，倾向于一个人热爱的、认为重要的、需要投入大量时间与精力的工作或活动。Baum 和 Locke（2004）认为，工作激情代表员工在工作中的一种高昂的情绪，在这种情绪的激励下，个体积极工作并促进组织快速发展。Perrewe 等（2014）提出，工作激情是员工自身在认知与情感评价的基础上，对所从事的工作所表现出的一种强烈情感持续状态，使其在工作中始终保持一种积极的情绪，促进工作的完成。并且他还指出，工作激情所带来的这种情感的持续状态，不仅能保证工作的顺利完成，有时还能帮助员工完成一些没有明确规定的行为（如发现工作中的问题并提出解决方案）。Perrula 和 Cardon（2011）指出，工作激情是员工在进行工作时的一种高度积极的情绪状态，并且这种积极心态使员工乐于创造，而不是抵触创造。George 和 Zhou（2007）研究发现，个体的积极情绪有利于自身创造力的提升，而工作激情作为一种积极的情绪，可以提升员工的创造力。宋亚辉等（2015）同时指出，员工的工作激情有利于提升员工自身的创造力。综上，首先，高工作激情的员工在工作中遇到困难时，不是选择逃避，而是不断尝试从新的角度与方法解决问题，这往往会促使员工创造力的产生。其次，高工作激情的员工在工作中自愿投入更多的时间与精力，主动学习并掌握工作中所需的知识与技能，并乐于利用新知识、新技能解决工作中遇到的问题，而员工的这种不断学习与尝试更是促进了员工创造力的产生（Bledow et al., 2013）。最后，高工作激情的员工更能保持平和的心态，能够抓住问题的关键，积极寻求解决办法，从而有利于员工创造力的产生（黄俊，2016）。因此，本书提出如下假设：

H3：工作激情与员工创造力显著正相关。

概括而言，依据资源保存理论（Hobfoll，2011），员工在工作中遭受排斥，其自身的资源（包括如自尊、乐观、效能感的心理资源）可能减少或投入的资源未取得相应的回报，员工心理将会遭受影响，从而降低了在工作中的激情。如李丹和常梦醒（2018）研究发现，遭受职场排斥的员工，可能导致情绪耗竭。郑馨怡和李燕萍（2019）研究指出，由于资源等因素的缺失，员工在遭受职场排斥后会产生较低的内部人身份感知。基于此，职场排斥可能导致员工较差的内心感受和负面情绪体验，从而可能降低其工作激情。低工作激情的员工可能只会做好自身的本职工作，不愿意投入大量的时间与精力来提升自己的技能水平，也不愿意尽最大的努力解决自己工作中遇到的问题，从而可能降低自身创造力（Shalley，2004）。可见，职场排斥会降低员工个体的工作激情，而低工作激情的员工又会进一步降低其自身的创造力。因此，本书提出如下假设：

H4：工作激情在职场排斥与员工创造力关系之间起着中介作用。

三、自我效能感的调节作用

自我效能感是个体在特定情境下对自身是否有能力完成任务的预期（Bandura，1977）。自我效能感可能是认知与行为的中介，能够影响自身的思想与行为，属于积极心理学的核心概念之一。Albert（1986）提出，自我效能感是指个体对自身行为和任务完成的一种信念。Stankovic 和 Luthans（2003）从组织行为视角出发，提出自我效能感是个体对自身工作能力的一种肯定信念，个体相信自己能够调动必要动机与行为，在特定的情境下出色地完成自身的某种特定任务。基于创新视角，Tierney 等（2002）提出，自我效能感是个体对自身是否能够取得创造性成果的一种信念，同时也是个体进行创造的基础。

Dingerhe 等（2013）指出，高自我效能感的员工往往具有坚定的信念，即使在工作过程中遭遇困难，也不会轻易放弃，并且坚持寻找新思路、尝试新方法。高自我效能感的个体能够在复杂的情境中始终保持自信，并且在自信的引领下，提升自身的创造力；反之，低自我效能感的员工在工作过程中往往表现得不够自信，更多地关注消极后果，难以将自身的工作激情完全发挥出来，其自身创造力也会受到一定影响。基于资源保存理论（Leunga et al.，2011），当个体自身的资源很难满足其工作需求时，个体往往很难全身心投入到工作中，其工作结果也会受到不同程度的影响。Janssen 和 Gao（2015）指出，高自我效能感的个体通常认为，自己能够提出针对性的问题和创造性的解决方法，更倾向于在工作中发挥自身的创造力。在这种情况下，高工作激情的员工拥有饱满的热情和充沛的资源，更愿意将自身的想法付诸实践，提升个人创新能力。反之，低自我效能感的员工由于缺乏能够顺利完成自身工作的坚定信念，对自身能力没有良好的认知，其工作激情对自身创造力的影响减弱。因此，本书提出如下假设：

H5：自我效能感在工作激情和员工创造力关系之间起着调节作用，即自我效能感越高，工作激情对员工创造力的正向影响作用越强。

综上，本书提出如图 5-1 所示的职场排斥与员工创造力的关系机制理论模型。

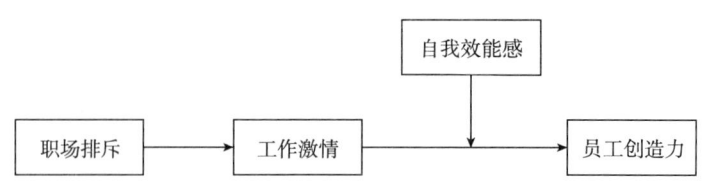

图 5-1　职场排斥与员工创造力的关系机制理论模型

第三节 研究设计

一、研究样本与数据收集

本次研究样本主要来自广西、上海、山东等地企业的员工。本次调查主要通过网络方式进行，一共发放230份问卷，有效问卷217份，样本的有效率为94.3%。在有效问卷中，男性占57.6%，女性占42.4%；年龄25岁以下的占26.4%，25~35岁的占28.7%，36~45岁的占22.7%，46~55岁的占11.6%，55岁以上的占10.6%；受教育程度本科以上的占47.2%；工作年限1年以下的占20.3%，1~3年的占37.9%，3~5年的占22.6%，5年以上的占19.2%。详见表5-1所示的样本人口统计学描述统计。

表5-1 样本人口统计学描述统计

人口变量	具体类别	样本数量（份）	占比（%）	累计占比（%）
性别	男性	125	57.6	57.6
	女性	92	42.4	100.0
年龄	25岁以下	57	26.4	26.4
	25~35岁	62	28.7	55.1
	36~45岁	49	22.7	77.8
	46~55岁	25	11.6	89.4
	55岁以上	23	10.6	100.0
受教育程度	高中以下	20	9.3	9.3
	高中/中专	34	15.7	25.0
	大专	60	27.8	52.8
	大学本科	77	35.6	88.4
	硕士及以上	25	11.6	100.0
单位性质	国有企业	47	18.9	18.9
	民营企业	67	45.2	64.1
工作时间	1年以下	44	20.3	20.3
	1~3年	82	37.9	58.2
	3~5年	49	22.6	80.8
	5年以上	41	19.2	100.0

二、测量工具

1. 职场排斥

采用 Ferris 等（2008）编制的 10 条目量表测量员工所受到的职场排斥。样题如"在工作中，我感到我的想法与感受被他人忽视了""在工作中，我发现有人不愿与我共事"等。采用 Likert 5 点量表，1 表示"完全不符合"，5 表示"完全符合"。得分越高，表示在工作场所中所受到的职场排斥越高。在本书中职场排斥量表的 Cronbach's α 内部一致性系数为 0.877。

2. 员工创造力

采用 Tierney 和 Farmer（1999）的基础之上经由王国保（2010）基于中国情景下修订的 7 条目量表测量员工的创造力。样题如"在工作场所中，我不时会想到一些有创意的点子""在工作场所中，我会尝试用一些新的想法和程序完成日常工作"等。采用 Likert 5 点量表，1 表示"完全不符合"，5 表示"完全符合"。得分越高，表示员工在工作场所中的创造力越高。在本书中员工创造力量表的 Cronbach's α 内部一致性系数为 0.865。

3. 工作激情

采用 Vallerand 等（2003）编制的 14 条目量表测量员工的工作激情。样题如"在工作场所中，我拥有难忘的经历""我的生活与工作无法分离"等。采用 Likert 7 点量表，1 表示"完全不符合"，7 表示"完全符合"。得分越高，表示员工在工作场所中的激情越高。在本书中工作激情量表的 Cronbach's α 内部一致性系数为 0.884。

4. 自我效能感

采用 Jones（1986）编制的自我效能感量表，并经试测后保留其中的 7 个条目用于正式施测。样题如"在工作场所中，我认为我的能力高于工作要求""我能胜任一个比现在工作要求更高的工作"等。采用 Likert 7 点量表，1 表示"完全不符合"，7 表示"完全符合"。得分越高，表示员工的自我效能感就越高。在本书中自我效能感量表的 Cronbach's α 内部一致性系数为 0.879。

5. 控制变量

根据以往对员工创造力影响因素的研究发现（Wang et al., 2015；张兰霞等，2019），本书将个体的性别、年龄、受教育程度、工作年限等可能影响员工创造力的因素作为控制变量。

第四节 结果分析

一、同源偏差检验

由于本书中的所有数据都是由员工个体报告完成，可能会因为来源单一而造成同源偏差问题。所以本书首先对数据进行同源偏差检验。未经旋转的探索性因子分析的结果为：研究变量所有条目解释了总变量变异的60.97%，并且第一个因子解释的方差变异量仅为23.23%（结果见表5-2），所占比重较小。所以，本书所收集到的数据没有严重的同源偏差问题。

表5-2 Harman 单因子检验

成分	解释的总方差					
	合计	初始特征值		合计	提取平方和载入	
		方差的（%）	累计（%）		方差的（%）	累计（%）
1	4.366	23.23	23.23	4.366	23.23	23.23
2	3.897	20.73	43.96	3.897	20.73	43.96
3	1.899	10.10	54.07	1.899	10.10	54.07
4	1.297	6.90	60.97	1.297	6.90	60.97
5	0.754	4.01				
6	0.687	3.66				
7	0.669	3.56				
8	0.631	3.36				
9	0.597	3.18				
10	0.563	3.00				
11	0.538	2.86				
12	0.523	2.78				
13	0.471	2.51				
14	0.416	2.21				
15	0.395	2.10				
16	0.367	1.95				
17	0.351	1.87				
18	0.213	1.13				
19	0.161	0.86				

二、验证性因子分析

为检验"职场排斥""员工创造力""工作激情""自我效能感"与这四个潜变量之间的区分效度,本书采用 AMOS 21.0 对测量数据进行验证性因子分析(CFA)。结果如表 5-3 所示,在本书中四因子模型具有较高的拟合度(χ^2/df = 1.783,RMSEA = 0.061,GFI = 0.976,AGFI = 0.973,CFI = 0.983,NNFI = 0.947);而单因子模型(四个潜变量合并为一个因子)的拟合度较差。所以,本书的四个潜变量具有良好的区分效度。

表 5-3 验证性因子分析结果

模型	χ^2/df	RMSEA	GFI	AGFI	CFI	NNFI
四因子模型	1.783	0.061	0.976	0.973	0.983	0.947
单因子模型	2.933	0.072	0.872	0.803	0.901	0.905

三、描述性统计分析

本书中的各主要变量均值、标准差及变量间的相关系数如表 5-4 所示。结果表明,职场排斥与工作激情(r = -0.554,p < 0.01)和员工创造力(r = -0.489,p < 0.01)均显著负向相关;工作激情与员工创造力(r = 0.409,p < 0.01)显著正向相关,符合假设预期,可以进一步检验本书假设。

表 5-4 各主要变量均值、标准差及变量间的相关系数

变量	均值	标准差	1	2	3	4	5	6	7	8
1. 性别	1.42	0.495	1							
2. 年龄	2.51	1.287	-0.079	1						
3. 教育程度	3.25	1.137	-0.028	-0.115	1					
4. 工作年限	2.40	1.016	0.040	0.204**	-0.275**	1				
5. 职场排斥	3.29	1.098	-0.155*	0.196**	-0.086	0.176**	1			
6. 工作激情	3.44	1.005	-0.200**	-0.097	0.177**	-0.150*	-0.554**	1		
7. 自我效能感	3.81	0.910	-0.178**	-0.180*	0.148*	-0.120	-0.470**	0.302**	1	
8. 员工创造力	3.88	0.953	-0.111	0.027	0.004	-0.002	-0.489**	0.409**	0.433**	1

注:* 表示 p<0.05;** 表示 p<0.01。

四、假设检验分析

本书主要采用层次回归分析法,分别对假设1到假设4进行验证。首先,假设1提出职场排斥对员工创造力具有显著的负效应,为对这一主效应进行检验,将职场排斥作为因变量;加入控制变量(性别、年龄、教育程度、工作年限);将自变量员工创造力放入回归方程中,看职场排斥对员工创造力的影响。其次,假设2提出职场排斥对工作激情具有显著的负效应。加入控制变量,加入自变量职场排斥,对工作激情进行回归,检验职场排斥对工作激情的影响。假设3提出工作激情对员工创造力具有显著的正效应。首先,加入控制变量;其次,加入自变量工作激情,并对创造力进行回归,检验工作激情对员工创造力的影响;最后,检验假设4所提出的工作激情在职场排斥与员工创造力关系间的中介效应。具体层次回归分析结果见表5-5。

通过表5-5中的数据可知,职场排斥对员工创造力(模型4,$\beta = -0.534$,$p < 0.01$)具有显著的负向影响,假设1成立;工作激情对员工创造力(模型5,$\beta = 0.401$,$p < 0.01$)具有显著的正向影响,假设3成立;职场排斥对工作激情(模型2,$\beta = -0.539$,$p < 0.01$)具有显著的负向影响,假设2成立;当职场排斥和工作激情同时引入解释员工创造力时,中介变量工作激情对员工创造力的影响显著(模型6,$\beta = 0.594$,$p < 0.01$),自变量职场排斥对员工创造力仍有显著负向影响(模型6,$\beta = -0.231$,$p < 0.01$),只是自变量的影响显著下降,说明工作激情在职场排斥与员工创造力之间发挥了部分中介作用,假设4成立。

表5-5 工作激情的中介效应检验

类别	变量	工作激情			员工创造力		
		模型1	模型2	模型3	模型4	模型5	模型6
控制变量							
	性别	-0.064	-0.041	-0.026	0.008	0.012	0.014
	年龄	0.054	0.042	0.124	0.094	0.069	0.061
	教育程度	-0.051	-0.038	-0.029	0.212	0.097	0.086
	工作年限	-0.221	-0.148	-0.287	-0.127	-0.029	-0.037
自变量							
	职场排斥		-0.539**		-0.534**		-0.231**
中介变量							
	工作激情					0.401**	0.594**
	R^2	0.037	0.321	0.031	0.302	0.416	0.546
	ΔR^2		0.284		0.271	0.385	0.515

注:* 表示 $p < 0.05$;** 表示 $p < 0.01$。

假设5提出员工自我效能感正向调节了其工作激情与创造力之间的正向关系。员工自我效能感水平越高,工作激情与员工创造力的关系越强;反之,则越弱。为了验证此假设,将员工创造力作为因变量,依次引入控制变量(性别、年龄、教育程度和工作时间)、工作激情、自我效能感、工作激情和自我效能感的交互项;并且,在构建工作激情和自我效能感的交互项之前,对两个变量分别进行了标准化处理以避免可能存在的多重共线性问题。表5-6中,由模型9可知,工作激情与自我效能感之间的交互作用显著正向影响员工创造力(模型9,β = 0.125,p<0.05)。为更加直观地表示自我效能感的这种影响作用,本书分别以高于和低于均值的一个标准差为基准绘制了调节作用图,如图5-2所示。图5-2表明,个体的自我效能感越高,工作激情对于员工创造力的影响作用越强。这一结果证实了个体自我效能感不同,其工作激情对员工创造力的影响效应确实显著不同,表现为个体的自我效能感有助于增强工作激情对于员工创造力的正向影响作用,本书的假设5得到支持。

表5-6 自我效能感的调节效应检验

类别	变量	自我效能感		
		模型7	模型8	模型9
控制变量				
	性别	0.116*	0.118*	0.106*
	年龄	-0.057	-0.056	-0.061
	教育程度	0.213	0.125	0.196
	工作年限	-0.085	-0.087	-0.086
中介变量				
	工作激情	0.506**	0.354**	0.347**
调节变量				
	自我效能感		0.247**	0.295**
交互项				
	工作激情与自我效能感			0.125*
R^2		0.274	0.311	0.331
ΔR^2			0.037	0.057

注:*表示p<0.05;**表示p<0.01。

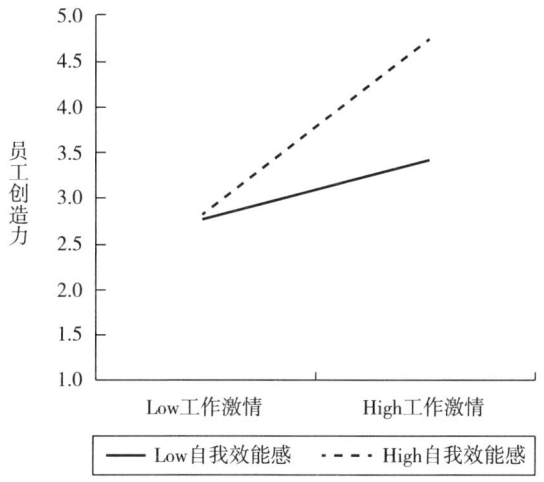

图 5-2　自我效能感对于工作激情与员工创造力关系的调节效应

第五节　讨论分析与未来研究展望

一、结论与分析

本书基于资源保存理论（Hobfoll，1989），构建了职场排斥到员工创造力作用机理的理论模型并提出了一系列假设，得到以下结论：首先，职场排斥与员工创造力呈负相关关系，即工作场所的职场排斥越强，则员工的创造力越弱。其次，工作激情部分中介了职场排斥与员工创造力之间的关系，一方面，职场排斥直接影响员工创造力；另一方面，则可能通过降低工作激情间接影响员工创造力。具体来说，员工在工作场所遭受的职场排斥越强，相应的工作激情就会越弱，而工作激情对员工创造力的激发就会减弱，更不利于员工创造力的提升。最后，本书发现，员工的自我效能感调节了工作激情与员工创造力的作用。拥有高工作激情的员工个体在高自我效能感的作用下，往往表现出更多的自信，认知更加明确，从而更有利于员工在工作过程中产生更多的新颖想法，提升自身的创造力水平。

1. 理论意义

第一，本书丰富了职场排斥对员工创造力的影响机制理论。员工创造力是员工的一种积极、主动的行为,能够在工作中及时发现存在的问题,并能够针对问题提出新颖的想法。遭受职场排斥的员工,其创造力会显著下降,这与以往学者的结论相同(李丹和常梦醒,2018;李进,2016),说明基于中国情境下的职场排斥也会抑制员工创造力。本书以资源保存理论为切入点,再次证明职场排斥对员工创造力的影响。中国是一个极其重视"圈内交流"的国家,很多重要资源信息仅在圈内交流,而"圈外人"往往会被忽视,从而导致遭受职场排斥的员工无法融入组织,进而抑制员工创造力的发挥。虽然本书所发现的员工因遭受职场排斥其自身的创造力水平有所下降,这与之前学者探讨的职场排斥降低创新行为(赵秀清和孙彦玲,2017)相类似。但本书还进一步探讨了职场排斥对员工情绪也会产生负面影响,通过抑制员工的积极情绪而进一步抑制员工的行为,最终导致员工创造力的下降。具体来说,本书发现,工作激情在职场排斥与员工创造力之间起到中介作用。遭受到职场排斥的员工,面对资源的丧失或投入的资源未取得相应的回报,其心理不免会遭受影响,从而降低了员工的工作激情,进而导致员工创造力下降。另外,员工为缓解因职场排斥而引起的人际压力,不免会将自己的部分精力投入到人际关系建设中,从而降低了员工在工作中的精力投入,降低了员工的工作激情,最终使员工的创造力未达到预期效果。本书的这一发现丰富了职场排斥对员工创造力的作用机理,为后续学者的理论研究提供了可以进一步挖掘的有趣切入点。

第二,本书拓展了个体工作激情对其创造力影响的边界条件理解。本书发现自我效能感调节了工作激情与员工创造力之间的关系。作为员工的一种重要人格特质,自我效能感在工作激情与员工创造力之间起到催化剂的作用:自我效能感作为一种对自己能力给予充分肯定的信念,使自己在特定的工作背景下,调动自身的资源,达到提升工作激情的效果,能顺利完成特定任务(Seo & Ilies,2009)。但是,低自我效能感弱的员工往往在工作中表现出不自信,相应地,工作激情的作用发挥也将减弱,不利于创造力的提升。因此,自我效能感能够调节工作激情与员工创造力之间的关系。

2. 实践意义

本书研究探讨了职场排斥与员工创造力的关系影响效应机制。基于本书的实证分析,职场排斥、工作激情有着密切联系,并且均会对个体的创造力产生显著的影响作用。在员工创造力日益受到重视的当下,关注如何激发员工创造力是管理实践者需要重视的现实问题,而本书发现将可以为组织管理者提供一定的积极指导。

第一,本书发现职场排斥对员工创造力具有一定的破坏作用。为此,组织管理者需要重视营造和谐的工作氛围,尽力避免组织中因出现职场排斥而带来的不利影响。根据社会认知理论（Brown et al., 2005）指出，不同的工作氛围会造就不同的工作环境，从而对员工的认知与行为都会产生不同程度的影响。基于本书探讨的职场"冷暴力"的危害，组织中的管理者更要注重努力营造一种和谐的工作氛围，通过开展一系列的娱乐活动，增强员工之间的互信程度，建立良好的人际关系，努力降低职场排斥现象。

第二，组织管理者学会运用工作激情激发员工创造力。工作激情作为一种强烈的行为倾向，可分为和谐型激情和强迫型激情（Vallerand et al., 2003）。大量实证研究发现，和谐型激情可以产生个体的积极情绪（Schellenberg et al., 2016），提升个体的幸福感（Forest et al., 2012），激发创造力（Clercq et al., 2011），正面促进组织绩效提升（Drnovsek et al., 2016）；而强迫型激情往往会造成个体产生焦虑、攻击性（Schellenberg et al., 2016），造成职业倦怠（Fernet et al., 2014）等不良影响。所以要正确运用工作激情，增强员工的大局意识，提供具有挑战性的工作来提升员工的激情，同时要保证领导对每一位员工公平公正，杜绝"穿小鞋"现象的发生。

第三，提升员工的自我效能感是激发员工创造力的一个有力阀门。本书实证检验发现，自我效能感较强的员工更能发现积极情绪对于创造力的正向影响作用。为此，组织管理者为了帮助员工产生更强的创造力，除了激发积极情绪之外，还应该从个体的内部自我认知入手，加强员工自我效能感。如组织管理者可以通过保护个体的自尊，帮助个体不断积极成功体验，进而提升员工的自我效能感，从而更好地发挥积极情境对于员工创造力发挥的催化作用。另外，个体也应该努力提升自己的自我效能感。高自我效能感能很好地促进工作激情对员工创造力的正向作用。因此，员工在日常生活与工作中要建立坚定的信念，在不断提升自身能力水平的同时不断肯定自己，从而提升自身的效能感水平，以抵御其他消极因素的干扰，提升自身的创造力水平。

概括而言，为了更好地促进员工创造力发展，领导者要格外重视职场排斥对员工的心理以及行为所造成的负面影响，要注重调节员工的情绪，并采取有效措施减少甚至消除职场排斥。组织管理者需要重视员工工作激情及自我效能感的作用。因为工作激情以及自我效能感均有利于缓解职场排斥对员工创造力的破坏性。

二、未来研究展望

本书在资源保存理论的基础上，结合中国特有的"关系""以和为贵""圈子交流"的文化背景，构建以工作激情为中介变量、自我效能感为调节变量影响下的职场排斥工对员工创造力的影响效应模型，通过实证研究对模型与假设进行了相关验证。并在此基础上，提出了一些关于如何减少工作场所中的排斥，以便最终提升员工创造力的建议。但是，由于时间与精力的限制，本书对于职场排斥对员工创造力的影响效应研究还存在很大的不足，未来研究可从以下三个方面进一步探究：

第一，未来研究可以进一步探究职场排斥影响员工创造力的其他中介机制。本书虽然从个体情绪入手探讨职场排斥影响员工创造力的机制是一个有益的创新视角，但是不可否认，职场排斥影响员工创造力还可能通过其他的路径，如基于认知视角，职场排斥是否可能降低员工的注意力聚焦从而导致员工创造力有所下降。未来可以对此关系进行相关的实证检验以拓展职场排斥与员工创造力的关系机制理论认识。

第二，未来研究还可以深入探讨员工工作激情对于创造力影响的其他边界条件。在此本书仅关注了个体自我效能感的调节作用，不过个体情绪对于其创造力的影响可能还会受到情境的调节。未来研究可以进一步关注可能影响员工工作激情与创造力关系的情境条件，如组织创造氛围。

第三，未来可以进一步探讨领导对缓解或消除职场排斥现象的策略。研究中只是简单介绍了应该尽力消除职场中的排斥现象，但具体如何实施、如何调整，并没有做进一步探讨，未来可具体探讨如何避免职场排斥现象的发生，以及在职场排斥现象发生后的具体应对措施，以便做好企业的相关人际关系管理，促进企业的更好发展。

第六章 工作场所的移情及其管理研究

第一节 引言

员工情感在组织情境之中普遍存在。可以说,员工情感是组织生活重要的组成部分。不过,在先前的个体行为研究中,学者十分重视认知对个体行为的影响,而忽略了个体情感的作用(李晓明、傅小兰和王新超,2012)。实际上,在工作环境中,员工的情感不仅会影响员工之间互动(刘得格和李焕荣,2013),还会对他们完成共同工作的过程和结果产生影响(Barsade & Gibson,1998;Smith et al.,2007)。正是出于此,近几年来,组织行为研究者对于员工情感的关注度日益增长。

移情是组织环境中一种重要的情感,这一观点获得了越来越多学者的认可(Batson et al.,1995;Kellett,Humphrey & Sleeth,2002,2006;Sadri,Weber & Gentry,2011)。移情往往是个体对他人情绪的准确感知,通俗而言,移情就像是他人将自身的情感转移给个体,让个体与其一同进行感受(Duan et al.,1996)。工作移情通常被视为一种积极的个体情感反应。工作移情使员工更加关注移情目标个体的福利和利益,对他们面对困境时的情感状态感同身受(Longmire & Harrison,2018)。

近年来,大量的研究成果证明,移情能够促进个体支持性的态度、意图和行为(Ku et al.,2015),这种支持性态度、意图和行为的发起者既包含移情作用产生者本身(Cohen,Panter,Turan,Morse & Kim,2014;Bethell,Lin & McFatter,2014),也包含移情接受者等其他个体(Vorauer & Quesnel,2016;Longmire & Harrison,2018)。例如,工作移情既能促进移情者本身产生更多亲社会工作行为(Eisenberg,Eggum & Di Giunta,2010;Coke,Batson & McDavis,1978;Settoon &

Mossholder, 2002; 丁凤琴和陆朝晖, 2016), 包括利他行为、助人行为等 (Bethell, Lin & McFatter, 2014; Paciello et al., 2013;), 能提高员工的幸福感和生活满意度 (Grühn et al., 2008; 谭恩达, 2011)。同样地, 工作伙伴在感受到个体的移情后也会以更加积极的行为和态度回报对方。表现为更加愿意与移情者合作共同完成工作任务、对其产生社会支持行为等 (Goldstein, Vezich & Shapiro, 2014; Skinner & Spurgeon, 2005)。这将进一步为团队和组织带来更多的可观收益。由此可见, 工作移情不仅对于个体而言具有重要的影响作用, 对于团队和组织而言, 工作移情也发挥着不可小觑的作用。因此, 工作移情的能力不仅成为员工一种难能可贵的个人品质, 也是组织的财富, 在组织中备受鼓励。工作移情经常被学者认为是有利于提升工作相关成果的一种可培养的、可变的方法 (Gilin, Maddux, Carpenter & Galinsky, 2013)。

有鉴于此, 学者对工作移情的内涵界定、所产生的影响效应及其影响因素进行了许多研究和探讨。本书在文献回顾的基础上, 对当前工作移情相关的研究领域成果进行了详细的整理和归纳, 主要根据以下思路展开: 首先, 对移情的概念内涵的界定进行梳理, 按照不同的观点对其进行归纳和总结, 并且根据当前学者对工作移情的研究总结目前对移情的维度划分的主流趋势。其次, 在现有研究成果的基础上, 对工作移情的影响效果进行梳理, 将其划分为积极影响和消极影响两大类别。其中, 工作移情产生的积极影响分别从工作移情者和工作移情接受者的视角进行归纳, 而工作移情的消极效应则从工作移情者和其他个体的角度进行归纳, 揭示了工作移情的双刃剑效应。再次, 从个人和组织层面出发, 进一步探讨了工作移情的产生机制。通过对以上三方面内容的整理和归纳, 最后, 本书提出相应的管理实践建议, 以期能够为企业的管理实践提供具有指导性的意见, 并且根据现有研究成果的不足, 对未来的研究方向进行展望, 旨在促进并丰富未来相关的工作移情的理论研究。

第二节 移情的概念及维度划分

一、移情的概念

随着移情相关研究的日渐增多, 学者对移情的概念界定也都各自提出了各种不同的看法。截至目前, 对于移情还尚未形成一个完全一致的定义。虽然关于移情的定义还存在着分歧, 但是纵观当前学者对移情的定义, 主要是根据对移情的核心要素不同、对移情性质的理解不同而展开的。

1. 根据移情核心要素进行的概念界定

学者普遍认为,当前关于移情的定义可以划分为三大类别:强调认知的移情、强调情感的移情及强调认知和情感融合的移情(丁凤琴等,2016)。

(1)强调认知的移情。强调认知是移情的主要成分的学者认为,移情主要是对他人的情绪状态内化成为个体自身的理解和认知。Wispé(1986)认为,移情是指一个个体有意识地试图不公正地理解另一个个体的积极或消极经历。Ickes(1993)也支持将移情视为个体认知的观点,他认为,移情是指个体对于他人的心理状态和处境在认知上的理解,而并不包括对他人情绪的实际感受。移情也可以看成是一种复杂的心理推理形式,其中,观察、记忆、知识和推理相结合,从而洞察他人的思想和感情(Ickes,1997)。强调认知的移情倾向于认为个体对他人的移情,主要理解他人的情绪状态,而自身不会产生相应的情绪反应。

(2)强调情感的移情。强调情感是移情恰恰与强调认知的移情相反,其认为只有情感才是移情的核心因素。Baston、Fultz和Schoenrade(1987)指出,移情由目睹他人的痛苦而产生,包括同情、温柔和心软等情绪。这一观点强调移情是对他人的状态进行自身的情感反应。但是,大多数研究认为,移情是一种替代性的情感倾向,移情发出的个体会产生与移情对象相似的情绪状态。Albiero等(2009)指出,移情实际上是个体替代性地体验其他人情绪状态的倾向,其个体更多地集中在另一个人的处境或情绪上,而不是集中在个体自身的处境或情绪上,可以导致个体与另一个人的处境或情绪相同或一致。Decety和Lamm(2006)认为,移情是一种感觉,即一种经历和他人表达的感觉之间的相似感。替代性和相似性是强调情感的移情的重要特征,所以,Goldman(1993)直接将移情视为个体模仿另一个个体的情感状态。并且,这种情绪并不是个体本身的情绪(Singer & Steinbeis,2009)。

(3)强调认知和情感融合的移情。目前,学者越来越偏向于将以上两种观点相结合,认为移情是由个体的认知和情感融合构成的,是两者的结合体。Cohen和Strayer(1996)认为,移情是一种理解他人的情绪状态,并在此基础上共享他人情绪状态的能力,既包含了认知成分,也包含了情感成分。这一观点得到了大量学者的支持(Decety & Lamm,2006;Barker,2003;Colman,2015)。虽然越来越多的学者都认同移情应该是认知和情感并行的结合体,但是学者却认为其本质上仍然是个体的一种情感反应。例如,Barnett和Mann(2013)认为,移情是对他人经历的认知和情感上的理解,从而产生一种情绪反应,这种情绪反应与一种观点一致,即他人值得同情和尊重,并具有内在价值。Eisenberg、Fabes和Spinrad(2007)指出,移情是一种情感反应,源于对另一个人的情绪状态的理解，与另一个人的情绪相同或非常相似。Singer 和 Lamm（2009）则将移情直接定义为一个个体对另一个个体直接的感知、想象或推断的感觉状态的情感反应。

除上述三种观点之外，近年来，学者的研究还逐渐倾向于认为移情还存在着第三种成分，即行为成分或动机成分。也就是说，移情不仅包含认知、情感成分，还应当包括行为成分。Geer、Estupinan 和 MangunoMire（2000）指出，移情是理解他人观点、体验他人情绪和产生富有同情心的行为的能力。刘聪慧等（2009）与 Geer 等（2000）的看法一致，并在 Geer 等（2000）的基础上进行了细化。根据刘聪慧等（2009）的观点，他们认为，移情是一个由认知、情感和行为组成的动态过程，当他人表现出一定的情绪状态时，个体首先会产生与目标对象相似的情感情绪，其次会对他人的情绪状态进行认知上的评价，继而会表现出相应的行为。Oliveira – Silva 和 Goncalves（2011）认为，这种行为成分更倾向于是一种积极的行为成分，因此，他们将移情进一步定义为能够与他人的情绪产生共鸣，理解他人的想法和感受，将我们自己的想法和情绪与观察到的分开，并以适当的亲社会和有益的行为做出反应。

2. 根据移情性质进行概念界定

虽然到目前为止，按照移情核心要素对移情进行概念界定的方式被大多数学者接受，但是近年来学者开始逐渐转向针对移情性质进行移情内涵的定义。根据当前研究对移情性质的理解不同，对移情内涵界定还可以划分为两大类：特质移情和状态移情（李晓明、傅小兰和王新超，2012）。

特质移情认为，移情是个体具有差异的人格特质（Kunyk & Olson，2001），是个体本身所具有的一种特征或品质，具有一定的稳定性（Thornton & Thornton，1995）。而状态移情是个体在某种特定的情境下产生的认知和情感的反应（Kunyk & Olson，2001）。史江涛（2011）指出，移情就是对他人当前情绪状态设身处地进行感受和体验的一种反应。具体而言，移情是一种替代性的情绪情感反应，是指个体当观察并感知到对方的情绪状态时，设身处地为对方着想，并尝试体验对方的情绪反应，因此，产生与其相似的情绪状态（史江涛，2011）。另外，还有部分学者认为，移情是个体所具备的一种个人能力。例如，谭恩达（2011）认为，移情是个体站在他人的角度，了解他人所思、所感的一种能力。而 Hoffman（2001）进一步指出，移情不仅是指个体体验他人情绪状态的能力，还包括受到他人影响的能力。在高维和、黄沛和江晓东（2012）的研究中则将移情视为一种人际技能，个体能够在组织的人际交往过程中通过运用移情这项能力来帮助其进行更好的人际互动。

总体来看，目前关于移情的内涵界定还存在很大的分歧，尚未达成一致。在许多工作场所移情的研究中,学者通常根据自身的研究出发,选择最适合自身的移情定义。然而,Cuff 等(2016)指出,移情概念的界定模糊和混乱对于理论研究和实践都具有消极的影响效应。因此,关于移情概念的界定还需要进行进一步的探讨和推敲。

二、移情的维度

虽然当前学者对于移情的概念界定还未能形成一致,仍然存在分歧,在各自的研究中所采用的移情概念也千差万别,但对移情进行维度的划分可能对于我们更好地理解个体移情具有帮助。Pilling 等(1994)曾指出,移情并非单维度的而应该是多维度的。因此,学者也尝试将移情进行进一步的维度划分。

Duan 和 Hill(1996)曾将移情划分为认知和情感两个维度,认知移情具体是指个体具有从他人视角出发认知事物的能力,而情感移情则是个体从情感上对他人产生感知,并且相比于认知移情而言,情感移情更为细腻。这与强调认知和情感成分相融合的移情概念的观点不谋而合。目前不少研究都采用这一维度划分方式对移情进行研究。例如,Schumann、Zaki 和 Dweck(2014)的研究中将移情划分为情感移情和认知移情,以此来检验当不同维度的移情遭受到挑战时,个体将做出何种反应。Lockwood、Seara-Cardoso 和 Viding(2014)将同时采用移情的两个维度——情感移情和认知移情来探讨其与亲社会行为之间的关系。

此外,从目前大多数的研究来看,学者普遍接受并采用由 Davis(1980)划分的移情的维度(Batson,2009;Decety & Michalska,2011;Decety,2015)。尤其是在当前工作场所的移情研究中,学者大部分使用的都是 Davis(1980)的维度划分。根据其观点,移情应当包括四个维度:观点采择(Perspective-Taking)、移情关注(Empathic Concern)、移情忧伤(Empathic Distress)及对虚构特征认同(Identification with Fictional Characters)。其中,观点采择是指个体愿意接受以他人的立场和角度发出的观点的能力;移情关注是指个体自身会因为他人的悲伤经历而产生与之相应的情绪感受;移情忧伤是指由他人悲伤经历所引起的个体悲伤和焦虑等负面情绪;对虚构特征认同则是指个体通过想象来体验艺术作品所塑造的虚拟人物情感的一种思维倾向(Davis,1980)。其中,观点采择和移情关注通常被当作工作移情的研究重点来加以探讨。因为观点采择通常代表着工作移情中的认知部分,而移情关注则是工作移情中的情感部分(Longmire & Harrison,2018),两者恰巧能反映工作场所中员工互动过程中的认知和情感需求。同时,围绕工作中观点采择和移情关注所开展的独立研究的数量也不少。

综上来看,虽然有学者对移情的细化研究区分了认知和情感两个维度,还有学者将移情划分为观点采择、移情关注、移情忧伤和对虚构特征认同四个维度,

工作场所中的情感研究

但是在实际研究中,四维度观也主要关注的是观点采择和移情关注两个维度,并且这两个维度实际上也是对应了认知与情感两方面。因此,未来在工作场所的移情研究中可以融合上述的两维度和四维度两个观点,即从认知与情感两维度或说观点采择(认知)和移情关注(情感)两维度进行细化探讨,将更容易被接受和认可。

第三节 工作场所移情的影响效应

一、工作场所移情的积极影响效应

移情使个体可以站在他人的立场对他人的情感状态进行体验和感受(Cohen & Strayer,1996),从某种程度上来说,工作中的移情将拉近员工及其工作伙伴之间的心理距离,对于员工的工作伙伴及工作团队都有益处。当前学者关于移情的影响效应研究可以大致分为:以移情者视角进行的研究和以移情接受者进行的研究,从不同的视角出发对移情所产生的积极影响进行了探讨。

1. 移情者视角

工作场所移情通常被认为是正面的情绪反应。Ku、Wang 和 Galinsky(2015)指出,移情能够促使员工产生更多的积极行为和态度。学者普遍认为,移情与个体的亲社会行为和人际关系具有密切联系,当前大量的研究都集中于此(李晓明、傅小兰和王新超,2012),并且大部分的研究结论都指出移情与个体的亲社会行为和人际关系呈现显著的正相关关系(Eisenberg, Eggum & Di Giunta, 2010; Settoon & Mossholder, 2002)。除此之外,移情对员工情绪以及其他方面影响也逐渐受到了学者们的关注。

(1)工作场所移情对员工亲社会行为的影响。亲社会行为(Prosocial Behavior)泛指一切对他人和社会有利的积极行为(寇彧、付艳和马艳,2004),包括助人、利他、分享、安慰、合作、捐助、关心等(Rosenhan, 1978; Eisenberg & Fabes, 2007)。移情是亲社会行为产生中的信息和动机来源(Hoffman, 2001),对于激发个体的亲社会行为具有正向作用(Batson, 2012)。然而,也有部分学者的研究得到了与之不同的结果,他们认为,移情和亲社会行为之间并不存在显著的相关关系(Bekkers, 2006; Einolf, 2008)。丁凤琴和陆朝晖(2016)通过元分析的方式,对移情和个体亲社会行为之间的关系进行了探究,研究结果显示移情与亲社会行为之间确实存在正相关关系,但是这种正相关关系只达到中等的显著水平。

由于亲社会行为包含的行动范围过于广泛，可能会导致研究的结果并不足够准确，因此，学者针对各种不同的亲社会行为进行了更为细致的研究，包括助人行为、利他行为等。大量的研究表明，移情是个体产生社会帮助行为的重要影响因素（Vaish，Carpenter & Tomasello，2009）。Bethell、Lin 和 McFatter（2014）指出，移情通过对个人内部工作模型的他人模型和观点采择的激发，进一步促进助人行为水平的提升。Wilhelm 和 Bekkers（2010）认为，移情会使个体感知到自身和其所帮助的对象之间存在差异，产生不平衡认知，因此，个体倾向于将自身的帮助行为视为一种道德义务，继而对他人产生社会帮助行为。尽管这种助人行为将会使个体付出较高的成本（Paciello et al.，2013）。

由此可见，在工作中的移情可能会使个体在面对其他的工作伙伴需要帮助的情况下伸出援手。例如，当一个组织成员遇到失去所爱的人或生病时，他的同事可以通过提供情感支持、组织一个轮班时间表来弥补错过的轮班或帮助完成家庭任务来对该组织成员实施帮助（Lilius，Kanov，Dutton，Worline & Maitlis，2012）。另外，个体的移情反应还可以推动个体间的合作行为（De Vignemont & Singer，2006），促进个体在组织中的组织公民行为（Bettencourt，Gwinner & Meuter，2001；Cohen，Panter，Turan，Morse & Kim，2014），甚至在虚拟的网络世界中，移情依然会促进网络利他行为的产生（郑显亮和赵薇，2016）。总的来说，工作中的移情往往会促进个体投入到更多的亲社会行为之中，包括帮助行为、利他行为等。

（2）工作场所移情对员工人际关系的影响。在社会心理学的研究中，学者认为，移情的性格特质能够帮助个体更好地理解他人并与之建立联系（Longmire & Harrison，2018）。高维和、黄沛和江晓东（2012）认为，移情会使个体将自身放在与对方同等的位置上，对对方的需求进行更深层次的体会和理解，并进一步满足对方的需求。在互动过程中，个体移情会使对方因其会满足自身需要而对个体产生认同感和归属感，继而促进双方的心理契约。心理契约作为一种非正式的契约，对提升互动双方的积极人际关系的作用优于诸如合同之类的正式契约（高维和、黄沛和江晓东，2012），甚至来说，这种非正式的心理契约的建立可以更有效地帮助促进人际关系的培养。

大量的实证研究表明，移情在员工执行任务的过程中，对于促进员工之间的社会互动具有一定的优势（Ku，Wang & Galinsky，2015；Parker，Atkins & Axtell，2008），被认为能有助于建立起关系信任（Pierce，Kilduff，Galinsky & Sivanathan，2013）。Longmire 和 Harrison（2018）进一步指出，移情之所以可以促进个体与互动方更积极的互动和关系是通过移情的激励作用而产生的。例如，当与部门之外的同事进行交流时，个体会对互动个体的意图和愿望进行洞察，并参照自我信息进行归因，当这些归因是积极的时，个体将更有动力以支持和合作的态度和行为对跨部门的同事做出反应（Parker & Axtell，2001）。这种由移情情绪所提供的信息（个体对互动个体福利的评价）可以激励个体对互动方的需求进行感知并做出反应，试图为其提供帮助（Coke et al.，1978）。例如，在护理工作的研究背景下，移情情绪强调患者的需求并扩大了护理工作者需要对其进行护理的机会，因此，移情便成为向患者表达同情这类情感的关键激励因素（Dutton，Workman & Hardin，2014）。

综上来看，移情对于工作场所中的人际关系可以产生积极的促进作用。移情水平越高的个体，人际交往能力越强，所获得的社会支持也会越多（Devoldre et al.，2010）。由此可见，移情在组织中发挥着重要的影响作用，有利于促进员工之间的高质量社会互动，帮助他们建立更加亲密的工作关系。

（3）工作场所移情对员工情绪的影响。移情不仅影响着个体的行为表现，还对个体的情绪产生影响。移情水平高的个体通常能够产生更多的积极情绪，较少的负面情绪。因此，一般而言，移情水平较高的个体的生活满意度也会更高（Grühn et al.，2008），个体的主观幸福感也更高（谭恩达，2011）。可以说，移情与员工积极情绪正向联系。

不过，谭恩达（2011）的研究发现，虽然移情总体而言能够提高个体的主观幸福感，不过，移情的各个维度所发挥的作用是具有一定差异的，移情中的移情关怀维度能够增强个体的主观幸福感，而个体忧伤对个体的主观幸福感却有着负面的影响效应。正是由于移情的各个不同成分对于个体包括主观幸福感在内的情感的影响作用不同，所以对于工作场所移情对情感的影响还需要细化探讨。

总体而言，移情对于情绪的积极效应作用要更为突出，移情能够促进个体的主观幸福感。由此来看，组织环境中也可以关注和利用移情促进员工积极情绪的形成，由员工移情所带来的积极情绪对员工更加积极投入工作具有一定的益处，为组织整体的工作氛围注入了正能量。组织学者和管理实践者可以进一步关注工作场所中移情对于员工情绪的影响效应机制，以更好地指导基于移情视角下的员工情绪管理问题与实践。

（4）工作场所移情对员工其他行为的影响。近年来，学者对组织中员工工作场所移情的正面影响效应越来越多样化，进行多方面的探索。史江涛（2011）的研究发现，员工的移情可以更好地促进员工之间构建共同背景、引起共鸣反应和激发个体的利他动机，因此，对组织中的知识共享和知识转移产生积极的影响作用。赵晶和汪涛（2014）的研究也得到了相似的结论，他们在虚拟社区背景下的研究表明，虚拟社区成员之间的移情有利于成员之间知识外显化和知识组合。

与此同时，Moore及其团队成员（2012）发现，移情与工作中道德脱离倾向呈显著负相关关系。同时，移情还能有效地削弱并减少工作场所中的不道德谈判策略（Cohen，2010）和性骚扰行为（Diehl，Glaser & Bohner，2014）。此外，移情对于减少工作场所的欺辱行为也具有一定的影响力（Jacobson，Hood & Jacobson，2015）。这表明员工的移情效应不仅对组织产生积极作用，还有助于有效地减少组织中的一些消极现象和负面行为。

2. 移情接受者视角

相比于产生移情情绪的个体而言，移情接受者对移情的反应比从移情者自身的角度采取的反应更积极，因为个体的移情更可能导致有利于移情接受者的行为。因此，个体的移情通常对移情接受者的态度和行为产生积极的影响作用（Vorauer & Quesnel，2016；Longmire & Harrison，2018）。

对于接受个体移情的焦点个体而言，个体移情意味着互动方更容易被个体理解（Hodges，Kiel，Kramer，Veach & Villanueva，2010）。当这种移情的发出者是员工的工作伙伴时，如同事或上级，这种被同事和上级了解的感觉会强化移情接受者的组织承诺（Wiesenfeld，Swann，Brockner & Bartel，2007）。学者还发现，在组织中，员工的工作移情被认为是促进生产力的过程，有助于工作中的长期合作和协作（Dutton，Lilius & Kanov，2007）。移情接受者在接收到个体的移情时，更容易在工作上对产生移情作用的员工进行积极的回应，更愿意与其在一起工作，共同完成工作任务。

另外，焦点个体在与移情个体的互动中可能经历更多积极情绪（Longmire & Harrison，2018）。因为移情经常会激发个体的动机，即个体希望自己能够帮助移情接受者提高福利的动机，所以移情接受者更有可能受益于由个体的移情表达所提供的心理社会资源（Lilius et al.，2012）。例如，Scott等（2010）认为，上级的移情可以有助于员工个人主观幸福感的提升。

此外，个体还可以通过采取一定的方式来引起特定个体对自己产生移情，进而使自己受益。Shirako、Kilduff和Kray（2015）发现，在工作结果相互依赖性为负的任务中，吸引对方对自己产生移情可以为移情接受者自身带来更好的分配结果。工作结果相互依赖性为负主要是指个体认为他人的绩效表现会对自身完成工作目标以获得组织的奖励产生一定的阻碍作用。因此，个体可能会采用促使他人产生移情的方式，从移情者身上得到更多的资源以提升自己的工作绩效。所以，学者普遍认为，移情接受者在与发生移情的同事或管理者互动时几乎总是受益更多（Longmire & Harrison，2018）。

进一步的细化研究发现，观点采择被认为是工作移情最重要的成分之一。在工作中，员工经常需要对其他工作伙伴的观点进行判断和理解，进而做出反应，因此，许多研究对观点采择进行了独立的研究。有研究证据表明，一个个体在感知到他自己的观点已经被采择时，他可能会对采纳其观点的个体进行积极的回应，这种回应包括增加对观点采择者喜欢和对其的支持社会行为（Goldstein，Vezich & Shapiro，2014），为观点采择者提供更多独特信息（Galinsky et al.，2014）及在合作任务中付出更多的努力（Skinner & Spurgeon，2005）等。

总体来看，当前的研究主要从移情者本身的角度出发，对其行为进行了细致的研究，虽然当前的研究结论还未能达成一致，但却为今后的研究奠定了一定的理论基础。相对而言，从移情接受者角度出发的研究数量还存在明显的不足，但是从移情接受者的角度来对移情作用的影响效应进行研究却具有一定的理论和实践意义，因此，未来需要更全面地从移情者及移情接受者视角分别检验移情的影响机制。

二、工作场所移情的消极影响效应

一方面，工作场所移情可以促进工作关系的培养、工作成果的高效实现等；另一方面，也存在一定的"黑暗面"，可能会对组织中的其他个体产生负面的影响。不仅如此，学者还逐渐发现移情水平过高或是长期的移情同样会对移情产生者自身造成一定的负面影响和伤害。为此，关注工作场所移情可能产生的"双刃剑"效应，避免不必要的负面结果具有特别重要的意义。

1. 工作场所移情对他人的消极影响效应

个体对互动方产生移情作用会使其过度关注互动方的需求和欲望。而 Decety 和 Yoder（2016）则将移情比喻为一种"天生的偏袒"。移情作用经常会使个体将更多的资源（包括物质和心理上的）运用在移情接受者身上，因此，将导致某些负面效应的产生。Batson 和 Klein 等（1995）指出，移情会导致个体自身对焦点个体的和解行为，剥夺了其他非互动群体成员的宝贵资源，这种宝贵资源在移情接受者这一群体内的集中，可能会阻碍与个体自身进行交往互动的其他人总体上的公平结果（Batson，Klein，Highberger & Shaw，1995；Blader & Rothman，2014）。例如，在组织中，当管理者在决定如何在员工或部门之间分配有价值的资源时，对其中一方产生移情作用可能会导致对另一方的不公正结果（Longmire & Harrison，2018）。事实上，移情者对焦点个体的过度关注会使其将资源向焦点个体发生不相称地导向从而可能会损害公共利益（Longmire & Harrison，2018）。也就是说，团队或组织内的个体对焦点个体产生移情时，会将注意力和资源在焦点个体和非互动个体间进行不公平的分配，这样不仅会对非互动个体的心理和行为产生负面影响，还可能进一步会损害团队整体或组织的利益。

除此之外，移情还会促使个体针对移情接受者竞争对手的更多攻击行为以实现对移情接受者进行帮助或保护的目的。心理学家的研究发现，对处于困境中的焦点个体的移情会导致个体对焦点个体的竞争对手产生攻击行为，即使焦点个体的困境的形成可能与其竞争对手并无任何直接关系（Buffone & Poulin，2014）。同时，如果个体的移情遭受到伤害时，其同样可能会表现出更多的反社会和攻击行为（Eisenberg，2000），从而对其工作伙伴及组织整体都有可能会产生不良的影响。

2. 移情对移情者的消极影响效应

令人出乎意料的是，学者发现移情也可能会对产生移情的个体本身产生一系列负面的效应。根据 Farrow 和 Woodruff（2007）的观点，其指出移情对移情产生者个体的负面影响主要集中在以下三个方面：一是移情促进个体产生更多的助人行为，但是这些助人行为可能会造成个体的损失；二是高移情的个体经常对他人的困境设身处地进行着想，这同样容易引起个体的不良情绪；三是长期的高水平移情会导致个体自身的情感能量的消耗，不利于个体的身心健康。

移情会放大在个体心目中焦点个体利益的重要性，将个体的注意力吸引到焦点个体的利益上，这可能导致个体情愿牺牲自己的利益或达到次优的总体结果以帮助焦点个体（Longmire & Harrison，2018）。例如，高移情性的员工在遇到工作伙伴需要帮助的情形时，其可能会选择停下自己手头的工作去帮助有其他任务的团队成员，这可能间接伤害到其他成员或牺牲了自己的工作效率（Longmire & Harrison，2018），进而对个体自身的工作绩效表现产生阻碍（Galinsky, Maddux et al.，2008；Gilin et al.，2013）。除了对员工自身的工作行为产生消极影响之外，移情还会容易引起产生移情的个体的消极情绪。早在1983年Davis的研究中曾指出，当个体的移情关怀水平较高时，将更容易引起个体的不稳定情绪，产生恐惧的情感体验。而在工作场所中经常被视为"情感帮手"的移情者可能会因为这些社会关系缺乏互惠而感到不满（Toegel, Kilduff & Anand，2013）。尤其对于一些经常需要频繁表达移情的工作岗位上的员工而言，长期的移情表达会令员工时常感到同情心疲劳或精疲力竭（Dutton et al.，2014）。由此来看，组织管理者及其成员在鼓励对他人产生移情或感同身受的同时，还需要注意移情可能给移情者带来的情感以及工作绩效方面的可能负面结果。

第四节 工作场所移情的驱动机制

工作场所中员工个体的移情会产生一系列的正面和负面影响，为了能最大限度地发挥移情所产生的积极效应而减少负面效应所带来的危害,了解移情究竟从何而来,其驱动机制如何也成为学者积极探索的方向。学者认为,一方面,员工的移情之所以会被激活并提高,主要是源于个体自身因素以及与其移情接受者的互动效果的影响,我们将其归纳为个体层面;另一方面,也有学者开始发现组织层面的因素对员工个体的移情也会产生影响,如组织情绪规范、组织沟通氛围等。

一、个体层面因素对工作场所移情的影响

1. 员工人格特征对工作场所移情的影响

个体层面的因素与个体移情的激发和移情水平的提高具有密切联系。首先是个体自身因素对于个体的移情产生影响,不同人格特征的个体产生移情倾向的难易程度不同。早前的研究发现,个体的大五人格与移情具有一定的相关性,其中,大五人格中的宜人性、尽责性和开放性对个体移情水平的提高产生正向的影响作用(Barrio, Aluja & García, 2004)。这表明具有宜人性、尽责型和开放性人格特征的员工倾向于对其工作伙伴产生工作移情。

另外,自恋作为一种人格倾向,其对个体移情的影响也为学者们所关注。王梦云等(2018)的研究表明,自恋与认知型移情具有正相关关系。然而,自恋还可以进一步划分为显性自恋和隐性自恋(Wink, 1991;郑涌和黄藜,2005)。显性自恋的个体更希望自己的表现被他人看到并给予认可和赞许,所以显性自恋个体更容易表现出认知型移情;相对而言,隐性自恋的个体则较为敏感,容易产生焦虑情绪和进行自我防御,研究结果也显示隐性自恋与认知型移情之间没有显著相关关系(Wai & Tiliopoulos, 2012)。基于此,显性自恋型员工在工作过程中更可能会尽力树立自己在组织中良好的形象,更倾向于通过提升自己对他人的移情水平来获得其他工作伙伴对其称赞和认可。

2. 员工认知对工作移情的影响

(1)员工对他人需求的认知评价会对工作移情产生影响。人们需求具有广泛性,员工不太可能将所有个体的需求都放在同等重要的水平上。只有当员工认为他人的需求与自己的工作相关目标的追求及特定需求保持一致时,他人的需求才更有可能被员工认为是与自身相关的,从而引起员工的共鸣(Muller et al., 2014)。也就是说,只有当员工认为他人的需求与自身具有高度的相关性时,才更容易产生移情。Muller 等(2014)认为,当组织成员对于其他个体的需求的感知越生动时,移情的激发就越强烈。当他人的需求表现更加触动员工的内心时,使其能够感受到他人需求与自己密切相关,员工将会产生更高水平的移情。

(2)员工的道德认同中心性会对工作移情产生影响。对需求敏锐性和他人

应得性的认知评价形成了一种个体层面的调节机制,可以放大或减弱移情性唤起(Fong,2007;Goetz,Keltner & Simon - Thomas,2010)。这种评价取决于观察者与需要者的认同程度(Muller et al.,2014)。而道德认同是个人认同的一个方面,它控制着一个人是否认为他人是他的关注对象(Frijda,1988;Reed,Aquino & Levy,2007)。在此基础之上,每个人都具有不同的道德认同中心性,在个体内心划定一个道德认同的"圈子",道德认同的中心性更大的个体有一个更广泛的"道德尊重圈"(Reed & Aquino,2003),在这个圈子中,将会有更多的个体被视为观察者关注的对象(Frijda,1988)。因此,组织中员工的道德认同中心性越大,移情的激发就越强烈(Muller et al.,2014)。

(3)员工的群体认同会对工作场所移情产生影响。员工对群体的认同形成了员工对组织的情感依附,在组织环境中塑造个人的情感体验(Foreman & Whetten,2002),高水平的群体认同会使个体的工作—非工作角色认同之间具有更强的相互渗透能力,从而会增强工作场所中各种情绪分享的可能性(Ashforth,Kreiner & Fugate,2000;Kreiner,Hollensbe & Sheep,2006;Lilius,Worline,Dutton,Kanov & Maitlis,2011)。群体认同与组织中的员工在组织中感受、表达和采用移情情绪的程度密切相关(Muller et al.,2014)。Dutton 等(2006)认为,群体认同将会影响移情融合的程度。也就是说,在特定情况下,相比于组织认同水平低的个体而言,认同自己为同一群体成员的个体之间更有可能对彼此采用移情手段(De Waal,2009;Haslam et al.,2011;Huy,1999)。

二、员工之间互动效果对工作场所移情的影响

除了个体层面的影响因素之外,工作场所中员工之间的互动还可能影响工作场所中移情的产生。当前大量的研究成果也集中于个体之间的互动效果和方式对个体移情的影响。互动双方的关系水平高低是个体互动结果最直接的体现。网络密度则代表着个体与其社会网络中成员之间关系水平的高低(赵晶和汪涛,2014)。员工在组织中的网络密度高代表员工与其他成员之间具有强连接,关系质量水平高。一般来说,具有强连接的成员之间往往具有高度的相似性(Burt et al.,2013),这种高度的相似性有利于移情作用的产生(Heinke & Louis,2009)。反之,较低的网络密度则代表员工与其他成员之间存在弱连接,关系质量水平低,难以对弱连接的工作伙伴发生移情。

同样地,信任也是个体间高质量互动结果的一种最佳体现,相互信任的个体之间更容易对彼此产生移情。Leimeister 等(2005)在虚拟社区的研究中发现,社区成员之间的相互信任可以促进移情作用产生。一方面,信任可以推动个体之间进行积极的信息交流、促进相互之间的合作(Nahapiet & Ghoshal,1998);另

一方面,相互信任的个体之间的价值观和目标的匹配程度更高,有利于他们对彼此需求和处境的深入理解,因此,可以促进彼此之间的移情作用(赵晶和汪涛,2014)。另外,学者认为,安全型依恋是导致儿童对其同伴产生移情反应的重要因素,在成人移情反应的研究中也得到了相似的结果。Joireman 等(2001)发现,安全型依恋所具有的亲密感和信任是导致个体对他人产生移情的重要因素,由安全型依恋所带来的亲密和信任对移情中重要的两个维度移情关怀和观点采择具有正向的影响作用,由此提高了个体对其互动对象的移情水平。由此来看,在工作场所中,人际互动发展起来的高信任水平将有助于工作伙伴之间的移情产生。相反,如果人际互动不良则可能导致缺乏人际信任或相互猜疑进一步会导致工作伙伴间的移情难以产生。

除此之外,员工之间拥有共同语言也可以推动双方移情作用的产生。共同语言主要是指个体使用社会网络成员共同认可的词汇、符号等进行交流(Chiu et al., 2006)。赵晶和汪涛(2014)发现,由个体间共同语言促进的有效沟通有助于移情作用的产生。共同语言可以作为员工之间进行良好沟通的桥梁,可以帮助员工之间进行更加顺畅的交流,个体更容易对对方进行深层表达,而对方也能够更好地接受、理解个体所发出的信息,以此更有利于对彼此的需求和困境加以了解,促进拥有共同语言的员工对对方移情。

三、组织层面因素对工作场所移情的影响

早先,对于移情影响因素的研究主要关注的是个体层面的因素以及人际互动过程的可能影响。不过,随着移情相关研究的不断推进,近年来,学者逐渐将工作移情的影响因素的研究目光转移到组织层面的因素上来,也取得了一定的研究成果,例如,探讨了组织情绪规范以及组织沟通氛围的影响。

(1)组织情绪规范的影响。情绪规范被认为是一套组织层面的情绪规则(Hochschild, 1983),对个体的情绪表现和敏感度具有一定的控制能力(Barsade & Gibson, 2007;Elfenbein, 2007;Huy, 1999)。组织中不同风格的情绪规范对员工情感表达、传递和感受造成了差异化的影响。例如,在某些组织中,员工的情感表达可能会因为害怕被组织中其他员工或管理者认为不恰当而受到阻碍(Dutton, Spreitzer, Heaphy & Stephens, 2010)。因此,如果员工移情情绪的抒发被认为是不符合组织情感规范的,那么员工的工作移情自然而然会受到限制,从而减少了员工在工作场所的移情。然而,如果在一些组织中,情感规范表明了移情情感表达和传播在组织中的合法性(Dutton et al., 2006;Kelly & Barsade, 2001),不违背组织的情绪规范意愿,是合理的。在这种情况下,移情的分享和融合成为组织内一个基本的社会过程,员工之间可以共同应对彼此的移情情绪,以此表达自身对其他员工的直接关注（Grant et al.，2008；Lilius et al.，2012）。因此，组织的情绪规范对工作场所的移情具有一定的影响作用，既可能促进工作场所移情的产生，也可能会限制工作场所移情的出现，关键在于组织情绪规范的引导方向。

（2）组织沟通氛围的影响。史江涛（2011）通过对20家企业的400名企业员工的实证研究表明，组织中的沟通氛围是员工移情性的前因之一。在史江涛（2011）的研究中将组织中的沟通氛围的主要内容划分三部分：开放性、参与性和支持性，这三种良好的组织沟通氛围特性从不同的方面对员工的移情性产生积极的影响。具体而言，沟通氛围的开放性将会降低员工之间对彼此的不确定性感知、提升双方的相似性感知，从而双方的移情性更容易被激发；具有参与性的组织沟通氛围通过促进员工在组织内信息的广泛沟通来增强其对组织的了解和认同，使其更能感同身受，提高员工的移情性；而组织沟通氛围的支持性常常能够使沟通员工双方产生积极的情感归因，因此，更容易对对方产生移情。其中，组织沟通氛围的开放性的特点对员工移情性的正向影响最为明显。由此可见，组织氛围也会对员工个体的移情产生跨层次的影响作用。在开放的、鼓励员工参与的、对员工具有支持性的组织沟通氛围下，提升了员工与工作伙伴的沟通和交流质量，有利于提高员工的移情性。更具体地，Fehr 和 Gelfand（2012）认为，组织可以通过为员工打造更便捷的沟通渠道以促进员工的情感交流。尤其是在当前互联网技术的背景下，例如，电子邮件和视频会议，这些技术支持电信和虚拟团队等常见的组织实践技术，有助于在更大距离上融合员工的情绪（Fehr & Gelfand，2012），帮助员工移情的进一步交流和传播。

第五节 工作场所中移情研究的管理启示

员工的工作场所移情能够产生一系列的积极效应，有助于激发员工及其工作伙伴的积极情绪和行为，从而使员工自身、他人甚至组织都能够从中受益。鉴于此，在具体的管理实践过程中组织领导者及成员均可以通过提高员工的移情水平，并引导使其在组织中发挥正面的影响作用。

首先，管理者要意识到员工工作移情的重要性，在招聘过程中可以筛选那些具有宜人性、尽责型和开放性人格特征应聘者或是在一定程度上显性自恋倾向的应聘者。因为具有宜人性、尽责型和开放性及显性自恋倾向的个体相比于其他人更容易产生并表达移情（Barrio，Aluja & García，2004；王梦云等，2018）。他们往往更善于与他人进行沟通和交流,更容易了解他人的想法,同时,他们也更希望自己能够产生更多的积极行为和表现,受到更多人的关注和称赞。因此,在工作场所中,具有这样特性的员工才更加容易对他或她的下属、同事或上级产生移情,对他们感同身受并做出利他行为。不过,需要强调的是人格特征并非移情的绝对直接关联因素。人格特征对于移情的这些影响还需要组织管理者及其成员恰当地利用,避免走入另一个极端,毕竟工作场所中的移情也存在一定的消极影响。

其次,组织可以通过某些特定的方式或方法来培养员工的移情。在组织的管理实践中,可以通过对员工移情进行培养和训练,以此达到提升员工相关工作成果的目的。Zaki(2014)认为,移情对于每个个体而言都不同,但他们都可以接受干预。也就是说,尽管每个个体本身具有的移情性水平高低各不相同,甚至于有的个体难以对他人产生移情,但是可以采取一些方式来提高个体的移情水平。组织可以开设相应的员工移情能力的培训课程对员工进行培训(张少波和孔艳玲,2016),也可以通过一些道德实例的训练来提高员工的移情反应能力(丁凤琴和陆朝晖,2016)。采用多种结合的方式来帮助提升员工自身的工作移情水平,这样才能确保在有需要时,能够激发员工更多的有利行为。

再次,组织或团队管理者要营造良好的组织、团队沟通氛围,建立鼓励员工移情表达的组织情感规范,这更容易激发员工的工作移情。个体的移情能否产生与其面对的具体情境有密切的联系,工作场所的氛围、规范对于员工工作移情的产生具有重要意义。组织需要努力构建一个开放、参与及支持性的沟通氛围,鼓励员工在组织中的互动和交流,同时也在一定的合理范围内鼓励员工参与公司的决策交流。这样一来,不仅可以促进员工与其工作伙伴之间的交流,包括与下属、同事以及上级的交流,还能够加深员工之间的了解和信任,增强员工与组织的联系。在此基础上,当工作伙伴甚至是组织陷入困境时,员工才更容易产生工作移情,将他人所遇到的困难当作自己的责任,感同身受,并乐于帮助其解决。同时,组织还需要建立合理的情感规范,只有在允许、鼓励员工移情表达的组织规范下,员工才能够进行积极的移情的表达和传播。

最后,员工工作场所移情水平高并不完全是一件好事,管理者还要意识到员工的工作场所移情还可能会产生负面影响。Longmire 和 Harrison(2018)的研究表明,工作场所移情是把双刃剑,在对员工和组织产生积极影响的同时,也具有"黑暗面"。工作移情的作用经常会使个体过度地关注移情对象的利益和福利,并不计个人成本和损失地帮助移情个体。但是这样的行为往往会伤害到员工自身的利益,可能会影响其自身的绩效表现,甚至会对整个团队的绩效实现产生阻碍。尤其是那些长期保持高水平移情的员工,更有可能会被工作场所移情的负向作用所影响。因此,管理者应该对员工进行心理疏导,让员工学会积极的情绪调节,意识到自己的工作移情水平过高或是不恰当的。当员工仍然容易出现负面的工作场所移情表现时,可以通过减少或避免其与移情对象在工作中的接触,以减少这些员工产生工作场所移情的概率。

第六节 结论与未来研究展望

一、结论

移情是组织环境中一种重要的情感已经被广泛认可(Batson et al., 1995; Kellett, Humphrey & Sleeth, 2002, 2006; Sadri, Weber & Gentry, 2011)。然而,以往的研究都将大部分的注意力放在了个体的认知上,忽略了在工作中个体情绪的重要性(李晓明、傅小兰和王新超,2012)。工作场所移情中最主要的成分是对工作伙伴或其他个体的情绪状态感同身受,产生与其相似的情感,这种工作场所中的情感引发通常会带来一系列的影响效应。并且工作场所移情常常是提升员工工作相关成果的一种有效的方法或途径(Gilin, Maddux, Carpenter & Galinsky, 2013)。

为了更全面地对工作场所移情进行了解,本书围绕工作场所移情的概念界定和具体的维度划分、工作场所移情的前因后效等进行了多方面的梳理和归纳。在对相关文献梳理的基础之上,构建了工作场所移情的发展与影响效应综合模型如图6-1所示,期望借以为工作场所移情的理论研究工作场所进一步深入发展提供一些启示与参考。

一直以来对移情的概念的界定存在着较多的争议,既有强调认知、强调情感的移情,也存在强调认知和情感相融合的观点,近年来,工作移情还可能包含行为成分的观点也在不断涌现。在此基础上,移情是一种人格特质或是一种个人能力的定义也逐渐为大众所接受。由此可见,工作移情概念的界定还需要被进一步探讨。而相对来说,移情的维度划分较为一致,通常将其划分为观点采择、移情关注、个体忧伤和幻想四个维度,不过其中关注认知维度的观点采择以及关注情感维度的移情关注最受研究者的认同。

工作场所移情是一把双刃剑,既会发挥正面、积极的作用,也会产生消极的影响。首先,工作场所移情会促使员工产生更多的积极行为和情绪,最主要的是会使移情接受者获得更多的直接利益,包括获得移情者的帮助(Wilhelm & Bekkers, 2010; Paciello et al., 2013)、移情者为其提供的资源(Lilius et al., 2012;

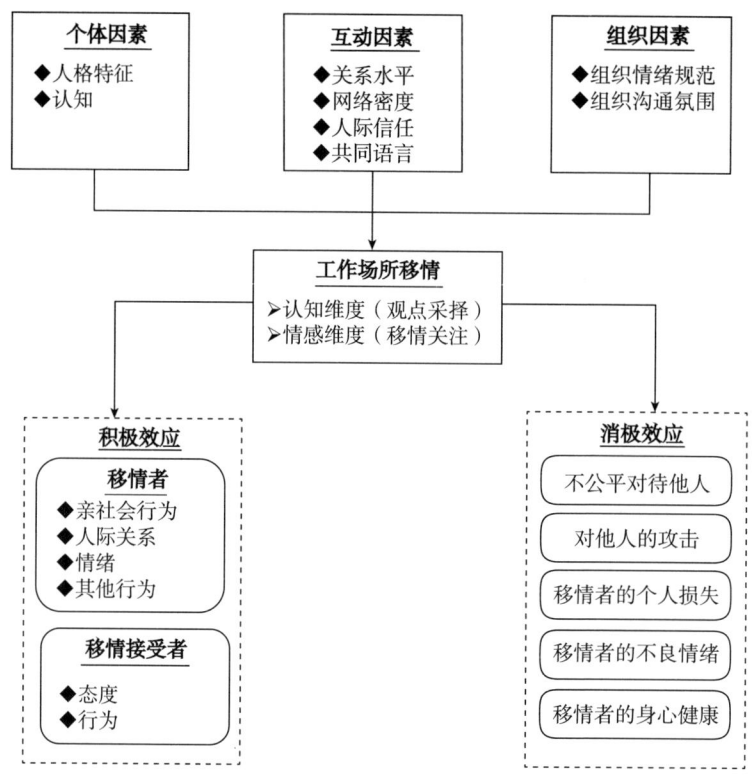

图 6-1 工作场所移情的发展与影响效应综合模型

Blader & Rothman, 2014) 等。其次,工作移情场所还会对移情者自身和其他个体产生负面作用,包括可能给移情者的情绪带来不良影响或对群体中他人的不公平资源分配。但是相对而言,关于负面影响的研究还比较缺乏。最后,由于工作场所移情对于组织结果及员工的行为和情绪都会产生一定的影响,员工工作场所移情的驱动机制也备受学者关注。个体层面的个人特质、人际互动过程,组织层面的组织情绪规范和组织沟通氛围都会对员工工作移情的产生和提高具有一定的影响作用。对于工作场所移情影响因素的这些研究发现可以帮助组织培养员工恰当的工作场所移情,发挥工作场所移情的积极效应。

二、未来研究展望

本书通过对工作场所移情的概念和维度划分、工作场所移情的影响效应及驱动机制三大方面的内容进行梳理和归纳后发现,虽然当前的研究已经取得了丰硕的研究成果,但是在某些方面还存在着较大的分歧,同时研究视角的多样性还受到一定的局限和束缚。针对已有文献梳理和归纳的结果,当前的工作场所移情的研究还有许多不足之处，未来的研究可以考虑从以下方面展开：

第一，移情的内涵和界定亟待进一步厘清。起初学者的研究主要围绕着移情究竟应该被定义为是一种认知还是一种情感而进行，各自对移情的定义和内涵解释都不相同。近年来，学者将行为成分纳入移情的内涵界定中，丰富了当前对移情概念的理解。此外，当前的研究还把移情视为个体特质、情绪反应过程等。学者做出的这些努力和尝试都推动了对移情概念和内涵界定的研究。然而，当前对移情内涵的界定还存在一定的分歧，尚未达成一致。这种分歧和不一致对研究和实践都产生了负面影响（Cuff et al.，2016），导致许多研究结果难以解释，并且各个不同的研究之间缺乏可比性（Brown，Harkins & Beech，2012；Gerdes，Segal & Lietz，2010）。因此，未来的研究仍然需要对移情概念作出更清晰的界定，这也成为移情研究的方向之一。

第二，工作场所移情的影响效应研究需要从更多的角度进行研究。从当前关于工作场所移情的研究成果来看，学者普遍从移情者自身的视角对工作场所移情所引起的积极后效进行探讨和研究，但是从其他个体的角度（如移情接受者的视角）的研究数量明显不足。从产生工作场所移情的个体视角出发进行研究固然十分必要，作为移情接受者也在移情的过程中扮演着重要的角色。对于了解一个个体的移情努力何时被与其互动的个体感知及他们是如何被接受的，这些问题显得同样重要（Longmire & Harrison，2018）。另外，虽然非移情互动群体成员没有直接参与移情过程，但是其在工作场所移情的过程中究竟发挥什么作用，又将会受到何种影响还尚未明晰。因此，未来的研究可以考虑从移情接受者或非移情互动群体成员的角度对工作场所移情的影响效应进行更深层次的探索。更进一步地，目前大多数研究都集中在移情作用在满足组织内其他人的需求方面（Grant et al.，2008），对于组织外部的其他人移情并可能对组织产生的影响作用的研究并不常见，未来研究还可以考虑将研究范围拓宽至组织外部，如跨组织的移情作用，并不仅局限于组织内部。

第三，关注工作场所移情潜在的"黑暗面"。工作场所移情是一把双刃剑。许多研究都支持工作场所移情会导致积极效应的观点，而忽视了工作场所移情也可能会产生使人意想不到的负面效应。目前大量的研究发现，工作场所移情会促进工作场所中的助人行为、利他行为等亲社会工作行为、合作行为以及人际关系等（Eisenberg，Eggum & Di Giunta，2010；Coke，Settoon & Mossholder，2002；De Vignemont & Singer，2006；Batson，2012），但是对于工作场所移情所产生的负面作用的关注非常缺乏。移情已经被证明在个体处于与焦点个体相关的困难或痛苦的情况下可能会崩溃（Mitchell，Macrae & Banaji，2006；Xu et al.，2009），在这种状态下移情可能会引发员工更多的负面情绪或行为。此外，若员工长期的移情、过度移情,甚至是当其移情表现遭受到伤害时,这是否可能会对个体自身及工作中的他人、团队和组织造成不可避免的伤害以及其中的影响机制如何是一个值得继续深入探讨的方向。

第四,工作场所移情的驱动机制的研究。工作场所移情作用的产生主要来源于个体,因此,更容易使人联想到个体层面的各种因素将会对个体的工作场所移情产生促进作用,目前学者的研究也主要集中于此。虽然个体身上或是在个体互动过程中是否可能存在某些因素会导致工作移情的增加或减少是一个值得探讨的话题。但是,组织(团队)层面的因素对工作场所移情的驱动也不可忽视,只是相关研究还较少。实际上,组织或团队层面的因素,例如,组织情感氛围、组织管理方式等都有可能对个体的工作场所移情产生跨层次的影响作用。未来的研究可以更多考虑从组织或团队角度出发,探讨其会如何驱动员工的工作场所移情。

第五,加强工作团队和组织层面工作场所移情的研究。一直以来,工作场所移情都被视为员工个体层面的特质或行为,然而,团队或组织层面也可能会存在工作场所移情。移情作为一种内在的、有导向的和社会性的情感,可以是集体性的,也就是说,移情可以成为一个群体的明显属性,而不仅仅是个体的简单集合(Ashkanasy & Humphrey,2011;Barsade,2002;Huy,2011)。例如,Muller、Pfarrer 和 Little(2012)的研究指出,企业成员对未知他人需求的集体移情会影响管理者的慈善决策,从而将会进一步影响企业的慈善捐赠的可能性、规模以及慈善形式。这表明,员工移情不仅对个体产生影响,还可能会在团队或组织层面上形成工作场所移情氛围并发挥一定的作用。更进一步地,通过加强群体成员的联系,群体情绪比个人情绪具有更强大的行动倾向(Barsade & Gibson,2012;Mackie, Silver & Smith,2004),工作群体的移情可能会比员工个人的移情产生更强烈的影响效应。那么,高移情性的团队成员或员工能否组成一个高移情性的团队或组织呢?这样的团队或组织又将会发挥怎样的效用?其与个体层面之间的移情过程是否存在明显的差异?这些问题还亟待进一步解决。

第七章 工作场所焦虑及其管理研究

第一节 引言

有研究表明，40%的美国人在工作日感到焦虑（Farrand，2009），72%的美国人每天感到焦虑（Skarl & Susie，2006）。这种焦虑已经严重影响到他们的生活及工作状态。实际上，焦虑作为一种情绪体验随处可见，可以说焦虑与人们的日常生活息息相关。焦虑可能出现于各种场景，为此，焦虑研究成为了很多学科研究的一个关注点。例如，在教育领域有专门研究关注考试焦虑的学者（von der Embse et al.，2018）；在体育领域有专门研究竞技体育焦虑的学者（Ngo Vuong et al.，2017）。而在管理领域同样也有不少研究者探讨了焦虑这一主题。例如，Spielberger（2002）提出焦虑的多面性，认为焦虑是个体对待威胁情境时所产生的紧张及担忧情绪，并将其分为特质焦虑和状态焦虑。其中，与个性有关的长期性焦虑称为特质焦虑，与情境相关的焦虑则称为状态焦虑。

管理学者主要关注工作情境中的焦虑，即工作场所焦虑。就影响效应来看，工作场所焦虑可能对员工的工作相关态度与行为产生负面影响（Roth，1986；Lazarus，1991；Bennett & Robinson，2000；Rotundo & Sackett，2002）。例如，Lazarus（1991）提出，焦虑的个体更易受到刺激，面对问题时更易选择逃避，减少工作行为。Green 等（2010）指出，焦虑会使员工情绪衰竭，员工满意度下降。Zhou 等（2009）认为，焦虑提升了危险的感知，员工会更多地表现出非道德行为。Scott（2005）也发现，焦虑导致员工创造力下降。不过，与之相对，也有学者指出，焦虑可能产生积极的影响，例如，Dodson（2011）提出，焦虑对个体的工作绩效具有促进作用。可见，焦虑并非一无是处，恰当地面对和处理焦虑也可能带来积极的结果。

鉴于工作场所中的焦虑可能带来的重要影响，正确认识焦虑从何而来是管理好工作场所焦虑的一个必要前提。为此，关注工作场所焦虑的影响因素也获得了众多学者的重视。例如，Mitchell 等（2013）学者发现，健康的身体和愉快的心情可以减少焦虑。Roberts（2006）发现，阅历丰富的员工在工作中感受到的焦虑水平较低，因为他们对工作知识及技能的娴熟掌握，使员工在工作中得心应手，在很大程度上避免了焦虑的产生。就组织层面因素来看，Weiss（1996）提出，组织的过程和结果具有的不确定性，也可能促使焦虑产生。Kant 等（2013）提出，领导者的消极行为会加剧下属焦虑。由此来看，工作场所焦虑诱发的因素可能是多层面的，包括个体因素、组织因素和领导因素等。

综上，焦虑作为一种特定的情绪状态，既可能对个体产生不利影响，也可能对个体产生促进作用，因此，应该使个体理解焦虑并对其充分利用。正确认知焦虑，在管理者的指导及个体自我调节中通过有效管理工作场所焦虑可以提高工作绩效，进而使个体在职场上进入如鱼得水的状态。基于此，本书通过梳理工作场所焦虑的内涵、维度、影响因素及影响效应，构建员工工作场所焦虑的综合发展模型，并在文章最后对未来研究进行展望，期望能对未来工作场所焦虑的理论研究提供参考，同时期望指导管理者和员工更好地认识和调控工作场所焦虑以达到促进员工绩效，提高组织效益的目的。

第二节　工作场所焦虑的概念、维度及测量

一、工作场所焦虑的概念界定

Soren（1844）在《恐惧的概念》一书中明确提出，焦虑是人在进行自由选择时必然出现的心理体验，焦虑伴随着人类自我意识的形成与发展。根据 Spielberger 和 Sydeman（1994）的界定，焦虑是一种个体认为各种各样的情况都是危险的或具有威胁性的倾向。2010 年，Spielberger 对焦虑进行再次定义，认为焦虑是个体对待威胁情境时所产生的紧张及担忧情绪。

焦虑是一种受特定威胁性刺激或不高不确定性刺激所诱发的现象。工作场所充满了复杂的刺激，特别容易引起焦虑（Muschalla，2009）。Jex（1998）将工作场所焦虑定义为一种与工作相关的压力源反应，表现为紧张、不安、忧虑、烦恼等情绪。Eysenck 等（2007）从注意控制理论出发，将职场焦虑定义为努力完成工作而产生的担心及紧张感。Mannor（2016）指出，工作焦虑是一种刺激性的焦

虑，即它与工作或思考工作有关并且发生在工作中。贾树烟（2010）将工作场所焦虑定义为个体产生的心理反应，对可能发生或即将发生的危险或需要付出巨大努力来应对的情况时存在的内心状态，易出现担忧、恐惧、不安等反应。本书综合已有学者研究，将工作场所焦虑定义为个体对工作场所相关的未来可能发生的事件产生心理紧张、忧虑、焦灼不安等情绪反应，可能会表现出工作效率下降、精神萎靡不振等。

虽然有学者指出，焦虑包括压力、紧张，是一种令人不快的情绪（Brooks, 2012）。但是，焦虑并不等同于压力、负面情绪。压力是由于外部环境或个体自身对个体施加的一种影响，通常表现为个体无法或难以应对的情况，随即个体可能产生消极情绪并做出反应（Bliese, Edwards & Sonnentag, 2017; Sonnentag & Friz, 2015）。在工作场所中如工作量大、工作要求高等都可造成工作场所的压力。另外，消极情绪是一个笼统的概念。存在消极情绪的个体通常会经历各种厌恶情绪状态，对自身容易产生消极的看法（Watson & Clark, 1984）。例如，在工作中遇到了挫折或被领导批评，表现出忧愁、紧张、愤怒、痛苦等。而焦虑则可以概念化为一种对压力源的反应，表现为紧张症状（Jex, 1998）。焦虑是一种更为分散的状态，带有模糊的忧虑，例如，不知道为什么而感到不安。就此来看，焦虑与压力和负面情绪有着较为密切的关系，例如，压力可能引发焦虑，焦虑是负面情绪的一种具体反映。但是，焦虑并不是压力本身，负面情绪包括很多种，而焦虑只是其中之一，可见焦虑与压力和负面情绪又有着明显的区别。

二、工作场所焦虑的维度划分

Spielberger（1966）将焦虑划分为两个维度：特质焦虑及状态焦虑。其中，特质焦虑是个体所具有的一种相对稳定的个体差异特征，表现为具有明显的人与人之间的区别，并且持续时间较长，稳定性较高；而状态焦虑则是对于所处当前环境的一种情感反映，表现为持续时间相对较为短暂，发生于特定场景或特定时间段的一种情境性情绪。就特质焦虑与状态焦虑来看，学者更多关注和研究的是后者，即状态焦虑。Brooks 和 Schweitzer（2011）对状态焦虑进行了定义，认为状态焦虑即对包括新情况和潜在不良结果在内的刺激做出反应时的一种痛苦和生理唤醒状态。关于焦虑的实证研究探讨的也主要是状态焦虑问题。

除了上述的焦虑二分法之外，还有学者针对焦虑具体内容的不同，将焦虑进行了更为细致的划分。例如，Mccarthy 和 Goffin（2010）将焦虑划分为五个维度：沟通焦虑、外表焦虑、社交焦虑、表现焦虑及行为焦虑。具体来说，沟通焦虑即是对于沟通活动所产生的焦虑，外表焦虑则更多是由于过于关注外表所引起的一种焦虑状态。从实际上来说，Mccarthy 和 Goffin 等所指出的这五种焦虑更多的是指 Spielberger 所关注的状态焦虑,即由于具体情境性或具体内容关注所引起的焦虑状态。

鉴于焦虑在工作场所中也普遍存在,并对组织和员工均可能产生重要影响。管理学者也开始将焦虑情绪引入工作场所,同样进行了维度的区分以更深入研究工作场所中焦虑的发展及其影响。例如,Cheng 和 Mccarthy(2018)在工作场所中引入焦虑理论,并将工作场所焦虑划分为特质性工作场所焦虑及状态性工作场所焦虑。这一种维度区分也是依据了焦虑研究中大多数学者所秉承的 Spielberger(1966)关于焦虑的二分法。其中,特质性工作场所焦虑是由于个体稳定差异性内在特征所引起的在工作场所所表现出的紧张、不安、忧虑等情绪。这种特质性工作场所焦虑可能并没有具体针对的焦虑诱发源,并且持续较长,对于个体工作场所的认知和行为可能产生弥漫性的影响。状态性工作场所焦虑是对工作场所中特定的场景或事件所表现出的紧张、不安、忧虑等暂时性情绪状态。状态性工作场所焦虑往往可以找到具体的情绪诱发源,一旦这种诱发源消失或个体对其认知有所变动,焦虑情绪也相应得以控制或缓解。比较而言,特质性工作场所焦虑由于诱发源可能是其个性特征,所以调控相对较难,而状态性工作场所焦虑因为诱发源较具体针对,所以调适相对容易一些。概括来说,工作场所的特质性焦虑可以理解为个体的一种特质特征,这种特质性工作场所焦虑又可能直接影响状态性工作场所焦虑。因为特质性工作场所焦虑可能使个体对于可能的不确定性或风险性焦虑诱发源更为关注,也就更容易产生具体的情境性或状态性工作场所焦虑。反过来看,如果个体经常体验到情景性或状态性工作场所焦虑又可能反作用于其特质性工作场所焦虑,使其这种弥漫性的焦虑体验更容易发生,不仅影响个体的工作,还可能对其家庭生活产生溢出影响,导致焦虑这种不良情绪状态更为严重。

三、工作场所焦虑的测量

起初,与工作场所焦虑相关的测量量表采用的是心理学中的焦虑自评量表。例如,Zung(1971)编制的焦虑自评量表,此量表中共有 20 个题项,运用的是 Likert 4 点评分法,1 表示"没有或很少时间有";4 表示"绝大部分或全部时间都有",代表题目如"我觉得比平常容易紧张和着急""你曾经感到害怕吗""你是否曾感觉自己心不在焉""你曾经感到胃不舒服或想呕吐吗"。答题者的分数越高,代表其越焦虑。

就工作场所焦虑测量来看,McCarthy 和 Goffin(2004)提出了一个针对面试焦虑的五维度量表。该量表中共有 30 个题项,运用 Likert 5 点评分法,1 表示"非常不符合",5 表示"非常符合"。题项包括"在求职面试中,我变得非常焦虑，以至于无法清晰地表达自己的想法""我对必须与面试官进行社交活动感到非常紧张""在求职面试中，我很紧张我的表现是否足够好""在求职面试中，我坐立不安"，作答分数越高，表明面试者焦虑水平越高。

Amsterdam 于 2008 年在 McCarthy 和 Goffin（2004）编制的五维度焦虑量表的基础上进行了修改，最终确定了 8 个项目用于对工作场所焦虑进行了评价。项目包括"一想到工作做得不好，我就不知所措""我担心我的工作表现会比其他同事差""我对不能达到业绩目标感到紧张和忧虑""我担心没有得到积极的工作表现评估"等。问卷采用 likert 5 点设计，1 表示"非常不符合"，5 表示"非常符合"。得分越高，表示个体具有相应表述体验的水平越高，即工作场所焦虑水平越高。

第三节 工作场所焦虑的影响因素

已有文献关于工作场所焦虑前因变量的研究相对比较零散，包括探讨个体的人口学特征（如性别、年龄）、领导因素（如领导行为或领导风格）及组织层面因素（如任务要求、规范约束）等进行探讨。为了更全面地理解工作场所焦虑的可能诱发因素，本书在此对工作场所焦虑的影响因素研究进行了相关梳理，以下将从个体层面、领导层面及组织层面分别探讨其中可能的影响因素。

一、个体层面

1. 性别的影响

Barrett Robin 等（1998）与性别视角对比研究个体的焦虑表现，研究报告显示女性的焦虑水平要高于男性。此外，有学者针对具体情境进一步探讨焦虑可能存在的性别差异。结果发现，在特定的具体工作情境中，女性的焦虑水平也高于男性。例如，Brooks 和 Schweitzer（2011）发现，在谈合同前女性焦虑普遍高于男性。Feeney 等（2015）发现，在面试期间女性焦虑水平也高于男性。

有学者指出，焦虑所存在的上述显著性别差异有其深层次的原因。女性感受到焦虑的面和焦虑水平都要高于男性，这与个体的敏感性水平、社会角色负担、承受以及环境均有着密切关系。McLean 等（2009）证实这一观点，认为女性在各种环境中可能经历更高水平的焦虑，其中，一个原因就是相对而言女性普遍具有更高的敏感性，会察觉到更多的风险可能性细节。Craske（2003）也发现，由于女性还担任生育及照顾家庭一职，在危险来临时焦虑感可能增加。就此来看，工作场所中女性的焦虑水平可能会更高。传统的观点认为"男主外，女主内"，而就职场女性而言，不仅受此传统观点影响需要承担更多的家庭责任，同时对于自己承担的工作场所角色负担并没有减少。正是由于又重甚至多重角色的压力，导致工作场所中女性可能体会到更多的焦虑。例如，Bliese等（2017）探究发现，20世纪60年代后职场中女性所占比例的不断增加对压力的研究起到至关重要的作用，引发了学者对于压力问题更深入地思考，女性的多角色负担导致压力存在显著的性别差异。此外，Kanter（1993）发现，自从女性进入职场后，就受到性别的歧视。Padavic等（2002）提出这一现象导致的女性与男性之间的工资差距、工种歧视以及玻璃天花板现象。正是由于工作场所中女性承受着更多的压力与不公，从而导致女性更高水平的焦虑（KIonoff，2000）。

2. 年龄和工作年限的影响

Roberts等（2006）发现，年龄及工作年限影响工作场所焦虑。年龄较大、工作经验较丰富的员工感受到的焦虑水平较低。因为随着年龄的增长，工作的年限变长，工作熟练程度的提高、工作知识和技能的发展，员工对工作更加适应并得心应手，焦虑感因此较低。Ng和Feldman（2010）研究就指出，个体的组织任期与角色内绩效成正相关。这正是由于经验和组织适应性提高，导致个体对于工作及其环境更为接受，表现也更好。由工作所可能诱发的焦虑会有所下降。例如，Katz（1980）明确指出，时间的流逝使原来具有挑战性的任务变得常规化，员工的不确定性也逐渐降低，焦虑程度随之降低。

不过，是否年龄的增长和工作年限的增加就一定会使个体降低工作场所焦虑仍然还需要进一步思考。首先，年龄的增长可能会意味着社会角色的增加。当前备受关注的"压垮职场中年人的最后一根稻草"现象也是一个值得关注的现实问题。职场中年人往往处于"上有老，下有小"的情况，可能承受的家庭压力会较大。同时，职场中年人相比年轻员工也更可能经历"职场高原"所带来的困境与压力，特别是在组织变革越来越突出的背景下，尤其如此。可见，在职场中随着年龄增长，工作年限的增加，个体当前工作熟悉度增加所带来的对工作执行本身压力下降的同时，还可能伴随着其他压力的增长。所以，年龄和工作年限与工作场所焦虑的关系还可能存在一定的边界条件，而不是确定的负向关系。

3. 身份健康状况的影响

Wichers等（2012）发现，健康的身体可以有效改善焦虑问题。Mitchell等（2013）发现，身体不健康与高水平的焦虑呈正相关，而锻炼可以使人身心愉悦，分散不利情绪，减少及缓和焦虑的产生。心理学家一直强调，生理与心理有着密切的联系。健康的身体是良好心理状态的基础，而长期身体不好或生病会让个体产生如抑郁、沮丧、烦躁等消极情绪。

由此来看，身体健康状况对于焦虑的产生可能有着直接显著的影响。身体健康的员工通常表现出较低水平的工作场所焦虑，因为他们有着更强健的体魄和更充沛的精力承受工作以及家庭的责任。为此，个体可以通过积极锻炼身体提高身体健康水平。良好的身体状况有利于改善自我情绪和概念，借此为降低工作场所焦虑水平提供基础条件。

4. 核心自我评价的影响

核心自我评价即个体对自身的价值评估，包括自尊、自我效能感、情绪稳定性等（Judge et al., 2002）。Judge 等（2004）发现，高核心自我评价的员工倾向于以积极的方式看待自己，认为自己是有能力、有价值并能进行控制的，这种员工能妥善处理工作事务，推动企业发展，迎接更大的挑战。高水平核心自我评价的个体具有较高水平的自尊和自我效能感。Sowislo 等（2013）研究就指出，低自尊的员工与高焦虑水平相关，自我效能感与一般焦虑水平呈负相关。面对同样的压力情境和角色负担，具有更高自尊心和更高自我效能感的个体会更有信心应对，所表现出的焦虑水平相对会较低。

总之，高核心自我评价的员工拥有较低水平的焦虑，因为他们更有信心面对问题，相信"办法总比问题多"，会更主动积极地想办法解决问题，而不是被问题压垮；相反，具有低核心自我评价的员工，很容易将之前的失败归因于自己的无能，并以消极的态度对待工作，使工作的进行变得越来越不顺利，从而导致焦虑不断加剧。实际上，焦虑是源于对当前所处情境的高不确定性感知以及缺乏掌控感。个体对于自我评价水平越高，面对不确定性时也会更有信心找到问题所在，想方设法主动调整和把握所面对的问题情境，焦虑水平会较低，焦虑所持续的时间也会相对较短。可以说，核心自我评价较高的员工不会被焦虑诱发情境吓住，而是会攻克焦虑情境与问题，提高自己对负面情绪的调适能力。

二、领导层面

Kant 等（2013）提出，领导者的消极行为与下属的焦虑有关。由此来看，关注领导者对于下属焦虑情绪的影响也是一个不容回避的问题。正如已有不少研究就强调了要特别重视领导力的消极或黑暗的一面（Griffin & Lopez, 2005；Wu & Hu, 2009；Naseer et al., 2016），以避免不当领导行为或领导风格可能带来的消极后果，包括可能产生的消极情绪、不良认知或负面行为反应。不少研究发现，消极领导风格，可能会对旷工、离职、情绪耗竭、偏差工作行为、压力等产生显著影响（Harvey et al., 2007；Duffy et al., 2002；Tepper, 2000；Chen et al., 2009）。其中，可能引发的情绪耗竭反应尤其需要重视。情绪耗竭导致的资源损失会导致下属的生活满意度下降，员工更易产生焦虑情绪，并对工作绩效产生负面影响。

根据Schyns和Schilling（2013）的研究，专制型领导包含了消极领导的显著特征。De Hoogh和Den Hartog（2008）将专制型领导定义为领导者追求自身利益、自我膨胀和剥削下属而采取专制和主导行为的倾向。根据席林（2009）的观点，专制的领导者想要下属毫无疑问地服从，并且不顾下属的需求和担忧，利用苛刻和控制机制来操纵和利用下属谋取私利。专制甚至专横的领导对下属更多地实施侵略性行为，并且利用自己的权力地位使下属对自己无条件服从，往往引发下属对领导甚至组织产生较高的恐惧和压力的反应（De Hoogh & Den Hartog, 2008）。因此，在工作中遇到专制型领导的员工，往往会更多地产生不稳定负面情绪，并将此带到工作中，包括高担忧、高压力以及由此引发的高焦虑等。

概括来说，因为组织中领导者处于地位优势并且拥有一定的资源分配权力，其对于下属的影响会更为显著。不当的领导者更易引发下属不当情绪。例如，专制的领导者要求下属毫无疑问地服从，以自我为中心，利用下属谋取私利（Naseer et al., 2016; Shilling, 2009）等，可能成为下属心中非常大的一种工作压力源，会让下属精疲力竭，同时还可能产生极大的不确定性和对工作相关事项的无法掌控感，极大地给下属的个人工作甚至生活带来压力，激发起下属的高水平工作场所焦虑。

三、组织层面

1. 工作因素

工作相关的因素，包括工作类型、工作任务要求、工作自主性程度等都可能对员工的工作场所焦虑产生影响。首先，不同的工作类型，给员工带来的整体体验差别很大，产生焦虑水平的差别也很大。Godard（2001）提出，激烈的竞争环境及不断变快的工作节奏更易培养高压力的企业文化。处于高压力环境下工作，经常会面临不确定性、不可预测性及不可控性，这些都容易导致焦虑的产生。不同的工作类型所需要面对的竞争性和工作节奏等都可能有显著不同，从而导致压力水平不同，进而可能影响个体的工作场所焦虑体验。其次，工作任务要求。工作任务要求较高可能会给员工增加心理、身体、社交等压力，例如，截止日期、高工作量及角色冲突等。Dawson等（2016）发现，工作需求与情境性职场焦虑显著相关。Van Hooff（2015）采用每日日记研究也发现了类似结论。Rodell等（2009）提出，压力源与焦虑呈正相关，而高工作要求就是一种重要的压力源。根据压力理论，可以发现任务期限、任务难度及任务模糊度这些压力源会导致员工的紧张反应，产生焦虑情绪。特定任务要求员工在一定时间内以一定水平完成，对员工来说这是一个挑战并在过程中存在各种障碍，给员工带来潜在威胁。

由于情境性工作场所焦虑受到个体认知影响，高任务需求会影响员工的认知评价，进而会增加员工的短期焦虑感。最后，工作自主性。工作自主性即员工对待工作、面临决策、使用资源时自己所能主动控制的程度。高工作自主性的员工有着更高的工作决定权，包括工作相关决定、工作资源的支持等。Sprigg 等（2007）研究证实自我感觉控制水平较低的员工，其感受焦虑的程度会更高。他们的研究发现，较低工作自主性的呼叫中心员工的工作焦虑水平相对较高。

可以说，工作相关的一些因素是影响工作场所焦虑的关键要素。激烈竞争和快节奏的工作、较高的工作任务要求及缺乏自主性的工作，都可能引发员工较高水平的工作场所焦虑。究其原因来看，最重要的一点就是，这些工作会增加员工的压力，让员工感觉到被外界要求过高而难以达到，从而产生高工作场所焦虑。

2. 情绪劳动要求

Ashforth 等（1993）指出，情绪劳动要求即组织管理者为了员工更好地完成任务而对员工表现出的情绪状态提出的相应规定和要求，包括积极情绪展现和消极情绪压制等。例如，Barger 等（2006）提出，"微笑服务"的要求是组织对一些特定岗位员工的情绪管理规定。在服务行业等直接与客户接触的工作中，员工表现出积极的情绪，有利于工作的开展。然而，这种情绪劳动有可能是表层扮演，即员工按照组织的情绪劳动要求表现出积极情绪，但内在可能正经历一些消极事件，导致员工外部表现要求与现实内在状态的冲突，这种面部表情强制要求所承载的压力及内心的消极情绪体验可能会使员工体验更高层次的焦虑。与之相对，更好完成工作任务所需的情绪也可能相反，如当进行紧急医疗救治时，员工的焦虑及警惕的情绪状态受到支持。当进行会议主持或演讲时，自信的情绪又是受到支持的，此时需要低水平的焦虑，因为过度焦虑会影响人的表达。因此，在不同情境状况下，组织或管理者会对员工的情绪表达提出不同要求，而外在的这些情绪要求又可能与员工真实的情绪体验不同，甚至是冲突，进而引发员工的焦虑情绪。可以说，情绪劳动要求是员工工作场所焦虑的一个可能诱发原因，尤其是在员工真实情绪与外在情绪要求有矛盾，并且个人难以有效调整自身情绪状态的情况下更是如此。可以说，高情境性工作场所焦虑可能更多地出现在高情绪劳动要求的工作中。

3. 组织变革要求

有研究指出，组织变革可能会导致员工缺乏安全感并产生员工间矛盾，从而激化职场焦虑（Astrachan，2004）。Weiss（1996）提出，与情感模型相似，工作事件是情感反应的近因。组织的过程和结果都具有的高不确定性，是导致职场焦虑的重要机制，并由此产生威胁反应。在当前经营环境中，组织变革常常是一个不变的话题。但是组织变革，不管是组织结构变革、技术变革还是人员变革，都可能是对现实状况的一个挑战，面临的是不确定性的未来。而这种不确定性可能诱发员工对未来的掌控感和适应感降低，引发员工的焦虑情绪。鉴于变革带来的认知上的这些感知和相应的情绪变化，组织帮助员工更好地感知组织变化的必要性，同时提高员工适应变化的能力与心理准备状态，将有利于极大地降低员工的压力感，进而减少员工的工作场所焦虑体验。

第四节 工作场所焦虑的影响效应

工作场所焦虑可能对员工的态度及行为表现产生显著的影响作用，例如，降低员工工作满意度，提高员工缺勤率、离职行为和不道德行为，显著影响员工创造力、绩效和人际交往等。

一、工作场所焦虑与员工工作满意度

Green 和 Medlin（2010）通过结构方程模型方法对 304 名在职员工调查数据进行的分析表明，遭遇经济衰退及工作场所焦虑的员工，对工作的责任感也低，对工作满意度也较低。Allam（2013）将厄立特里亚各服务部门共 116 名主管人员作为样本进行分析，发现工作场所焦虑与工作满意度显著负相关。可见，为了提高员工的工作满意度，一个有效的措施是对员工的工作场所焦虑进行管理和调整。由于工作场所焦虑的一个很重要原因就是工作相关的因素。由此来看，由工作着手探讨员工工作场所焦虑的产生源，进而加以调整，将有助于提高员工的工作满意度。

二、工作场所焦虑与员工的缺勤率

Bakker 等（2006）提出，当员工产生工作场所焦虑并长期工作于有潜在威胁的环境时，他们会表现出逃避及缺勤等现象。Nash-Wright（2011）认为，工作场所焦虑会导致员工较频繁的非必要缺勤，使企业陷入缺勤危机。Jones 等（2015）开展了 2011~2014 年英国工作场所就业关系调查，对于匹配的雇员—雇主数据分析发现，员工工作场所焦虑与员工缺勤呈正相关。Vignoli 等（2017）将某零售公司 739 名员工作为样本进行实证分析，发现工作场所焦虑与缺勤呈显著正相关关系。工作场所焦虑可能激发员工的逃避，通过回避引发焦虑的源泉从而使自己的焦虑情绪得以压制。对于员工缺勤问题的管理可见一斑。如何让员工在工作场所中体验积极情绪，减少焦虑体验是组织管理者可以考虑的一种措施。

三、工作场所焦虑与员工离职行为

焦虑情绪可以诱发消极行为，Lazarus（1991）提出，焦虑的行为倾向是逃避，当遇到焦虑刺激时，人们倾向于把自己从刺激和相关后果中逃离出来。Roth 等（1986）提出，逃避增加了回避刺激的机会，并逐渐认识到导致焦虑的情绪威胁，并学会处理它。例如，一个经历了大量复杂工作要求和高度责任规定的员工可能会因为焦虑而从心理上退出他或她的工作单位。例如，一个正在经历繁杂行政的员工可能会从工作环境中抽身出来，以此作为处理焦虑的一种方式。由此来看，组织管理者为了降低员工离职率，一个可行的办法是考虑工作场所中可能引发员工焦虑的因素有哪些，将此进行调整，不失为降低员工离职的一个思考方向。

四、工作场所焦虑与员工的不道德行为

经历焦虑的人很可能表现得自私，甚至可能会为了恢复受到威胁的自我而做出自私、不道德的行为。Hermans 等（2011）提出，在受到威胁的情况下，大脑会将其认知资源转移到一种有利于快速防御机制发生的状态。在这种情况下，去甲肾上腺素等应激激素被释放出来，使人们能够集中精力应对这种情况。此时，人们的认知资源被暂时转移，以恢复自我，促进对情况的快速反应。而自我保护的冲动是由危险的经历释放出来的。进一步来说，这种自我保护模式导致人们狭隘地关注自己的基本需求和自身利益，这可能导致他们对伦理和道德不那么在意，从而导致他们做出不道德的行为。《盲点》（*Blind Spots*，Bazerman & Tenbrunsel，2011）这本书中，强调了引发焦虑的情况，其特征是不确定性、时间压力和孤立，这些都是道德上的天坑。他们进一步确认，在这些情况下经常发生道德衰退。

总的来说，工作场所焦虑可能导致个体进入一种自我保护的快速防御状态。这种快速防御和行动的自我保护倾向导致人们只关注自己的需求，以至于他们倾向于相对不注意伦理和道德推理，从而导致他们更多地做出不道德的行为。过去的研究就表明，考虑到不道德行为可能为个人提供物质资源和心理缓冲（Zhou, Vohs & Baumeister, 2009），不道德行为可以作为处理感知威胁所经历的厌恶情况的一种方式。经历过焦虑的人更容易做出不道德的行为。焦虑可能导致更多不道德的行为，因为焦虑增加了感知威胁，并表明存在对自我的潜在威胁。

五、工作场所焦虑与员工创造力

Hicks（1978）提出，焦虑对创造力有负面影响。一般来说，焦虑可能通过

影响认知来影响创造性表现：焦虑程度越高的个体思维方式越不同，效率越低。首先，焦虑可能会导致工作记忆缺失。Fales 等（2008）通过实证研究表明焦虑会降低工作记忆，经历过焦虑的人会反思他们的焦虑及其伴随的身体症状。Scott 等（2005）提出工作记忆缺陷对创造力是有害的，当焦虑降低工作记忆时，很可能会降低创造力。其次，焦虑可能会改变长期记忆。经验研究表明，当人们经历焦虑时，他们倾向于记住和回忆与他们的情绪一致的负面信息，焦虑对长期记忆的内容和检索过程的影响可能不利于创造力，因为创造性涉及长期记忆，使看似不相干的想法之间产生关联（Heilman，Nadeau & Beversdof，2003）。焦虑在一定程度上限制了对不同想法的编码和访问，可能会降低创造力。最后，焦虑可能会缩小注意力。焦虑的个体通常保持高度的警觉，这种认知状态往往使其更易将所处情境看成威胁（Beck，1976），通过对环境进行观察，从中搜寻潜在威胁，这一状态使焦虑的个体注意力更加分散（Bar – Haim et al.，2007），进而可能降低个体的创造力。

不过，焦虑会降低创造力的观点并非没有争议：一些人认为焦虑会提高创造力。负面情绪的经历可能表明需要解决问题（Martin，Ward，Achee & Wyer，1993）。因此，焦虑可能会激发个体以表现为导向的行为，如增加努力和寻求补偿或寻求帮助。概括而言，一方面，焦虑使个体处理信息的能力降低，同时还可能降低个体解决问题的信心。如已有研究发现，焦虑的个体会低估自己应对威胁的能力，并对自己缺乏信心，对自己应对威胁的能力产生怀疑（Shell & Husman，2008）。在这样的情况下，个体可能会因为工作场所焦虑而降低创造力。另一方面，焦虑可能激发个体更关注存在的问题并且设法表现优秀，通过解决问题来彻底摆脱焦虑。在这样的情境下，个体可能会因为工作场所焦虑而提高创造力。只是同样面对焦虑情境，不同的个体反应可能有显著不同，进而导致创造力可能提高也可能降低。

六、工作场所焦虑与员工绩效

虽然焦虑与绩效之间的关系在工作情境中还没有得到广泛的研究，但在更广泛的心理学文献中，关于焦虑与绩效的文献却非常广泛。已有研究如探讨了焦虑与学习成绩（Shannon T. Brady，2018）、焦虑与运动成绩（Colzato，2017）之间的关系。目前在心理学研究中，多数观点认为焦虑与绩效的关系是呈负相关的。Mccarthy 等（2018）对加拿大皇家骑警进行调查分析，发现职场焦虑会通过情绪耗竭对工作绩效产生负向影响。根据资源保存理论，个体的资源是有限的（如注意力、能量等），随着时间的推移不断消耗，如果不持续补充，就会逐渐演变为情绪耗竭。如果个体长期焦虑会导致资源消耗过多而无法及时补充，表现出情绪耗竭，情绪耗竭同时会影响员工工作动机，从而降低员工绩效表现。

与上述观点相对，也有一些学者指出，焦虑也可能产生积极影响，促进绩效表现。例如，Dodson（2011）证实了焦虑对于绩效的促进作用。Carver 等（1988）通过研究提出，人具有两种自我调节模式，一种是对瞬间的联想线索做出快速反应的低阶系统，另一种是反思性更强、反应性更强的高阶系统。Cheng 和 Mccarthy（2018）把高阶的自我调节系统引入工作场所焦虑与工作绩效的关系中，提出员工工作场所焦虑将通过自我调节进而提升工作绩效。自我调节有助于慢性焦虑员工改善其行为表现，更好地完成任务。通过设定富有挑战性的目标，使个体付出更大努力并坚持不懈。任务执行过程中进行自我监控并及时反馈，调节并利用好资源，以此来达到目标。具有性格焦虑的员工可能会投入更多的努力、更详尽的计划来实现承诺，避免负面结果。

从上述来看，工作场所焦虑与员工绩效之间的关系并不明确。员工的工作场所焦虑既可能有利于员工绩效水平提升，也可能阻碍员工绩效表现。此外，Teigen（1994）提出，从焦虑与绩效关系上来看，处于中等水平的焦虑个体工作绩效最高，只是处于低焦虑或高焦虑水平的个体工作绩效较低。综合来看，工作场所焦虑与员工绩效间关系可能存在一定的边界条件，同时工作场所焦虑与员工绩效间关系可能是倒"U"型的。所谓"过犹不及"，过高或过低的焦虑可能均有不利影响。未来就工作场所员工焦虑问题还需要深入地考虑内在影响机制，以更好地管理工作场所焦虑问题。

七　工作场所焦虑与人际交往

研究表明，焦虑的个体会更加消极地看待他人，并可能增加他们的批评和不赞成的表达（Forgas & Vargas，1998；Story & Repetti，2006）。焦虑个体更易误解他人想法，倾向于认为他人不喜欢自己或觉得自己没有能力。例如，组织中某个人跟你打招呼的时候不像跟别人打招呼那么热情，与你交流时也表现得匆匆忙忙，这时你就定义他为不喜欢你。而事实可能并非如此，他们可能是对较熟悉的人表现出热情的态度，抑或是他们在交往时比较随意，无意中让你感到严肃。如此，你将慢慢疏远那些不喜欢你的人，而他们也因为受到你的冷落，认为你不喜欢他们。这样的恶性循环往往带来的结果就是人际关系不良。

总的来说，Eysenck 等（1992）已证实经历焦虑的个体会对威胁的信息处理存在偏见。焦虑使人们选择性地关注具有威胁性的信息，并以一种相对具有威胁性的方式来解释模棱两可的事件。正是由于这种认知偏见和威胁感知偏差使工作场所焦虑的个体会不恰当地解释工作场所中人际交往中的模糊信息，并且倾向于负面地解释他人的表现和与自己的关系互动，从而影响工作场所中人际交往的积极发展。

第五节 工作场所焦虑发展及影响效应模型构建

假定不少学者的焦虑包括压力、紧张和恐惧。几乎对每个人来说，焦虑都是一种令人不快和厌恶的情绪（Smith & Ellsworth, 1985; Brooks, 2012），这促使个体努力逃离产生焦虑的情境（Marks & Nesse, 1994）。不过，焦虑往往标志着潜在的但往往是模糊的威胁的存在，并引发个体的行为、心理甚至生理反应，以尽力减少厌恶的情况。有学者指出，焦虑是一种重要的生物学特性，它是人类防御系统的一部分，有助于个体的生存。作为对任何感知到的威胁的反应，焦虑会调动资源来防御、逃避或避免危险（Rachman, 2004）。由此可见，焦虑并非只会产生消极影响。如今，焦虑出现在工作及生活的方方面面，对员工、组织及家庭都产生着越来越大的影响。基于此，理解工作场所焦虑的产生、发展及影响，将对组织管理者及其成员有着重要意义。为此，本书在总结现有文献基础上构建了工作场所焦虑发展及影响效应模型，如图7-1所示，期望借以促进工作场所焦虑理论研究的进一步发展，同时对工作场所焦虑问题应对有所借鉴。

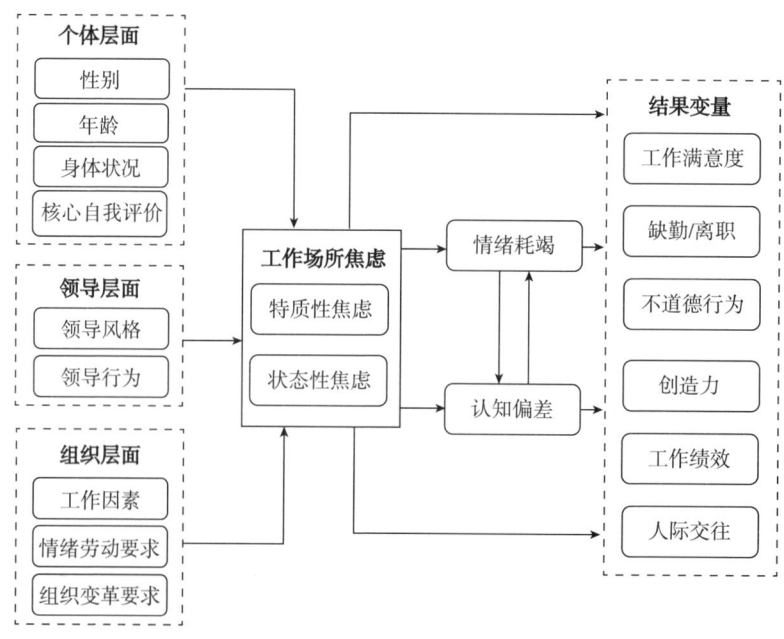

图7-1 工作场所焦虑发展及影响效应模型

一、工作场所焦虑包括特质性焦虑和状态性焦虑两种类型

工作场所焦虑存在个体间差异并受环境影响（McCarthy，Trougakos & Cheng，2016），具体表现为特质性的个体差异特征与情境状态性焦虑情绪两方面。就特质性焦虑而言，持续时间比较久，缺乏明确的焦虑诱发源，表现为不同情境下均有焦虑的体验；而就状态性焦虑而言，持续时间相对较短，往往由特定的刺激源诱发，一般是情境特定性的。特质性焦虑可能与个性等特征相关，调整相对较难；状态性焦虑与具体原因相连，针对原因解决可以较快地调整焦虑水平。

二、工作场所焦虑的产生可能受到多层面因素的影响，包括个体层面、领导层面、组织层面

就个体层面来看，工作场所焦虑可能存在显著的性别差异、年龄差异，还可能到个体身体健康状况的影响。当然这些因素并不是直接决定了个体的工作场所焦虑水平。实际上，个体体验到的工作场所焦虑水平更直接的影响因素就是个体的认知。因为认知决定了个体对于当前所处情境的判断是偏威胁还是欣然接受努力调整，而这直接导致个体会不会产生焦虑。其中，个体认知的一个重要方面就是对于自我的评价。核心自我评价是个体对于自身各方面的评价，在很大程度上会影响个体对所处问题解决能力的信心，而这是个体焦虑与否的一个重要因素。就领导层面来说，在上下级互动过程中，领导者的行为表现及风格都可能成为下属态度与行为表现的重要刺激源。消极的领导行为和领导风格可能带给员工不确定和不愉快的经历，进而产生如焦虑等不良情绪。就组织层面而言，工作相关的要求、情绪劳动等制度要求及组织变革要求等均可能直接影响员工的压力感知，引发员工的工作场所焦虑。可以说，工作场所焦虑是员工个体、领导和组织多方面因素影响的结果。理解员工工作场所焦虑产生的原因需要综合多方面因素，才能准确地把握员工为何焦虑，该如何克服焦虑情绪。

三、工作场所焦虑可能带来一系列的后果，需要高度关注

焦虑可能导致更强烈的心理和身体上的工作退缩，如迟到、长时间休息、早退、缺席会议等（Bennett & Robinson，2000；Rotundo & Sackett，2002）。总的来说，工作场所焦虑可能导致个体的工作态度和工作相关行为产生显著的变化，包括降低工作满意度、提高缺勤率、离职行为、不道德行为及引发人际交往障碍等。由此来看，工作场所焦虑会带来许多负面的结果，值得组织管理者及其成员重视，及时调整焦虑情绪，以减少甚至避免不必要的负面结果。不

过,关于工作场所焦虑也有学者指出,其可能的结果未必总是不期望的,有时焦虑也可能带来积极的结果,如适度的焦虑可能提高员工的创造力,并促进员工积极工作提高工作绩效等。有鉴于此,工作场所焦虑可能是一把"双刃剑",如何避免由焦虑引发的消极结果,激发可能的积极结果,是值得进一步关注的一个重要问题。

四、工作场所焦虑可能引发员工进一步的消极情绪体验,进而带来不良后果

有研究指出,员工的工作场所焦虑会伴随着情绪耗竭,使员工丧失工作兴趣,工作满意度下降。长期的工作场所焦虑可能导致员工的情绪耗竭。而已有的众多研究表明,情绪耗竭会引发一系列不利结果。为此,需要特别注意避免工作场所焦虑持续时间过久而引发的员工情绪耗竭现象,从而进一步避免可能的消极员工态度与行为。

最后,工作场所焦虑可能通过影响员工的认知进而影响员工工作相关的态度和行为。处于工作场所焦虑的员工可能会表现出各种偏差行为,并对威胁相关刺激更加敏感,甚至对刺激进行放大,从放大的刺激中寻找存在偏差的威胁(Eysenck,1992)。具体来说,工作场所焦虑可能会导致员工的认知偏差,具体表现为更多地关注并放大刺激中的威胁和不安全信息,进而产生高的不安全感和不确定高,引发更高的焦虑,恶性循环之后带来非常不利的后果。为此,组织管理者及其成员面对焦虑刺激时,需要更慎重地认识和评价周围信息,避免焦虑的不良情绪恶化,从而影响工作相关态度和行为。

综上来说,工作场所焦虑是多层面因素影响的结果,理解工作场所焦虑为何产生是进一步调整焦虑情绪的基础。由于工作场所焦虑会导致员工产生较多的消极工作态度和行为,因此,组织管理者及员工个体都应该高度重视工作场所焦虑问题的管理。另外,当焦虑的个体在遇到从未出现的问题时,通常会表现得较为消极,其首先想到的是问题存在的风险及可能行不通的情况。因此,当遇到此类情况时,有意识地去考虑问题的积极面,可以使大脑思考问题更加全面,有利于从根本上调整焦虑情绪水平。除了上述认知视角的调整以外,就是从情绪体验进行管理,即控制并尽力降低焦虑情绪的累加,避免进一步出现情绪耗竭现象。一般而言,工作场所焦虑引发员工负面态度与行为的路径是通过认知与情感两个方面。要尽力避免或减少工作场所焦虑引发消极后果可以通过有意识的认知与情感调整加以实现。

第六节 结论、管理启示及未来研究展望

一、结论

工作场所焦虑可以划分为两个不同的维度,即特质性工作场所焦虑和状态性工作场所焦虑。特质性工作场所焦虑实际上是一种由于个体特征引发的不针对具体刺激源的弥漫性焦虑,可能持续的时间较长。状态性工作场所焦虑即是一种受到具体情境或事件诱发产生的具体焦虑状态,相对而言可能持续的时间较短。已有学者在探讨工作场所焦虑时往往针对其中的一类开展,例如,Brooks 等(2009)对状态性焦虑如何影响谈判感兴趣,Judge 等(1993)对特质性焦虑如何影响满意度或反生产行为感兴趣。实际上,研究人员也可以同时对特质性工作场所焦虑和状态性工作场所焦虑进行研究。因为这两种焦虑实际上有着密切的联系,具有特质性工作场所焦虑的个体会更敏感于周围环境中存在的威胁和不确定信息,也就更容易被诱发出情境性焦虑。同时长期的情境性焦虑如果没有得到改善,日积月累也可能逐渐形成一种稳定的特质性焦虑。

工作场所焦虑可能受到多种因素的影响:第一,焦点员工的个人因素,例如,年龄、性别、工作年限、身体健康状况以及核心自我评价等;第二,领导因素的影响,如领导的行为以及领导风格等;第三,组织因素,如工作任务要求、工作自主性、情绪劳动等制度规范要求以及组织变革要求等。在工作场所中诱发员工焦虑的因素可能来源于多个方面。综合理解可能的工作场所焦虑影响因素,可以更深入地挖掘导致工作场所中员工焦虑的深层次原因,为改善员工焦虑情绪状态提供更有针对性的措施。

工作场所焦虑可能导致员工认知偏差以及情绪耗竭,进一步可能对员工工作相关态度和行为产生显著影响。例如,Vignoli(2017)研究表明,工作场所焦虑可能降低员工的工作投入,提高员工的情绪耗竭水平。这种情绪耗竭状态又可能导致员工工作满意度的下降,缺勤和离职以及不道德行为增加,另外,对员工创造性和工作绩效也可能带来负面影响。可以说,工作场所焦虑是员工工作态度与行为背后的重要影响源,需要予以高度的重视。

总的来说,正如 Spielberger(1966)提出的焦虑具有多面性。工作场所焦虑可以相应分为特质性工作场所焦虑和状态性工作场所焦虑。特质焦虑即由于个体差异,对工作表现的一种稳定的紧张和不安等的情绪;状态焦虑即在某一情境下

工作场所中的情感研究

个体表现出的紧张、不安等短暂情绪。状态焦虑是一种大多数人都熟悉的短暂情绪，而对特质焦虑的关注还相对较少。导致员工出现工作场所焦虑的因素多种多样，对于这些影响因素的全面把握将有助于更好地指导员工如何改善自身不良情绪状态，减少或避免由于工作场所焦虑所可能引发的消极工作态度和负面工作相关行为。

二、管理启示

随着组织行为研究对于情绪探讨的日益深入，越来越多的学者发现员工情绪问题可能引发较多的非预期结果，特别是消极情绪更可能带来严重的消极态度和行为后果。有鉴于此，关注员工情绪管理是管理学者和实践者均需要重视的。在这一背景下，工作场所焦虑主题得到了进一步的关注，并取得了较为丰富的研究成果，对于组织情境中焦虑问题的解决与预防均提供了积极的指导与借鉴。实际上，关注员工负面情绪问题，尤其是焦虑问题，很早之前就有人提出。例如，Gagne（2005）提出，作为管理者，要时刻关注员工心理及行为状态，在必要时对员工施以激励和引导，促进员工自我实现的同时更好地为组织服务。而在这一过程中，管理者要特别注意员工不同时段的不同需要，尤其关注容易产生焦虑的员工和处于高焦虑状态的员工。

第一，管理者和员工均需要关注工作场所焦虑由何而来，这是进一步调控焦虑状态的基础。Perrewe 和 Ganster（1989）提出，员工对工作要求的看法对其满意度造成消极影响，对心理焦虑产生正向影响。Moore（2005）认为，与他人相比，雇员通常高估任务需求对自身的负面影响，而这种负面结果的高估更可能加剧员工的焦虑感。Barnett 等（1987）还发现，不只是在职场中，在家庭中女性也受到了不公平的对待，通常女性被期望能平衡家庭及工作之间的关系，在工作的同时兼顾好照顾家庭这一职责。这种多角色可能引发的角色超载更是焦虑的一个重要来源。正如 Allen 等（2000）指出，努力兼顾家庭及工作与高度焦虑呈正相关。可见导致工作场所焦虑的原因可能是多种多样的，包括个体的认知、客观的角色超载负担均可能引发员工焦虑。其中，特别需要关注的是：一方面，由于女性员工受传统家庭所强调的照顾家庭要求；另一方面，就是作为职场人与男性员工同样面临的职场竞争，再加上女性员工可能的自我调整与承受力相对较弱，往往可能会比男性员工感觉到更多的工作场所焦虑。为此，组织管理者及其成员在理解个体的工作场所焦虑为何产生的时候，既需要关注共性的原因，如个体能力、领导风格、组织变革要求等，又需要重视可能存在的差异性原因，如性别差异、年龄差异、认知风格差异等，以便更准确地理解个体为何会体验到工作场所焦虑，为进一步针对性地有效解决个体的工作场所焦虑奠定基础。

第二，采取积极措施控制工作场所焦虑的泛化和可能的消极后果。工作场所焦虑研究指出，在认知干扰的状态下，经历工作场所焦虑的个体更容易表现出低水平的绩效。除此之后，工作场所焦虑影响员工表现还可能通过情感路径。例如，长期处于焦虑状态的员工更容易产生情绪耗竭进而导致低水平的工作表现，尤其当焦虑程度较高时，更有可能发生此种情况。出于此，不少学者研究中所强调的，焦虑是一种负面情绪（Hicks，1978；Green & Medlin，2010）。所以管理者在管理实践过程中需要特别关注情绪可能给员工工作态度和行为所带来的显著影响。Melchior 等（2007）研究发现，健康的个体可能会由于工作压力和焦虑而导致心理障碍，因此，保持愉悦的心情以及健康的身体至关重要。Bakker（2006）提出，对员工焦虑进行早期疏导，必要时运用医疗手段进行干预，可以使员工较好地适应工作并及时回到工作岗位。由此来看，工作场所焦虑可能产生较为负面的后果，一方面可能会对焦虑个体自身产生影响，另一方面可能通过情绪感染影响到周边的他人，甚至可能演化为群体的焦虑氛围，从而可能产生的负面结果更为严重。为此，管理者和员工均需要正视工作场所焦虑问题。可喜的是，防患于未然或是及早干预，均可能避免工作场所焦虑问题的恶化。管理者和员工可以加强身体锻炼，因为研究表明，身体健康状态与焦虑水平正相关。另外，认知上的调整也是一个重要的方式，容易产生焦虑的个体往往倾向于看到问题的消极面，如高威胁和高不确定性。通过引导员工全面认识所处情境，意识到问题的两面性，是降低焦虑感的一个重要措施。再有，如研究表明，消极领导行为可能激化员工的焦虑体验，所以管理者需要关注自身的领导行为和领导风格，避免由于不当的行为方式引发或激化员工的工作场所焦虑水平。

第三，引导个体增强情绪自我调控意识，并提高自我调控能力。研究表明，焦虑个体如果能够主动参与自我调节处理，就可能表现出更高的工作绩效，并且当焦虑程度适中时，这种效果更为明显。当个体在面临工作场所焦虑时，要引导个体考虑工作具体情境因素，了解到焦虑对自身的可能影响，引导焦虑个体正确面对自身焦虑，利用好焦虑，也是可能提高工作绩效的。如有研究就表明，适度的工作场所焦虑可能引起个体更警觉，关注可能存在的问题，从而提高创造力水平。例如，Kristof-Brown（2005）也提出，在工作场所中员工找到向前的动力，尤其是从工作中找到驱动快乐的动机，并将其结合自我现实情况，通过自我调节行为，在经历工作场所焦虑的同时也还是可以促进工作绩效的提高的。根据 Spielberger 和 Sydeman（1994）的定义，焦虑被定义为"一种倾向，认为各种各样的情况都是危险的或具有威胁性的"。因此，焦虑程度高的下属可能比不焦虑的下属更敏感。为此，焦虑水平较高的个体可能会对周围模糊信息进行有偏差的解释，并且这种偏差更多倾向于负面，从而影响其态度和行为更可能负向发展。

在此种情况下,管理者可以有意识地引导个体由于自身正在经历的工作场所焦虑而可能带来的认知上的偏差,提高个体自我认知调整的意识和能力,往往也可以避免工作场所焦虑可能产生的不利后果。

总之,积极情绪体验有助于积极工作态度和工作相关行为的发展与维持。如有研究指出,保持愉悦的心情有助于提高工作绩效(Mitchell,2013)。而消极的情绪,如工作场所焦虑,可能带来较为不利的结果,包括消极的工作态度和工作行为。组织管理者和员工均可以作为解决工作场所焦虑问题主体。就组织管理者而言,为避免焦虑个体不良情绪对其自身以及周围他人因情绪感染而产生的消极后果,管理者有责任也有必要帮助焦虑个体降低甚至完全克服焦虑不良情绪;就员工个体而言,不良情绪可能带来不好的自身工作场所经历和相关后果,更是有必要正视和解决焦虑问题。

三、未来研究展望

工作场所焦虑主题的研究越来越受到管理学者的重视。这是对于工作场所情绪主题研究发展趋势的一个有力呼应。相关研究已经取得了不错的成果,包括工作场所焦虑的影响因素以及影响效应等。但是不可否认,工作场所焦虑研究还是刚起步,仍然有许多不明确的问题要进一步深入探讨。

第一,进一步开发工作场所焦虑的测量工具。科学有效的测量工具是开展相关主题实证研究的基础。工作场所焦虑的实证研究深入推进同样离不开高信度高效度测量工具的支持。状态性工作场所焦虑可以用心率等生理测量量表对个体进行测量作为一种辅助方式。另外,也可以使用改良的工作场所焦虑量表对特定的情境进行测量。由于工作场所焦虑同样包括了特质性工作场所焦虑和状态性工作场所焦虑,所以开发量表时需要针对不同类型焦虑的内涵和特征,提炼有效的测量项目,以更准确地测量不同类型的工作场所焦虑水平。

第二,工作场所焦虑的影响因素研究。工作场所焦虑可能受到多种因素的影响,包括个体、领导、组织等多层面的来源。就个体层面而言,在未来的研究中,可以考察个体的动机、能力、情商等是否对其工作场所焦虑产生直接影响。其中,如情商对于工作场所焦虑的影响机制研究,一方面,可以拓展员工工作场所焦虑的前因变量认识;另一方面,也可以拓展情商的研究,如可以如何利用情商更好地理解和管理如焦虑等消极情绪。另外,还可以从领导对下属的情绪传染出发,探讨领导对员工情绪感染以减少员工工作场所焦虑的可能机制,拓展已有研究主要关注领导消极行为或消极领导风格对员工工作场所焦虑影响的局限。

第三,工作场所焦虑的影响效应机制研究。已有研究探讨了工作场所焦虑对于个体工作相关态度和行为的影响,但是其中的可能机制如何还不明确,仍需要

第七章 工作场所焦虑及其管理研究

进一步探析。而且工作场所焦虑对于结果变量的影响未必就是直线关系。有研究就指出，工作场所焦虑也可能产生积极的影响作用，而未必就一定是负面的结果。未来可以探讨工作场所焦虑与员工创造力之间可能的倒"U"型关系。又如在工作—家庭边界日益模糊的背景下，情绪通过工作—家庭边界的溢出效应影响是一个可以进一步探讨的新视角，可以探讨工作场所焦虑对于工作—家庭冲突的影响机制。

第四，基于团队视角的工作场所焦虑情绪感染机制。未来还可以考察工作群体的焦虑氛围对个体焦虑的影响及其对员工工作表现的影响。在现代企业中，工作群体或团队普遍存在，而一个员工的焦虑情绪可能通过情绪感染机制而影响整个工作群体的情绪，导致群体的焦虑情绪氛围提高，进一步影响到群体中的其他成员。Hatfield 等（1992）提出，个别员工的焦虑情绪可以传染给整个工作群体的其他员工。一个团队理想的状态是一荣俱荣，我们期望一个团队的成员间能相互产生互补的作用，当然也存在负面影响，如上述的焦虑情绪感染可能给整个团队带来负面影响。根据群体信息处理缺陷（Driskel，Salas & Johnston，1999）和群体疲劳（Kozusznik，Rodr Guez & Peir，2015）推测，群体层面的焦虑情绪会导致群体绩效削弱的状态。不过，这种削弱效应可能会通过群体监管机制而得以缓冲（Kozlowski & Ilgen，2006）。有鉴于此，未来研究可以探讨团队层面中工作场所焦虑氛围可能影响群体成员态度与行为的跨层面效应机理，同时检验其中可能的边界缓冲机制或边界强化机制。

第五，工作场所中员工焦虑管理的策略研究。鉴于工作场所中焦虑可能引发的重要后果，组织管理者及成员都应该重视工作场所焦虑问题并采取措施进行有效管理和引导。例如，Kristof–Brown（2005）提出，在工作场所员工找到向前的动力，尤其是从工作中找到驱动快乐的动机，并将其结合自我调节行为，以促进工作绩效的提高。Gagne（2005）提出，作为管理者，要时刻关注员工心理及行为状态，在必要时对员工施以激励，促进员工的自我实现。并且要注意员工不同时段的不同需要，尤其关注容易产生焦虑的员工和处于高焦虑状态的员工。在职业生涯自我管理研究中，员工被鼓励管理自己的职业生涯。能力是其中的关键因素，也是工作场所焦虑的重要预测变量，它同时作用于组织和员工，认知能力及训练都是至关重要的。职场中应鼓励员工不断学习，每积累一次经验都对其职业生涯起到促进作用，随着知识及技能的增加，员工的焦虑感会减弱，对工作的信心会增加。在职业培训时，传授员工知识及技术能力，使员工工作起来得心应手，这样能减少员工焦虑的产生，对自身产生自信。又如情商的考虑，从20世纪90年代开始，情商培训在各大公司流行，情商被认为是一种重要的潜在能力，具备高水平情商的个体往往可以更好地认识和控制自己的情绪，包括减少焦虑的负面影响，避免情绪耗竭及认知干扰，并提高焦虑个体的自我调节水平。在工作环境中，组织可以如何对焦虑个体进行与情商相关的各种培训，提高员工情商，提升员工的焦虑情绪控制能力。除此之外，管理者和员工可以用以调适工作场所焦虑的措施和途径还有哪些？对于这一问题的思考有着重要意义。工作场所焦虑研究相关理论可以应用于个体的工作和生活中，对工作及生活水平的提升兼有促进意义。未来可以进一步探讨如何有效应用焦虑的相关理论于管理实践，帮助个体调适焦虑情绪，提高个体的工作幸福感和工作绩效。

第八章 专制型领导与员工工作绩效：工作场所焦虑与权力距离感的影响

第一节 引言

处于快速多变的新时代，企业之间的竞争态势日益飙升。为了赢得竞争优势，企业需要从基础做起，努力提高员工的工作绩效。已有研究表明，领导风格对员工绩效的影响非常显著，积极型领导风格被证明可以促进员工绩效提升，而消极型领导风格则会给员工带来负面影响（Naseer et al., 2016）。Schyns 和 Schilling（2013）在研究中提出，专制型领导包含了消极型领导的显著特征。专制型领导者通过沉溺于自私和道德败坏的行为来违背他们组织的合法利益，在工作场所的不道德和不公平行为对下属的工作绩效产生负面影响，包括对下属的任务绩效、组织公民行为和创造力均可能有着不良结果（Naseer et al., 2016）。但在相关的管理学和心理学研究文献中，有关专制型领导究竟如何影响员工绩效的研究还较少，因此，关注专制型领导对员工影响的关系机制理论研究，及时对不恰当领导对员工的负面影响予以预防和管控将是促进企业可持续发展实践的有效措施和有益尝试。

工作场所中的员工焦虑越来越普遍，其广泛存在于每个人的工作和生活中。研究发现，40%的美国人在工作日感到焦虑（Farrand, 2009），72%的美国人在日常生活中感到焦虑（Skarl & Susie, 2006），这些问题不仅严重影响了他们的工作，甚至波及家庭生活，也引起了学者的广泛关注，因为工作场所焦虑对员工的工作绩效（McCarthy et al., 2016）、冒险行为以及不道德行为（Kouchaki & Desai, 2015）等都可能具有实质性的影响。根据资源保存理论，员工对来自于专制型领导所施加的压力会产生排斥反应,进而导致员工情绪耗竭以及焦虑水平提升。一般来说,焦虑的个体具有高度警惕的认知图式,这种认知图式会促使个体更多地将情境定义为威胁(Beck,1976;Wijn,2017),根据资源保存理论,员工的工作场所焦虑可能导致情绪耗竭,致使员工工作绩效的下降。另外,个体的权利距离感涉及其对所在企业中的地位、权利以及价值观等的认知和接纳程度,可能会影响领导风格与自身态度和行为反应间的关系。例如,Javidan 等(2006)研究发现,低权力距离感的员工比高权力距离感的员工对于领导授权有着更多正向的回应。基于此逻辑,高权力距离感的员工更倾向于遵循领导的指挥及行为引导,对专制型领导下发的命令、任务较为容易接受,相应地,较少可能因专制型领导而产生消极情绪反应;而对于低权力距离感的员工则会更容易因为专制型领导的强制行为产生焦虑情绪,即对于低权力距离感的个体而言,专制型领导更可能产生工作场所焦虑。综上所述,本书基于资源保存理论提出,针对在职场环境下专制型领导可以通过员工焦虑的传递作用机制影响员工工作绩效。本书首先探讨专制型领导对员工工作绩效的直接影响;其次检验员工工作场所焦虑在专制型领导与员工工作绩效两者之间的中介作用;最后探究员工的权力距离感在专制型领导和员工工作场所焦虑之间的调节作用。本书的具体理论模型如图 8-1 所示,期望通过本书深入理解专制型领导与员工工作绩效之间的关系机制,对领导与员工绩效的管理实践有所参考和借鉴。

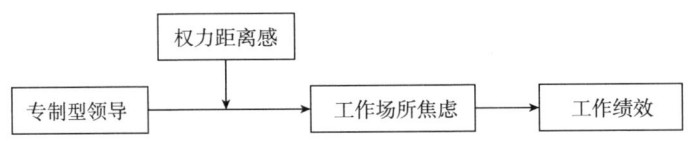

图 8-1 专制型领导与员工工作绩效的理论模型

第二节 文献回顾与假设提出

一、专制型领导与员工工作绩效

一方面,根据 De Hoogh 和 Den Hartog(2008)的观点,专制型领导通常关注自身利益,容易自我膨胀,通过剥削下属获取成就感及物质资源。专制型领导作为员工工作环境中的威胁因素,削弱员工努力工作意愿,降低员工工作绩效。

这主要是因为员工发现领导对其进行的不正当行为,领导的不利于员工的想法及做法,使员工产生了消极的工作情绪,通过消极怠工来回馈专制型领导。另一方面,席林(2009)的观点认为,专制的领导者想要下属毫无疑问地服从,并且不顾下属的需求和担忧,利用苛刻的控制机制来操纵和利用下属以谋取私利。但是,这种专制型领导所需要的绝对服从往往使员工产生强烈的排斥反应,从而可能导致不良的情绪体验及工作相关行为。正如Wu等(2009)所提出的,领导力的消极及黑暗面会降低员工工作效率、促使员工离职、导致员工情绪耗竭且不利于员工工作绩效的提升。可见,专制型领导的消极表现与行为很可能导致员工工作绩效的下降。

综上所述,面临专制型领导压迫的员工,一方面,通过消极的情绪作用于工作任务上;另一方面,通过散漫怠工的行为对待领导交予的工作。这种态度与行为往往带来的结果就是员工低水平的工作绩效。同时,Naseer等(2016)还发现,专制型领导确实可能会给下属带来严重的负面影响。工作绩效表达的是领导对员工的工作相关期望,对提高员工工作绩效的目标导向的详细描述使员工明确工作努力的方向,而专制型的领导就使员工丧失努力意愿,消极怠工,不愿按照领导对于工作所提出的期望做出努力,导致工作绩效显著下降。由此,本书提出如下假设:

H1:专制型领导与员工工作绩效呈显著负相关关系。

二、工作场所焦虑的中介作用

工作场所焦虑是一种与工作相关的压力源反应,表现为紧张、不安、忧虑、烦恼等情绪(Jex,1998)。Mannor(2016)指出,工作场所焦虑是一种刺激性的焦虑,并且发生在工作中与工作或思考工作有关。工作场所焦虑影响个体的心理反应,对可能发生或即将发生危险需要付出巨大努力来应对而产生不安的内心状态,易出现担忧、恐惧、不安等反应(贾树烟,2010)。

根据资源保存理论,人们经历的压力来自于实际或受到威胁的资源损失,当员工感受到了专制型领导对自身产生的压力时,会对其自身可能产生的危险及不利影响进行预测。当员工感受到专制型领导会对其利益产生威胁时,通常会产生消极情绪。依此逻辑,专制型领导的存在可能会对员工的工作场所焦虑水平产生显著影响。专制型领导意味着不道德的、自私的、剥削的行为(De Hoogh & Den Hartog,2008;Naseer et al.,2016),是员工社会压力的主要来源,对员工产生威胁。从上下级关系的角度来讲,员工在与专制型领导互动的过程中,不仅未能得到专制型领导的积极支持,反而可能带来难以回避的压力。失去领导支持体现在上下级关系中的专制型领导的利己行为上,当员工情绪需求超过个人处理工中人际交往的能力时，就会发生情绪耗竭（Maslach et al.，2001），情绪耗竭导致的资源损失会导致下属的生活满意度下降，员工产生焦虑情绪。有研究表明，焦虑与威胁通常相伴出现，专制型领导在与下属交往的过程中可能会表现出威胁的意图或行为，而这种威胁可能是工作场所焦虑的直接诱因（Muris，2000）。

另外，在工作中感受到威胁的下属会消极地看待他人，并可能增加他们的批评和不赞成的表达（Forgas & Vargas，1998；Story & Repetti，2006）。通常来讲，焦虑情绪是消极情绪，容易使个体产生逃离这一情绪的倾向。焦虑的个体会尝试通过某种行为来减缓其消极情绪，通过不作为来匹配其内心遭遇。因此，员工的工作场所焦虑可能在专制型领导和工作绩效的关系间发挥重要作用。Mccarthy 等（2018）对加拿大皇家骑警进行调查分析，发现工作场所焦虑会通过情绪耗竭对工作绩效产生负向影响。根据资源保存理论，个体的资源是有限的（如注意力、能量等），随着时间的推移不断消耗，如果不持续补充，就会逐渐演变为情绪耗竭。如果个体长期焦虑会导致资源消耗过多而无法及时补充，表现出情绪耗竭，情绪耗竭同时会影响员工工作动机，从而降低员工绩效表现。因此，本书认为，专制型领导会导致员工产生工作场所焦虑情绪，员工会为了缓解专制型领导对其的消极影响和摆脱焦虑的状态而降低对工作绩效的努力程度。由此，提出如下假设：

H2：工作场所焦虑在专制型领导与工作绩效关系间起中介作用。

三、员工权力距离感在专制型领导与员工工作场所焦虑间的调节作用

员工权力距离感涉及个人在组织中对身份地位、权威和权力的价值观（Hofstede，2001）。高权力距离感的员工顺从于领导者，避免意见不统一，并相信绕开老板就是不顺从。这些员工服从领导的指令，认为领导者应该受到尊敬，相信领导者的决策是正确的（Javidan et al.，2006）。权力距离感的这些特点影响员工对待专制型领导时的情感体验。高权力距离感的员工倾向于将资源运用到领导的命令及要求上，这也表明员工在应对专制型领导时出现较少的消极情绪（Sonnentag，2007），较大程度地避免了焦虑情绪的产生。而与之相对，具有低权力距离感的员工则认为，上下级之间应该是平等的，对于专制型领导的自私甚至威胁的做法更可能难以接受，由这些做法引发的工作场所焦虑可能更为突出。

总之，专制型领导很少顾及他人的利益，其拒绝使用道德行为准则来约束自己的行为（Naseer et al.，2016）。在追求自我利益实现的过程中，专制型领导专横跋扈，极具控制欲且报复心强，并且将剥削当作习以为常的事情（Bass，1990；Howell & Avolio，1992；Aronson，2001）。对于低权力距离感的员工，其并不认为应一味地服从领导者的安排，民主是其坚持的主张。低权力距离感的员

工在受到专制型领导的压迫时，感到无法发泄自己的挫折感，对情绪和行为的持续抑制会导致负面心理增强，持续地受到专制型领导的残害，影响其工作场所焦虑水平。而高权力距离感的员工对于专制型领导的这种强制性和控制欲极强的领导方式的接受度显然会更高，由此引发的不愉快体验相对会少很多。换言之，个体的权力距离感可能会影响专制型领导所可能诱因的下属的焦虑体验的不同。由此，本书提出如下假设：

H3：权力距离感调节专制型领导与工作场所焦虑间的关系。具体来说，当员工的权力距离感较高时，专制型领导与员工工作场所焦虑的关系较强；而当员工的权力距离感较低时，专制型领导与员工工作场所焦虑的关系更强。

第三节 研究方法

一、研究样本与问卷收集程序

本书的调查样本涉及建筑业、金融业、服务业等。发放问卷247份，将信息缺失等无效问卷删除后，回收得到有效问卷222份，有效问卷回收率为89.9%。在有效样本中，从性别来看，男性占45.0%，女性占55.0%；从年龄来看，25岁以下和25～35岁的人群居多，分别占28.4%和44.6%；从受教育程度来看，大学本科人数居多，占52.7%；从单位人数来看，单位人数51～100人和101～250人的居多，分别占26.6%和26.1%；从工作时间来看，1年以下、1～2年、3～4年居多，分别占23.9%、32.0%、26.1%。具体见表8-1。

表8-1 样本的人口统计学描述性统计

人口变量	具体类别	样本数量（份）	占比（%）	累计占比（%）
性别	男性	100	45.0	45.0
	女性	122	55.0	100.0
年龄	25岁以下	63	28.4	28.4
	25～35岁	99	44.6	73.0
	36～45岁	30	13.5	86.5
	46～55岁	26	11.7	98.2
	55岁以上	4	1.8	100.0

续表

人口变量	具体类别	样本数量（份）	占比（%）	累计占比（%）
受教育程度	高中以下	2	0.9	0.9
	高中/中专	27	12.2	13.1
	大专	39	17.6	30.6
	大学本科	117	52.7	83.3
	硕士及以上	37	16.7	100.0
单位人数	50人以下	32	14.4	14.4
	51~100人	59	26.6	41.0
	101~250人	58	26.1	67.1
	251~500人	29	13.1	80.2
	500人以上	44	19.8	100.0
工作时间	1年以下	53	23.9	23.9
	1~2年	71	32.0	55.9
	3~4年	58	26.1	82.0
	5年以上	40	18.0	100.0

二、测量工具

本书使用国内外核心期刊上通过多次使用及验证的成熟量表，对于英文量表通过翻译—回译的程序，经过预测试，对量表进行修订后再进行正式施测，保证了测量工具的有效性。

1. 专制型领导

本书使用由 De Hoogh 和 Den Hartog（2008）开发的共计 6 题项的专制型领导量表对本书的专制型领导进行衡量。这些项目如"我的上司是惩罚性的，没有怜悯或同情之心""我的上司是负责人，不容忍异议或问题"和"我的上司下达命令"等。本量表采用 Likert 5 点评分法，1 表示"非常不同意"，5 表示"非常同意"。本书中，专制型领导量表的 Cronbach's α 内部一致性系数值为 0.883。

2. 工作场所焦虑

本书采用 Amsterdam 于 2008 年在 McCarthy 和 Goffin（2004）编制的焦虑量表的基础上修改的 8 个项目量表，对工作场所焦虑进行了评估。项目如"一想到工作做得不好，我就不知所措""我担心我的工作表现会比其他同事差""我对不能达到业绩目标感到紧张和忧虑""我担心没有得到积极的工作表现评估"等。工作场所焦虑量表采用 Likert 5 点评分法，1 表示"非常不符合"，5 表示

第八章 专制型领导与员工工作绩效：工作场所焦虑与权力距离感的影响

"非常符合"。本书中，工作场所焦虑量表的 Cronbach's α 内部一致性系数值为 0.829。

3. 权力距离

本书采用 Dorman 和 Howell（1988）开发的 6 题项量表测量员工的权力距离感。其中，题项如"管理者的绝大多数决策不需要咨询下属"等。权力距离量表采用 Likert 5 点评分法，1 表示"非常不符合"，5 表示"非常符合"。本书中，权力距离量表的 Cronbach's α 内部一致性系数值为 0.921。

4. 工作绩效

本书采用 Van scotter 和 Motowidlo（1996）等开发的 11 个题项的工作绩效测量量表。该量表采用 Likert 5 点评分法，从 1 分"非常不符合"到 5 分"非常符合"。样题如"我的工作质量保持了较高的水平""我总是在规定的时间内完成工作任务""大家很认同我的工作效果"等。本书中，工作绩效量表的 Cronbach's α 内部一致性系数值为 0.900。

三、研究方法

运用 SPSS21.0 和 AMOS22.0 对收集数据进行统计分析。第一，运用 SPSS21.0 进行同源偏差检验；第二，对变量运用 AMOS22.0 进行验证性因子分析；第三，运用 SPSS21.0 进行变量的描述性统计检验和相关性分析；第四，通过层次回归分析考察专制型领导、工作场所焦虑与工作绩效之间的关系以及权力距离感在专制型领导和员工工作场所焦虑关系间的调节作用。

第四节 研究结果

一、同源偏差检验

本书变量均采用员工自我报告的方式进行，可能会出现同源偏差。在此主要通过程序控制及统计控制的两种同源偏差控制方法进行控制。在程序控制上，通过在发放的电子问卷开头说明用途，本书为避免被调查者因怕泄露而改变回答的真实性，来减少同源偏差。在统计控制方面，采取 Harman 单因子分析法检验同源偏差，未经旋转析出 6 个因子，其中，单因子的最大解释率为 28.472%，而六因子共同解释的方差变异为 67.977%，表明最大单因子解释量并未占大多数变异量，结果具体见表 8-2，不存在严重的同源偏差。

表8-2 Harman 单因子检验

成分	初始特征值			提取平方和载入		
	合计	方差的（%）	累计（%）	合计	方差的（%）	累计（%）
1	8.826	28.472	28.472	8.826	28.472	28.472
2	5.240	16.904	45.376	5.240	16.904	45.376
3	2.792	9.008	54.384	2.792	9.008	54.384
4	1.768	5.702	60.086	1.768	5.702	60.086
5	1.376	4.439	64.525	1.376	4.439	64.525
6	1.070	3.452	67.977	1.070	3.452	67.977
7	0.952	3.069	71.046			
8	0.840	2.709	73.755			
9	0.795	2.566	76.321			
10	0.716	2.308	78.629			
11	0.601	1.938	80.567			
12	0.593	1.911	82.479			
13	0.566	1.825	84.304			
14	0.516	1.666	85.970			
15	0.472	1.523	87.492			
16	0.425	1.371	88.863			
17	0.375	1.210	90.074			
18	0.375	1.209	91.283			
19	0.359	1.157	92.439			
20	0.351	1.132	93.572			
21	0.304	0.980	94.552			
22	0.259	0.837	95.388			
23	0.229	0.739	96.127			
24	0.207	0.668	96.795			
25	0.193	0.623	97.418			
26	0.173	0.557	97.975			
27	0.170	0.550	98.525			
28	0.142	0.459	98.984			

续表

解释的总方差					
成分	初始特征值			提取平方和载入		
	合计	方差的（%）	累计（%）	合计	方差的（%）	累计（%）
29	0.132	0.425	99.408			
30	0.100	0.322	99.730			
31	0.084	0.270	100.000			

注：提取方法：主成分分析。

二、验证性因子分析

本书利用 AMOS22.0 对专制型领导、工作场所焦虑、工作绩效、权力距离感四个变量进行验证性因子分析，具体结果如表 8-3 所示，比较单因子（专制型领导、工作绩效、工作场所焦虑和权力距离感四个变量合为一个因子）、二因子（专制型领导、工作绩效和工作场所焦虑三个因子合为一个因子）、三因子（专制型领导和工作场所焦虑两个因子合为一个因子）以及四因子模型，发现四因子模型拟合度良好（$\chi^2/df = 2.830 < 3$；RMSEA $= 0.066 < 0.08$；CFI $= 0.932 > 0.90$；TLI $= 0.923 > 0.90$），验证了各变量的区分效度，证明变量具有良好的结构效度。

表 8-3 本研究变量的验证性因子分析

测量模型	χ^2	df	χ^2/df	CFI	TLI	RMSEA
四因子模型（X、Y、M、Z）	775.42	274	2.830	0.932	0.923	0.066
三因子模型（X+M、Y、Z）	816.912	279	2.928	0.872	0.881	0.080
二因子模型（X+Y+M、Z）	877.52	280	3.134	0.863	0.820	0.073
单因子模型（X+Y+M+Z）	968.888	281	3.448	0.812	0.790	0.090

注：X 表示专制型领导；Y 表示工作绩效；M 表示工作场所焦虑；Z 表示权力距离。+ 表示将因子合并为一个因子。

三、描述性统计分析

通过 SPSS21.0 对四个变量的均值、标准差及各变量间的相关系数进行统计，具体见表8-4。专制型领导与员工工作绩效显著负相关（r = -0.292, p < 0.01），专制型领导与员工工作场所焦虑显著正相关（r = 0.267, p < 0.01）；员工的工作场所焦虑与工作绩效显著负相关（r = -0.436, p < 0.01），这为本书的理论模型提供了初步支持，可以进一步进行研究假设的检验。

表8-4 本书变量的均值、标准差和相关系数

变量	M	SD	1	2	3	4
专制型领导	2.8146	1.07067	1			
工作场所焦虑	3.8530	0.62628	0.267**	1		
权力距离	3.4566	0.92555	0.568**	0.413**	1	
工作绩效	2.9760	0.89685	-0.292**	-0.436**	-0.390**	1

注：** 表示 p < 0.01（双尾检验）。

四、假设检验

本书采用SPSS21.0分别对专制型领导、员工工作场所焦虑、工作绩效以及权力距离四变量间关系的主效应、中介效应及调节效应假设进行层级回归分析检验，具体分析结果如表8-5所示。

1. 主效应检验

假设1提出专制型领导会对员工工作绩效产生显著负向影响，为对其进行验证，将工作绩效作为因变量，并将控制变量（员工的性别、年龄、受教育程度、单位人数及工作时间）和自变量专制型领导分别放入回归方程。通过表8-5中的模型4可知，专制型领导对员工的工作绩效显著负向影响（β = -0.316, p < 0.01）。由此，假设1得到了支持。

2. 中介效应检验

为检验假设2提出的工作场所焦虑在专制型领导与工作绩效之间的中介作用，通过Baron等提出的分步分析法来检验，分别检验自变量对中介变量的影响，中间变量对因变量的影响以及在加入中介变量之后自变量对因变量影响程度的变化。由表8-5中的模型2可知，自变量专制型领导对中介变量员工的工作场所焦虑显著正向影响（β = 0.324, p < 0.01）。从模型5可以看出，中介变量员工的工作场所焦虑对员工的工作绩效有显著负向影响（β = -0.301, p < 0.01）。由模型6可以看出，在加入中介变量员工的工作场所焦虑之后自变量专制型领导对因变量员工的工作绩效的影响虽然显著但明显下降（β = -0.192, p < 0.01），所以员工的工作场所焦虑在专制型领导与员工工作绩效之间起部分中

第八章 专制型领导与员工工作绩效：工作场所焦虑与权力距离感的影响

介作用，假设2得到了部分支持。

表8-5 主效应和中介效应的层级回归分析结果

变量名称	工作场所焦虑			工作绩效		
	Model1	Model2	Model3	Model4	Model5	Model6
控制变量						
性别	0.061	0.052	0.091	0.098	0.111	0.035
年龄	0.121	0.121	-0.109	-0.108	-0.102	-0.220
受教育程度	-0.107	-0.178*	0.031	0.052	0.058	-0.231**
单位人数	0.019	0.042	0.021	0.018	0.019	0.098
工作时间	-0.227**	-0.112*	0.316**	0.233**	0.264**	0.218
自变量 专制型领导		0.324**		-0.316**		-0.192**
中介变量 工作场所焦虑					-0.301**	-0.191**
R^2	0.077	0.175**	0.102	0.163**	0.149**	0.173**
$\triangle R^2$		0.121		0.055		0.073**

注：$N=222$。* 表示 $p<0.05$；** 表示 $p<0.01$。

3. 调节效应检验

假设3提出员工的权力距离感正向调节了专制型领导与员工工作场所焦虑之间的正向关系，即对于低权力距离感的员工，专制型领导与员工工作场所焦虑的关系较强；而对于高权力距离感的员工，专制型领导对员工工作场所焦虑的影响则相对较弱。在此，本书通过将工作场所焦虑作为因变量，依次加入控制变量、专制型领导、权力距离感、专制型领导和权力距离感的交互项进行层级回归分析，并且在构建交互项前分别对自变量和调节变量进行标准化处理以避免可能存在的多重共线性问题（见表8-7）。根据模型9知，专制型领导与权力距离感的交互作用正向影响员工的工作场所焦虑（$\beta=0.110$，$p<0.01$）。为了更好地说明权力距离感的调节作用的方向，本书以平均分加减一个标准差为标准，绘制了调节作用（如图8-2所示），可以看出，员工权力距离感越低，专制型领导与员工工作场所焦虑之间的正向关系越强，即对于权力距离感较低的员工而言，专制型领导将更可能引发员工的工作场所焦虑，而对于高权力距离感的员工而言，专制型领导可能引发的员工工作场所焦虑相对较小，由此假设3得到验证。

表8-6 权力距离感的调节作用分析

变量名称		工作场所焦虑		
		Model7	Model8	Model9
控制变量				
	性别	0.061	0.043	0.049
	年龄	0.121	0.043	0.078
	受教育程度	-0.107	-0.047	-0.062
	单位人数	0.019	0.017	0.046
	工作时间	-0.227**	-0.198	-0.102
自变量	专制型领导		0.280**	0.284**
	权力距离感		0.311**	0.319**
调节变量	专制型领导×权力距离感			0.110**
	R^2	0.076	0.275**	0.281**
	$\triangle R^2$		0.189**	0.021**

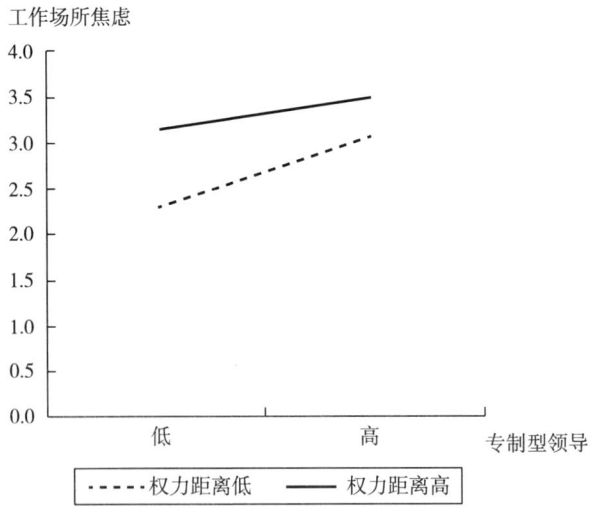

图8-2 权力距离感在专制型领导与员工工作场所焦虑关系间的调节效应

第五节 讨论与分析未来研究展望

一、讨论分析

本节探讨了工作场所中专制型领导对员工工作绩效的影响机制及员工工作场所焦虑和权力距离感在其中的可能影响机制。结果表明,首先,专制型领导显著负向影响员工的工作绩效。其次,员工的工作场所焦虑在专制型领导与员工工作绩效关系间起到部分中介作用。一方面,专制型领导可能直接影响员工的工作绩效,导致员工的工作绩效表现降低;另一方面,专制型领导通过正向影响员工工作场所焦虑而降低员工工作绩效,即专制型领导可能会提高员工的工作场所焦虑,进而使员工的工作绩效表现有所下降。最后,发现员工的权力距离感在专制型领导与员工工作场所焦虑关系间起调节作用,低权力距离感的员工更容易在专制型领导下产生工作场所焦虑,产生工作场所焦虑的员工又进一步情绪耗竭,从而精力减少,工作绩效降低;而相对来说,高权力距离感的员工受到专制型领导的负面影响较少,表现为产生较低的工作场所焦虑,也不会进一步因为受到专制型领导的影响而降低工作绩效。

1. 理论意义

第一,证实了专制型领导对工作绩效的影响,拓展了对于专制型领导影响效应的认识。目前,关于焦虑的研究通常集中于考试、体育竞技、心理学等方面(von der Embse et al.,2018;Ngo Vuong et al.,2017)),国内仅有少数文献具体谈到工作场所焦虑。已有关于专制型领导的研究表明,专制型领导通常是负面效果的领导风格,专制型领导可能导致下属耗尽他们的个人情感资源,变得精疲力竭,随着与上司互动频率的增加,这种影响可能会随着时间的推移而增加,循环往复,员工积极工作行为频率下降(Gr & ey et al.,2004)。De Hoogh 和 Den Hartog(2008)提出,专制型领导通过下属对其地位的恐惧与压力而对下属进行的侵略性行为,在工作中遇到领导侵略行为的员工,通常将由此产生的不稳定情绪带入工作,并影响其行为。本书结合专制型领导这一消极影响的特点,提出并验证专制型领导对员工工作绩效的消极影响。研究发现,专制型领导会降低员工的工作绩效,拓展了专制型领导作用效果的认识。

第二,扩展了已有关于工作绩效影响因素的研究。已有关于工作绩效影响因素的研究主要关注点在个性、员工敬业度、组织承诺等方面,欠缺在专制型领导统治下的员工工作绩效研究（宛金泉，2002；韩翼，2008；方来坛等，2011）。基于此，本书以专制型领导为出发点，研究专制型领导下的员工工作绩效有何异同。结论显示，专制型领导通过诱发员工工作场所焦虑导致员工工作绩效下降，丰富了对工作绩效影响因素的认识。

第三，基于资源保存理论，研究了工作场所焦虑在专制型领导与工作绩效关系中的中介作用，其突破了已有研究从资源保存理论出发考察工作家庭冲突对工作绩效影响的局限，响应了已有研究提出的对领导风格影响工作绩效考察的号召（赵富强等，2016）。本书发现，工作场所焦虑在专制型领导与员工工作绩效间起到中介作用。说明员工在对待能够产生威胁自身利益的专制型领导时，会产生工作场所焦虑，由于持续的情绪耗竭，导致员工的工作绩效下降。

第四，拓展了专制型领导影响员工工作场所情感的边界条件研究。在此检验并发现员工的权力距离感正向调节专制型领导与工作场所焦虑的关系，发现了不同于已有研究中提出的公平感在权力距离感的调节作用下积极影响组织公民行为的研究，提出低权力距离感的员工，个体资源的分配更容易受到影响（郭晓薇，2006）。这是因为权力距离感本身会对员工的整体资源产生影响。本书结果表明，权力距离感调节专制型领导与员工工作场所焦虑之间的关系，表现为低权力距离感的员工对专制型领导的霸凌统治，造成更为严重的情绪耗竭，即更影响了员工的资源分配，从而带来严重的负面情绪状态。

2. 实践意义

本书发现，专制型领导影响员工工作情绪及工作绩效。企业发展中的一个至关重要的因素即员工，当企业未能识别出不恰当的领导时，留其继续负面影响员工，可使企业员工普遍情绪低迷，疲惫不堪。对于专制型的领导，企业应注意对其的识别，一旦发现此类领导，对其进行教育，最好能在招聘时就避免聘任此类领导者，只有开放民主式的领导才是顺应时代发展的领导模式。一旦聘任此类领导，也要进行必要的引导和培训，改善其不良领导方式。

另外，还可以加强相关的人力资源管理措施，如使员工方便与人力资源部门的沟通以减少员工们可能的情绪衰竭，因为这样员工可以对此类领导行为进行反馈，使公司上级可以对此类现象进行调查，从而防止专制型领导的不当行为一直在企业中存在并产生严重的负面后果。不过，保密在这一过程中至关重要，因为专制型领导的报复心理很强，员工因为害怕报复可能隐忍，而这样会使企业持续在低迷的工作环境中，不利于企业的长远发展，就像 Padilla 等（2007）提出的制衡是防止专制型领导独霸公司的有效途径。

再者，本书发现员工的工作场所焦虑会降低其工作绩效，因而企业需要积极采取措施尽力帮助员工排解和降低消极情绪体验。对领导者的负面印象可能会对员工的工作情况及其他方面产生不利影响,因为它会减少信任、承诺和忠诚,同时增加冲突和角色压力(如 Kelloway et al., 2012;Skogstad, Hetland et al., 2014)。在这方面,一个适当的领导力发展计划不应该局限于把领导者培养成更具变革精神、更少放任主义的人,而应该强调教会领导者如何处理下属的负面情绪。如果焦虑对领导的影响主要是由于一种感知机制,那么就应该针对下属采取措施和干预,帮助员工纠正和重新调整对包括领导在内的工作特征的理解。领导者和管理者应该知道,当下属感到高度焦虑时,他们对领导力的需求也会随之增加。例如,Ceschi 等(2017)提出有效的奖励和晋升机会可以使得下属减少疲劳情绪并提高员工自尊。增加员工的自主权,使员工具备一定权利也可以减少员工焦虑,增加员工有利工作行为。Costantini 等(2017)提出通过心理训练等恰当活动也可以提高员工的身心健康水平,提高工作绩效。

总之,企业人力资源部门可以采取多种措施为员工创造利于工作的氛围,避免专制型领导对于员工的压制,则可以减少员工在工作中产生的不满情绪及焦虑情绪,同时通过运动和其他相关培训也可以引导员工积极情绪激发以提高工作绩效。可以说,关注领导实践以及员工情绪引导是提高员工工作绩效的有力措施。

二、未来研究展望

第一,本书只是探讨了权力距离感在专制型领导影响员工工作场所焦虑中的调节影响。但从实际上来看,专制型领导对于员工工作场所焦虑的影响可能还存在着其他的边界条件。未来可以进一步检验员工工作场所焦虑促进或削弱工作绩效的边界条件以拓展工作场所焦虑的影响条件机制。

第二,本书只是检验了个体层面的工作场所焦虑的影响,鉴于情绪具有感染机制可能会发展成为群体情绪,所以未来可以从群体层面探讨群体工作场所焦虑氛围对于群体工作绩效的影响及其中的可能中介机制以丰富工作场所焦虑的影响效应层面研究发现。如群体层面的焦虑情绪在什么条件下会导致群体绩效削弱,以及群体层面的焦虑状态通过群体监管机制可以如何促进群体绩效。

第三,从纵向视角检验工作场所焦虑可能对不同绩效的影响,如对短期绩效和长期绩效影响的差异机制及可能的边界条件。例如,焦虑可以分为特质焦虑和状态焦虑,究竟特质焦虑和状态焦虑对短期绩效和长期绩效分别有什么影响,以及通过何种路径产生影响等,这是未来研究需要进一步探讨和验证的。

第四,进一步完善工作场所焦虑的测量量表。目前对于工作场所焦虑测量的量表较单一,多通过自我感知角度来对工作场所焦虑进行测量。在未来的研究中,可以从组织领导者、管理者及员工等多元主体视角对工作场所焦虑进行测量。此外，测量指标难以精确度量也是现有研究存在的问题，工作场所焦虑是较为主观的概念，因而在新量表的开发中应着重考虑如何实现工作场所焦虑度量方法的规范化。

第九章　组织情境中愤怒表达研究

第一节　引言

个体在工作中会产生各种情绪，包括积极情绪和消极情绪。其中，愤怒作为六大基本情绪之一，通常被认为是消极情绪的代表（Kleef et al., 2004），在研究情绪文献中被广泛关注（Shao et al., 2018）。愤怒通常会与愤怒表达联系在一起，因为当人感到愤怒时，通常需要通过某种方式将愤怒情绪表现出来。愤怒表达（Anger Expression）是个体感受到的愤怒所需要宣泄和释放出来的方式和途径。愤怒表达可以说是任何一个经历愤怒情绪的个体都需要采取的方式，只是愤怒表达的具体方式会因人而异。

愤怒与愤怒表达研究也是多学科领域的研究主题。如早先的愤怒与愤怒表达研究常被发现于探讨公路狂暴、家庭冲突、凶杀犯罪等情境下涉及的愤怒、愤怒表达及其影响（Kleef et al., 2010；罗亚莉等，2011）。综合来说，不管是理论研究还是实践均表明，愤怒会导致非常多的消极影响，愤怒表达也往往会导致来自他人的较低评价。职场人在工作中会遇到许多导致愤怒的负面事件。他们在应对问题事件时经常会经历和表达愤怒。传统观点也强调工作场所中愤怒表达的破坏性一面，指出它经常和消极的结果联系在一起。最近的研究还表明，领导者的愤怒情绪会导致管理受阻，因为追随者会认为愤怒的领导者效率较低，认为他们缺乏魅力，并对领导者的愤怒做出更消极的反应（Knippenberg & Kleef, 2016）。相比之下，其他研究对这一观点提出了挑战。有学者用当今的成功领导者为例以佐证自己的论点，例如，史蒂夫·乔布斯和杰夫·贝佐斯（亚马逊总裁），并认为愤怒是许多成功领导者管理方法的重要组成部分（Wang et al., 2018）。至此，一些研究已经开始探索愤怒表达的积极意义，认为愤怒表达具有潜在的功能性作用（Kleef，2009；Wang et al.，2018）。有鉴于此，本书通过文献梳理，对愤怒表达的测量、影响因素及影响效应进行了阐释，并在此基础上提出组织情境中愤怒表达的综合作用机制模型，期以为组织情境中的愤怒表达理论研究有所指导，同时对组织中的情绪表达实践有所借鉴。

第二节 愤怒表达的内涵界定及测量

一、愤怒表达的内涵界定

愤怒作为一种激烈的情绪状态，常被研究者归类为消极情绪进行研究（Chi et al.，2014）。Ancel（2006）指出，愤怒涉及对感知到的挑衅、伤害或威胁的强烈不安和敌意反应。愤怒的人通常会表现出心率增加、血压升高及肾上腺素水平上升等生理反应，同时面部表情（如皱眉、满脸通红）、肢体语言（如握紧双拳、大声叫喊）也会发生不同程度的变化（Allan & Gilbert，2002）。当人们感到愤怒时，可能会用各种方式来表达他们的愤怒。

作为一种情绪表达方式，愤怒表达是指当个体感到愤怒时，会选择公开表示愤怒、抑制愤怒或调节愤怒情绪的方式表达自身愤怒情绪的一种方式。

二、愤怒表达的分类与测量

学者最早在临床医学中开始探索愤怒表达对表达者本身的生理反应，因为了解人们如何表达愤怒很重要（Funkenstein et al.，1954）。Funkenstein等（1954）在研究中将愤怒表达分为愤怒对外表达（Anger-Out）和愤怒内部表达（Anger-In）两部分。基于Funkenstein等（1954）的研究，Gentry等（1982）将愤怒表达分为愤怒向外表达、愤怒向内表达、愤怒讨论（Anger-Discuss）及愤怒躯体性（Anger-Somatic）四个部分。Spielberger等（1995）将愤怒表达方式分为三种形式：愤怒向外表达，即倾向于公开表达愤怒，通常以消极、攻击性的方式表达；愤怒向内表达，即倾向于经历但抑制愤怒的公开表达；愤怒控制（Anger-Control），即倾向于耐心、冷静、调节情绪和行为的方式表达愤怒。

1988年由Spielberger开发了状态—特质愤怒表达量表（State-Trait Anger Expression Inventory，STAXI）。STAXI提供了客观和简短的衡量一个人的经历愤怒、愤怒表达和控制愤怒的方法。最初的STAXI量表由44个项目组成，分为三个部分，分别是状态愤怒量表（State Anger Scale，SAS）、特质愤怒量表（Trait

Anger Scale，TAS）和愤怒表达量表（Anger Expression，AX）。第一，状态愤怒量表主要测量一个正在经历愤怒的人的情绪状态，它的测试范围由烦躁不安到暴怒。第二，特质愤怒量表主要用于评估一段时间内愤怒的发生次数及在多种不同情境下由于个体差异所表现出来的情绪状态，包括情绪性愤怒和反应性愤怒。第三，愤怒表达量表主要评价个体常用的愤怒表达和控制方法，包括愤怒的内部表达、愤怒的外部表达、控制的内部表达及控制的外部表达四个部分。具体不同部分的测量代表项目如表9-1所示。

表9-1 STAXI的愤怒表达量表子维度与代表项目

愤怒表达维度构成	代表项目
愤怒的内部表达	"我尽可能设法保持冷静"； "我设法平息自己的愤怒感受"
愤怒的外部表达	"如果有人惹怒我，我会告诉他们我的感受"； "我与他人争吵"
控制的内部表达	"我内心激愤，但没有显露出来"； "我往往会隐藏怒气而不告诉任何人"
控制的外部表达	"我控制自己的愤怒感受"； "我对别人是耐心的"

之后Spielberger于1999年对状态—特质愤怒表达量表进行过修订，得到了状态—特质愤怒表达量表的改进版（State-Trait Anger Expression Inventory-2，STAXI-2）。该量表的测试项目由STAXI版本的44个项目增加到STAXI-2的57个项目，增加的项目如"我做深呼吸或放松活动""我设法平静下来"等。Spielberger的状态—特质愤怒表达量表（STXI-2）被国外研究者广泛接受，是一个比较权威且成熟的量表，被广泛运用于不同国家、不同年龄段、不同种族的研究对象；具体研究的主题也是多方面的，例如，用于临床医学、公路狂暴、家庭冲突、亲子冲突等主题的愤怒及愤怒表达方面的研究（Kleef et al.，2010），目前在多个国家都拥有基于其各自本国情境的修订版。

罗亚莉等（2011）翻译了状态—特质愤怒表达量表，形成了中文版量表并在大学生人群中检验其信度与效度，只是他们并没有进一步对量表进行本土化的修订或改编，只是将国外广受欢迎的量表进行全文的引入。虽然对于是否适合中国情境做了简单的检验，但是对于量表的所有测试项目是否适合于中国情境，有哪些项目不符合中国情境，并没有迈出下一步。刘惠军和高红梅（2012）对上述状态—特质愤怒表达量表进行了修订。该修订量表之后被中国学者广为接受并多次采用，说明刘惠军等的状态—特质愤怒表达量表修订版在我国已经具有一定的权威性和适用性。只是他们的中文修订版与STAXI-2差别不大，也拥有57个题目，分为三部分，均采用Likert 4点评分法进行测量。

综上来说，无论是状态—特质愤怒表达量表（STAXI）还是STAXI-2，它们本身是用来测量和评估愤怒这一状态而不只是限于愤怒表达，愤怒表达测量量表（AX）只是STAXI或STAXI-2的一个分量表。不过，这一愤怒表达测量量表也有相当数量的项目围绕愤怒表达做出全面的评估和测量，也可以为愤怒表达主题的实证研究提供有效测量工具。值得特别指出的是，长期以来，中国在愤怒表达方面的研究较少，尤其是实证研究更是少见。鉴于愤怒表达的普遍性及其重要影响，未来可以针对这一主题开展更为深入的实证探讨。只是相关学者在借鉴Spielberger的状态—特质愤怒表达量表的基础之上，可能还需要针对性地开发一个权威而又标准化的中国本土化愤怒量表，以进一步提高愤怒表达研究的有效性和本土针对性。

第三节 愤怒表达的影响因素

愤怒是许多个体都经历过的情绪状态，对于不同的个体而言愤怒表达可能有着很大的不同。本节通过对现有文献的梳理，从个体因素、人际互动因素、组织情境因素和社会文化背景因素四个方面对愤怒表达的影响因素进行探讨。其中，个体层面的挫折承受力、社会权力与地位等级是影响个体愤怒表达的重要因素；人际互动因素中的行为方式、组织情境层面的不公平和不道德现象及社会文化习俗与价值观等都可能影响个体的愤怒表达。

一、个体因素

1. 挫折承受力

Tedeschi和Felson（1994）认为，愤怒表达与个人对挫折承受力的大小相关。挫折承受力（Frustration Tolerance）越高的人，越不容易进行愤怒表达；相反，挫折承受力越低，越容易在遭受不公平或困难时，将自己内心的不满或愤怒等负面情绪发泄出来，即更可能进行愤怒表达。挫折承受力是指一个人在面对困难任务时抵抗挫折的能力。挫折承受力可以表现为面对困难和挫折时，抵抗和应对困境的能力，它是一种个体层面的因素。这种个体差异因素可能会影响个体对于可能引发的愤怒情境的不同感知，进而影响其情绪和相应的表达方式。具体来说，挫折承受力较大的人，会更正确和更平静地分析所受挫折的深层次原因、可能解决的办法等，即将重心放在如何接受并恰当解决所遭受的挫折上，而不是被挫折打懵、情绪化的宣泄上。正是出于此，挫折承受力高的个体较少或不会较长时间进行愤怒表达。

2. 社会权力与地位等级

Allan和Gilbert（2002）指出，个体的社会权力或地位等级会影响其愤怒表达。社会权力（Social Power）反映了个体改变他人的一种可能影响力。社会权力的大小在很大程度上决定了影响他人的可能性。在组织情境中，社会权力高的个体也更容易影响他人。例如，有权威性的领导或是群体中的高社会地位个体在组织中往往拥有更多的话语权，会让他人更愿意接受其安排或建议。有学者指出，在组织中社会权力或地位等级较低的个体较少会向较高社会地位或等级的人表达愤怒（Allan & Gilbert，2002），尤其是当等级较高的人对他们拥有相对权力时，例如，直接主管或上级领导（Vonk，1998）。由此来看，社会权力与地位等级影响个体愤怒表达主要体现在不同权力等级个体间的互动之中，其中，高权力地位等级个体可能主要是"不必要"进行愤怒表达，而低权力地位等级个体则更可能主要是"不敢"进行愤怒表达。不过，社会地位与愤怒表达的关系也并非确定的，还有一种可能即社会地位越高的人，愤怒表达会更多更直接，因为其不需要太多忌惮。相比，社会地位越低的人，也可能越多地表达愤怒，因为他们碰到不公或挫折的机会可能更多。就此来看，关于社会地位与愤怒表达的关系可能存在一定的边界条件，还需要进一步的实证检验。

二、人际互动因素

在组织中人际互动常常是不可避免的，而人际互动中的不良方式有可能成为个体愤怒表达的直接诱因。例如，周围同事存在普遍的傲慢或不文明行为等可能诱发愤怒表达（Fintness，2000）。另外，组织中的不良领导行为也是影响员工表达愤怒的重要因素。例如，辱虐型领导者对于员工直接公开批评甚至羞辱（Tepper，2000），破坏型领导对员工的不当督导（陈明和于桂兰，2013），非伦理领导训斥、讽刺、侮辱和暴力的方式对待员工（刘晓琴，2014），等等，负性领导者也在不同程度上导致员工愤怒及愤怒表达。

三、组织情境因素

1. 组织不公平

Fintness（2000）曾调查过在工作场所中产生愤怒表达的原因，其中，排在第一位的因素就是员工感知到不公平。可以说，组织不公平是导致员工产生愤怒的重要诱因。追求公平是个体的一种普遍倾向，在组织情境中不公平的管理或领导都可能诱发员工的愤怒表达。鉴于此，组织需要高度重视组织公平的营造。

2. 组织不道德现象

Lindebaum 和 Geddes（2016）发现，当存在违反价值观和道德标准（如违背正义）的行为时，人们就有动机进行愤怒表达去纠正或改善这些现象。Shao（2018）的研究也指出，当员工存在违反道德标准的行为时，领导者会表达愤怒去纠正这些不公平现象，同时避免可能出现的负面结果。可见，不管是由于平级的同事还是纵向关系带来的组织不道德现象均可能导致个体的愤怒表达。

四、社会文化背景因素

首先，语言和风俗习惯影响愤怒表达的方式。实际上，大多数国家在语言、风俗习惯等方面存在差异。正是这种差异，可能导致不同国家的个体在表达愤怒时的行为方式、肢体动作、面部表情等都会存在差异（Shao，2018）。其次，不同文化背景差异也可能导致不一样的愤怒表达频率与方式。Adam 和 Shirako（2013）指出，文化背景与情感表达紧密联系。在不同的社会背景下，人们对于异国文化最为相关的印象是那些不同文化群体成员公开和频繁地表达情感有关的刻板印象（Stereotype）。在人们的经验中，有一种印象即东亚人缺乏情感表达，欧洲人富于情感表达。例如，在一项关于种族刻板印象的研究中发现，中国人和日本人倾向于与情感表达内敛的特质（如沉思、保守和安静）联系在一起，而美国人和意大利人则倾向于与情感表达外显的特质（如冲动、炫耀和热情）联系在一起（Karlins et al.，1969）。由此来看，愤怒表达作为一种重要的情感表达，也可能受到文化背景的影响，存在文化差异。

第四节 愤怒表达的影响效应机制

一、愤怒表达影响社会地位

Heilman（2001）的研究证明，愤怒可以传达出一个人有能力并有资格获得较高的社会地位。Tiedens（2001）发现，在职业环境中表达愤怒的男性比表达悲伤的男性更有可能在工作中获得更多的地位、权力和独立性。然而，表达愤怒的职业女性的地位可能会下降，而不是增加。Albright（2003）指出，为了达到并保持较高的社会地位，职业女性可能还必须表现得"不动感情"，以便被视为理性的。但对于职业男性来说，在工作场所中表达愤怒通常比表达悲伤能获得更高的地位（Brescoll & Uhlmann，2008）。因为愤怒通常与男子气概有关，可以向组织成员传达出他是有能力的，有权享有较高的社会地位。由此来看，愤怒表达与社会地位的关系还可能受到性别的调节影响。

二、愤怒表达影响合作选择

Kleef 等（2010）研究发现，在充满竞争的谈判环境中表达愤怒的人，与表达其他情绪（如快乐或保持冷静）相比，他的谈判对手更愿意与他合作。这是因为愤怒的人被认为更强硬和更具威胁性，而愤怒作为一个警告信号会让冲突升级，并有陷入僵局的风险，除非他们的谈判对手开始更多的合作。相反，在充满合作的谈判环境中不会允许冲突和斗争的发生，表达愤怒通常被认为是不合适的。因此，谈判对手会对表达愤怒的人产生抵触，不会愿意与他合作。可见，愤怒表达很可能引起合作环境中的竞争和竞争环境中的合作。

有研究进一步指出，愤怒表达对于合作选择的影响可能存在一些边界条件。例如，Adam 和 Shirako（2013）通过四项研究发现，谈判者的文化背景显著影响了在谈判中愤怒表达的效果。当愤怒表达者是东亚人时，与欧洲裔美国人相比，愤怒表达者会促成更大的合作。因为即使表达同样程度的愤怒，与愤怒的欧美谈判者相比，愤怒的东亚谈判者被认为更强硬、更具威胁性。在某种程度上，这可能是出于一种对不同文化背景下的个体情感表达的刻板印象。在刻板印象中，东亚人缺乏情感表达而欧洲人善于情感表达。出于此，在同样的愤怒表达中，东亚人会让人感觉到更强硬，更不能控制真实愤怒的表现。总的来说，个体愤怒表达对于结果的影响来看，可能还需要考虑个体文化背景的差异。

三、愤怒表达影响领导有效性

Kleef 等（2010）基于情绪社会信息模型（Emotion As Social Information Model，EASI）理论，探讨领导者情绪表现对追随者绩效表现的影响机制。EASI 模型认为，表达情绪不仅能引起他人的情绪反应，而且能传达关于人、物和事件的行为意图和态度的重要信息（Kleef，2009）。Kleef 等（2010）的研究发现，领导者的情绪表现与团队绩效两者之间的关系取决于追随者宜人性。具体来说，相比于领导者非没有情绪或快乐，当领导者表达愤怒时，宜人性较低的员工表现得更积极；而宜人性较高的追随者表现得更差。因为当员工的宜人性较弱时，他们更容易陷入争论，对他人的意图持怀疑态度，不回避冲突，并且他们更愤世嫉俗，对他人是否礼貌对待自己的期望也更低，对不体谅他人的行为也更不敏感。因而领导者的愤怒表达对这些员工来说是可以接受的和有效的，进而能够促进员工的积极表现。然而，当员工的宜人性较高时，更喜欢合作而不是竞争，更善于思考，往往对他人更有礼貌，所以他们也希望别人能礼貌地对待他们。因而领导者愤怒表达在这些员工看来是不可接受的，从而使员工的表现变得更为糟糕。

Lindebaum 等（2016）以英国步兵营的士兵为访谈对象，利用双阈值模型（Double Threshold Model）评估了军官工作中愤怒表达对士兵表现的影响，并重点研究了在何种情况下，军官的愤怒表达会被愤怒的观察者或愤怒表达的目标视为具有推动力。他们的访谈数据显示，军官的愤怒表达既可能带来士兵的积极表现，也可能导致士兵的消极表现。导致这一差异性反应的一个原因在于军官愤怒表达的原因。例如，军官的某些愤怒表达是为了惩罚某些士兵对抗军队规则和军官权威实施的，则可能让士兵感觉到军官的正直与公平，所以可能带来士兵的积极表现。

Wang 等（2018）在研究中发现，当员工存在基于正直的违反行为（Integrity-based Violations）时，领导者的愤怒表达会触发员工的推理路径，下属从他们领导者的愤怒中推断出发生不正直行为或情况是不可接受的，从而增加了领导有效性。然而，研究中也发现，当员工存在基于能力的违反行为（Competence-based Violations）时，领导者的愤怒表达只会触发下属的情感路径，使下属产生负面情绪表现，从而降低了领导有效性。其中，基于能力的违反行为是指下属未能应用技术技能完成工作；基于正直的违反行为是指下属违反工作场所的正直标准和行为准则。以上两类违反行为都有可能引起领导者的愤怒。但是，人们对与能力和正直相关问题的反应存在较大差异，从而导致领导对不同类型的违反行为的愤怒表达会导致员工不同的反应。

第五节　组织中愤怒表达的综合效应模型构建

近年来组织行为学者越来越关注组织中情绪的重要影响。其中，愤怒情绪又是一个特别受到关注的主题。组织中的愤怒及愤怒表达可能会对组织及其成员产生显著的影响，包括消极结果和可能的积极影响。为此，理解愤怒表达的重要影响因素及其作用机制具有重要意义，可以帮助组织及其成员更好地认识愤怒表达的潜在危害及恰当愤怒表达的价值。在此，结合已有文献研究成果，提出了愤怒表达的综合作用机制模型，如图9-1所示。

一、愤怒表达包括愤怒向外表达、愤怒向内表达及愤怒控制

要全面理解愤怒表达的内涵和表现形式，不能仅关注狭义角度的对外表达。

唯有如此，才能更全面地把握愤怒表达，避免如愤怒向内表达这种不易被观察到的愤怒可能引起的负面结果。

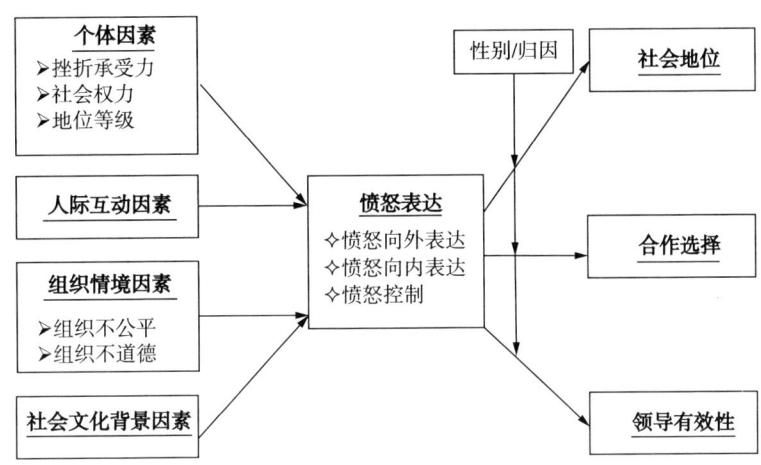

图 9-1 愤怒表达的综合作用机制模型

二、组织中愤怒表达受到多种因素的影响

影响组织中愤怒表达的多种因素包括个体因素、人际互动因素、组织情境因素以及社会文化背景因素。充分理解这些因素对于愤怒表达的影响可以更好地帮助个体控制和利用愤怒表达。如情境因素能够有效地影响个体做出愤怒表达的意愿、愤怒表达的方式以及频率等。因此，在理解个体的愤怒表达原因时，除了考虑个体层面的因素之外，还需要进一步考虑个体所处情境的影响。

三、关注不同层面因素对于愤怒表达的交互影响作用

如个体层面因素可能与社会文化背景因素共同作用影响个体的愤怒表达。Park 等（2013）在一项针对美国人的研究中表明，社会地位与愤怒表达呈负相关关系。然而，当调查对象变成日本人时，这种联系正好相反，社会地位越高的人表达的愤怒越多。他认为，与自我独立受到高度认可的西方文化不同，东亚文化更重视自我与他人的相互依赖。这种强调归属感和相互依赖的文化无形中形成了表达愤怒的"禁令"，因为愤怒表达威胁到与其他人的重要关系（如人际关系），因此，愤怒表达与相互依赖的价值观背道而驰，这就造成了东西方研究结果的差异性。可见，其中文化背景影响了社会地位与愤怒表达的关系，即文化背景起着一种重要的边界条件作用，导致在不同文化背景下的个体社会地位与愤怒

表达的关系可能恰好相反。

四、综合考虑愤怒表达的矛盾对立性影响效应

例如,Knippenberg 和 Kleef(2016)指出,愤怒表达对于领导有效性而言是一把双刃剑。以往许多研究发现,领导者愤怒表达与领导有效性呈负相关关系(Glomb & Hulin, 1997;Madera & Smith, 2009)。然而,最近也有学者发现不一致的结论:领导者的愤怒表达也能提高领导有效性(Wang et al., 2018;Shao et al., 2018)。由此来看,愤怒表达不仅只是带来消极后果,恰当适时的愤怒表达也是必要的,有可能产生积极的影响。基于 EASI 理论,情感表达能对人际关系产生不同的影响主要是通过两种不同途径,即推理路径和情感路径。在推理路径中,员工从领导者的愤怒情绪中推断出信息;在情感路径中,愤怒表达能引起员工的情感变化,进而影响他们的行为。Fitness(2000)指出,对于员工违反行为类型不同而引发的领导者愤怒表达带来的结果是不一样的。能力违背和诚信违背引反领导者愤怒表达可能导致下属不同的推理和情感路径发展,从而导致领导有效性的差异。

五、愤怒表达影响结果变量存在一定的边界条件

如有研究指出,愤怒表达产生的结果存在性别差异。对于女性来说,表达愤怒有着相反的效果:表达愤怒的职业女性的地位一直较低,而且被认为比愤怒的男性和不动感情的女性更不称职(Tiedens, 2001)。因为传统观念认为,女性应该比男性更友善、更谦虚,如果她们不符合这样的规定,就会引起其他人的负面反应(Heilman, 2001)。但是,当一个愤怒的女人为她的愤怒提供了一个外在的归因时,她在感知的地位和能力上并没有遭受同样的损失。

第六节 结语、管理启示及未来研究展望

一、结语

愤怒表达的影响因素是多方面的,基于多层面探讨愤怒表达的原因有着重要意义,是进一步理解和调控愤怒表达影响效应的基础(如社会文化可以作为一种情境因素发挥作用)。正是出于此,状态—特质愤怒表达量表(Spielberger, 1988, 1999)在被广泛应用的同时,在多个国家都拥有相应的本土修订版。此

外，社会权力和地位等级也会影响愤怒表达的频率与强度。例如，有研究指出，社会等级/权威高的人，更容易将心中的愤怒表现出来，并且能够达到愤怒表达的效果。不过，与之相对，也有学者指出，社会地位等级越高的个体越不会过多表达愤怒。由此来看，理解愤怒表达的原因可能还需要考虑不同因素起作用的边界条件。另外，就愤怒表达的影响效应来看，积极与消极结果并存。为此，组织管理者及其成员应该正视愤怒表达，不必一味地完全避免愤怒表达，关键在于如何正确恰当地进行愤怒表达，发挥愤怒表达应有的积极价值，同时避免愤怒表达带来的不利后果。

二、管理启示

亚里士多德曾说过，任何人都可能变得愤怒——这很容易。但是在正确的时间，以正确的强度，对正确的人生气却不简单。愤怒可能带来较多的负面结果，例如，导致高血压、心脏病、人际复仇、有害的组织氛围等（Gibson & Callister，2010）。Gibson 和 Callister（2010）同时也发现，愤怒也会有积极的影响，愤怒可以传递一个强有力的内部信号，表明目标正在受到阻碍。在人际关系层面，表达愤怒可以帮助参与者明确他们的需求。实验证明，长期以来愤怒的表达被认为是激励个人解决组织中不公平和不公平问题的关键（Bies，1987）。从社会功能的角度出发，愤怒表达被认为是达到人际和个人内部目标的一种方式（Keltner & Gross，1999）。据此，组织管理者及其成员都需要正视并恰当运用愤怒表达。

1. 领导者恰当运用愤怒表达以提高领导有效性

工作中领导者难免会遇到令人气愤的事情，而愤怒作为一种激烈的情绪状态，在领导者身上发生以及它会带来怎样的后果自然受到了学者们的关注。Wang 等（2018）发现，追随者可能会将领导者愤怒表达视为辱虐行为，进而不仅对领导者有不好的看法，而且会抵制领导者的命令。当领导者的愤怒表达被认为是在实施辱虐行为时，对员工的负面影响将会加剧，员工绩效也会降低。Shao 等（2018）研究发现，当一个领导者对下属的工作表现出愤怒时，下属可能会通过特质性推理降低领导的有效性。其中，特质型推理（Trait-focused Inferences），即关注愤怒表达者的稳定特征。如果对于领导者的愤怒表达归因于领导者稳定特征，则可能认为这种领导者缺乏情绪控制能力，所以对其评价会较低。Shao（2019）从关系的角度来考察在追随者对领导者信任程度不同的情况下，领导者的愤怒表达对领导有效性的负面影响作用。实证研究发现，当追随者对领导者高度信任时，领导者愤怒表达对领导有效性的有害影响就会减轻。这是因为对领导高度信任的下属与领导之间积累了积极经验和知识，这些经验和知识会引导他们将领导的愤怒表达解读为几乎没有负面意图。相比之下，对领导者信任度较低的追随者,可能没有与领导者积累积极的经验和知识去帮助他们理解领导者的愤怒表达。由此来看,领导者表达愤怒还需要考虑一些外在情境因素,如上下级关系可能是影响下属对领导者愤怒表达不同归因的重要边界条件。

2. 员工恰当地运用愤怒表达可以提高职场适应能力和职场成功

一个成功的人很可能是谨慎地运用愤怒的人(Wang et al., 2018)。即使员工有正当的理由也要适当地表达愤怒。为了避免不当的愤怒表达破坏员工之间的信任关系,员工应该提供明确的反馈,说明引起员工愤怒的行为或原因是什么,既向他人表明了自己愤怒的原因,同时也传递出自己对于什么是不能接受的。例如,在现实中,人们知道情绪智力在为人处世当中是至关重要的(Batool, 2013)。从人际关系的角度出发,高情商的个体更懂得在各种工作场所如何才是适时愤怒表达,恰当地使用愤怒表达以实现自己的目的且不至于使他人产生不满。也就是说,高情商的个体知道在何时何地以适当的方式将愤怒情绪表达出来,以获得自己期望的结果。

概括而言,愤怒是一种强有力的工具,也是巨大管理影响力的源泉。有学者认为,愤怒表达不仅是领导者解决问题和消除工作场所不良行为的必要手段,也是领导者不可或缺的工具(Pfeffer, 2010)。例如,当领导压制心中的愤怒时,下属仍可能不知道问题的严重性,没有对问题做出适当的行为改变,让问题继续下去,甚至变得更糟。与此同时,领导者应该小心自己的愤怒表达,即使他们有正当的理由产生愤怒也需如此。因为,领导者愤怒表达可能会被追随者做出不同解读。当领导者愤怒表达被认为是辱虐管理时,积极影响将大打折扣。就员工而言,也存在同样的问题,适当的愤怒表达可以让他人知道自己不乐意接受的事情是什么,从而在与自己互动时,可以有意识地加以避免。而过度的愤怒表达则可能让周围员工认为自己自控能力不够,情绪过于外化,影响对员工的个人评价。

三、未来研究展望

第一,愤怒表达的本土化量表开发。现有关于组织行为学中愤怒表达的实证研究还相对较少,其中一个重要原因就是缺乏科学的本土化愤怒表达量表,而主要采用的是西方背景下开发的量表。因为愤怒表达受到文化的影响,并且愤怒表达的效果也在很大程度上取决于所处的文化背景。未来为了更好地推进中国背景下愤怒表达的影响因素与影响效果研究,还需要基于中国文化背景开发更适合于中国文化背景的愤怒表达测量工具,以为中国背景下的愤怒表达实证研究提供科学有效的工具。

第二,愤怒表达的影响因素研究。在影响因素方面,尽管在个体和情境两方面已有愤怒表达发展的相关研究,但仍有许多因素没有得到充分的考虑。鉴于愤怒表达在职场中是一种常见的情绪表达方式并会产生重要的影响，因此，很有必要对愤怒表达的影响因素及作用机制进行详细探讨。例如，不同性别的个体愤怒的频率和愤怒表达的方式也可能存在不同，因而研究需要考虑性别差异所造成的愤怒表达方面的差异。对于其他人口统计学特征，例如，年龄、受教育程度等，我们也可以进一步检验其对于愤怒表达的可能影响。在情境因素方面，已有研究探讨过社会文化等情景因素是如何影响愤怒表达的方式和频率。在其他情境下是如何影响个体愤怒表达的方式和频率的呢？是否不同组织文化氛围、领导风格等可能产生影响？如不同类型的组织文化也是有差异的。有些组织着重关注社会和谐，愤怒表达的方式是组织中不希望出现的；有些组织注重以任务为导向，在员工没有在规定时间完成任务时，领导者因此而愤怒是正常的（Wang et al.，2018）。未来可以对此进行深入的实证检验。

第三，愤怒表达与领导有效性关系机制的进一步实证检验。愤怒表达作为领导者在工作场所中发生不可避免的行为，其积极的一面和破坏性的影响都是非常值得探究的。Wang 等（2018）认为，有效的领导既不是完全避免愤怒表达，也不是不加区分的表达愤怒。但是，有效的领导者知道愤怒在不同情境传达了什么，从而确保他们的愤怒表达在追随者中引发积极的推理过程，而不是消极的情感反应。因此，研究愤怒表达如何才能促进领导者最大限度地利用愤怒的力量，同时将成本降至最低，是一个具有非常重要意义的话题。例如，Shao（2018）将道德情境下领导者的愤怒表达，称为"道德愤怒"（Moral Anger），并根据 EASI 理论，认为领导者的道德愤怒可能向下属传递着关于领导者正直和仁慈的信号将会提高下属对他的信任。然而，他的研究假设并未得到验证。其中的原因可能是领导者在组织中的言语反应向员工提供了关于领导者是否诚信的信息。因此，领导者的愤怒表达并没有提供更多有价值的信息来影响参与者对领导者诚信的感知。如果领导者的愤怒表达确实失去了传递领导者正直信息的功能，那么与中性情绪相比，领导者进行愤怒表达也不会增加下属对他们的信任。未来可以拓展探究道德情境下愤怒表达的作用机制。又如 Shao（2018）认为，愤怒的强度在某一个范围内才能有效地发挥积极的一面，当愤怒的强度超过有效范围的最大值时，那么消极的影响将会覆盖所有积极的作用。Goleman（1998）认为，个体的高情绪智力是成功的人际交往和职业发展的关键。高情绪智力的领导者懂得在各种工作场所适时地运用愤怒表达，恰当地使用愤怒表达提高领导的效率且不至于使追随者产生不满。相信进一步探讨明确愤怒表达与领导有效性的内在关系机制及可能的边界条件是什么，将有利于充分发挥愤怒表达的积极作用，尽量避免愤怒表达的破坏性影响。未来可以对上述问题开展深入探究。

第四，推进跨文化比较研究。当前愤怒表达的多数研究文化背景，以西方国家为主，较少文献关注跨文化的比较研究，这可能缘于跨文化研究的复杂性。而中国受到儒家、道家等传统文化的影响，儒家的"中庸之道"，道家的"无为、无争"等思想在一定程度上形成了"以和为贵"的组织氛围。那么愤怒表达在中国情境下更可能对组织氛围造成破坏，增加组织成员对表达者的负面评价而不被下属接受。随着经济全球化加速发展，世界各国更加强调互联、互通，那么不同文化背景下的个体进行交流日益增多并难免会发生愤怒表达。Adam和Shirako（2013）提到，谈判者在表达情感时不仅要考虑对方的文化背景，还要考虑自己的文化背景。因此，进行跨文化比较有助于帮助理解不同文化背景下愤怒表达的前因、过程及影响结果，使愤怒表达在人际交往或组织发展中成为一项有效的工具。组织情境下同样存在着来自不同文化的个体，对组织情境下愤怒表达进行跨文化比较研究有着重要意义。

第十章 领导者的愤怒表达与员工工作绩效的关系机制研究

第一节 引言

领导者的情绪会影响下属的感受、思考和行动（Eberly & Fong，2013），尤其是领导者的愤怒情绪对于下属可能有着更为强烈的影响作用。实际上，愤怒情绪可能是领导者最经常表达的工作场所情绪（Shao et al.，2018）。领导者经常会遇到追随者违背他们期望的情况，领导者表达愤怒是很自然的（Wang et al.，2018）。不过，这种普遍存在的领导者愤怒表达究竟可能对员工工作绩效产生什么样的影响，其间的具体作用机制如何，仍然不明确。

为了解决上述问题，我们根据情绪即社会信息模型（Emotion as Social Information Model，EASI），探究领导者的愤怒表达将如何影响员工工作绩效的问题。EASI模型的前提是，正如情绪为自我提供信息一样，情绪表达为他人提供信息，这会影响他们的行为（Kleef et al.，2012）。我们预测，在领导者的愤怒表达中破坏了员工的信息推断能力，并引发消极的情绪反应，从而降低了领导有效性。在此，我们选择员工工作绩效作为衡量领导有效性的标准。因为领导有效性可以通过下属在工作执行过程中的积极性和专注度反映，最终表现为员工工作的效率和质量。由于EASI模型是从人际关系的角度去探究情感表达的影响，而探讨组织中领导与员工之间的工作关系同样重要。领导—成员交换关系（Leader-Member Exchange，LMX）作为组织中最为关键的上下级关系，对个体乃至整个组织都具有重要的意义（Schriesheim et al.，1999），其质量高低将直接决定员工的绩效表现（Martin et al.，2016）。为此，LMX可能在领导者愤怒表达与员工工作绩效之间扮演着重要角色。因此，本章选择LMX作为愤怒表达与工作绩效之间的中介变量，以 EASI 模型的新视角拓展领导者愤怒表达与领导有效性研究的深度和广度。

此外，毫无疑问，虚假而无诚意的情绪表达，可能会引起员工的厌恶和反感。领导者真诚地表达自身情感，将会促进上下级之间的信任（Caza et al.，2015）。而情感真诚（Emotional Sincerity）是一种可变的状态，领导者可能或多或少地表现出真诚，只是情感真诚的程度可能会因人而异。为了探究领导者情感表达真实性的个体差异在愤怒表达与 LMX 之间关系的调节作用，本章将情感真诚作为愤怒表达与 LMX 之间的调节变量进行探讨。并且综合 LMX 的中介作用和情感真诚的调节作用，构建了一个有调节的中介模型，以便更好地诠释领导者愤怒表达对员工工作绩效的影响机制。本章的贡献主要包括以下两个方面：第一，通过 EASI 模型，探究愤怒表达对员工绩效的影响过程，进一步扩展 Kleef（2010）关于愤怒表达影响追随者绩效表现的研究。第二，通过探索在中国组织管理情境下领导者愤怒表达对员工绩效的影响作用，在中国组织管理情境下印证了 Shao（2018）关于领导者愤怒表达也会降低领导有效性的观点，为领导者愤怒表达的研究提供了进一步实证支持并积累了中国本土证据。

第二节 文献回顾与假设提出

一、领导者愤怒表达

组织中的领导者会在各种情况下表达愤怒（Wang et al.，2018；Fitness，2000）。其中，员工违背领导者期望是导致领导者愤怒表达的关键因素之一（Fitness，2000）。因此，领导者愤怒表达是指在下属违背领导者期望等情况下，领导者表现出愤怒的情绪反应。愤怒表达分为愤怒内部表达、愤怒外部表达、控制内部表达及控制外部表达四个部分（Spielberger et al.，1999）。借鉴 Park 等（2013）的观点，本书主要关注的是领导者愤怒时在言语和行为等方面的外在表现对下属工作绩效的影响，所以选择领导者愤怒时的外在表达作为研究的考察对象。

二、领导者愤怒表达与员工工作绩效

愤怒表达是个体表达情绪的一种方式（Wang et al.，2018）。Lerner 和 Tiedens（2006）指出，愤怒表达会影响个人的判断和决策。有学者认为，愤怒

通常被认为是一种毒性和破坏性的情绪，这意味着有效的领导者是那些即使在处理严重的侵犯行为时也能保持冷静，不会在工作中发脾气的人（Cowan，2003）。Torrence（2019）发现，追随者似乎会自发地对领导者情绪表现的恰当性做出归因，认为领导者表达积极情绪与表达消极情绪相比更合适。愤怒表达会使员工认为领导者是一个鲁莽、好斗的人，当事情出现差错时，他会欺负和虐待员工（Tepper，2000）。尤其是当领导者的愤怒表达被认为是辱虐管理时，即使是"适当的"愤怒原因（例如，纠正不道德的行为）也会被认为是相对不合适的（Wang et al.，2018）。当领导者表达愤怒时，员工对工作的满意度较低，内心不太愿意接受管理者的指示（Glomb & Hulin，1997）。可以说，领导者愤怒表达这种消极的表达方式会对追随者产生负面的影响，包括增加心理压力、适得其反的工作行为、酗酒和离职（Tepper，2007）。

　　Kleef 等（2009）开发了 EASI 模型来解释一个人的情感表达在社会情境中影响观察者的心理机制。他们认为，情绪表达可以提供信息来传达表达者的情感、信仰、社会意图和关系取向，然后可以被观察者推断和解释。EASI 模型提出了领导者情绪表达影响领导有效性的两大过程：推理过程和情感过程（Knippenberg & Kleef，2016）。在推理过程中，情绪表达为观察者提供了关于表达者的相关信息（如表达情绪的动机和意图）和情境，这样观察者就可以从情感表达中推断隐含的内容，并由此指导观察者对表达者的后续反应。在情感过程中，追随者对领导者情绪表达产生情感反应，这是由情绪感染等过程引起的。Kleef 等（2010）认为，在两个过程的共同作用下，情绪表达会对观察者行为产生影响。Shao 等（2018）指出，员工往往倾向于将愤怒表达与领导者个人特质（性格）联系起来，这种以特质为中心的推理（Trait-focused Inferences）可能会降低追随者努力工作的动机，降低他们对领导者的好感度（Schaubroeck & Shao，2012）。例如，当一个领导者对下属的工作表现愤怒时，他会从领导者个人特质中推断出"领导者是一个易怒、脾气暴躁的人，不管发生什么事，他总是对别人吼叫"（Shao et al.，2018），进而降低了员工的工作表现。当员工将领导者愤怒表达视为是辱虐管理时，将会破坏员工的信息推断能力，并往往会引发员工之间强烈的消极情感反应（Wang et al.，2018）。有研究指出，用愤怒来应对问题会引发观察者强烈的消极情感反应，从而降低领导有效性（Madera & Smith，2009；Knippenberg & Kleef，2016）。按照 EASI 模型的推理过程，追随者在与领导者互动过程中会进行意图推断，意图推断的结果会影响他们如何评价、解释和最终对领导者的行为做出反应（Dasborough & Ashkanasy，2002）。而有研究证明，领导者的愤怒表达会引发追随者消极的意图推断，进而降低领导有效性（Shao，2019）。

综上来看，一方面，领导者愤怒表达可能会通过推理过程激发追随者对于领导者的消极意图推理；另一方面，还可能通过情感过程引发追随者的消极情感体验。不管是消极的意图推理还是自身所产生的消极情感体验都可能导致追随者的消极态度和行为，包括降低工作绩效表现。基于以上分析，我们提出如下假设：

假设1：领导者的愤怒表达负向影响员工的工作绩效。

三、LMX在领导者愤怒表达与员工工作绩效之间的中介作用

LMX是指领导成员之间的社会交换关系（Graen et al.，1982）。在组织中，领导者会与不同的员工建立高质量或低质量的交换关系（尹奎等，2016）。其中，低质量LMX是指只以劳动合同为基础的经济交换关系，高质量LMX是指在互惠规范的社会交换基础之上建立的高信任人际互动和相互支持水平。LMX一直广受学术界的关注，是许多变量的有效预测因素，包括工作满意度和组织公民行为（Fisk & Friesen，2012）、情感承诺（尹奎等，2016）、工作投入（Volmer et al.，2012）等。但关于LMX的前因变量的研究相对较少，尤其是与情绪相关特征是否能够影响LMX关系质量，还有待实践进一步检验。

LMX关系的发展和维持是通过以尊重、认可和相互帮助为特征的高质量人际交往来实现的（Dulebohn et al.，2012）。而领导者的愤怒表达反映了领导对员工的敌意，增加了领导与员工之间的社会距离（Heerdink et al.，2015），使员工感受到没有被上级尊重和赏识，从而破坏了领导与员工之间的人际关系。Richards和Hackett（2012）的研究表明，调节情绪的能力有利于培养良好的LMX关系质量。而领导者的愤怒表达被员工认为是领导者角色规范以外的行为，反映了领导者缺乏自信和情绪控制（Lewis，2000），让员工认为领导者缺乏调节情绪的能力。员工不确定这样的领导者在进行情绪表达时是否会对自己造成伤害，从而感到焦虑，并增加对领导者的消极评价。然而，在与领导者互动的情境中，下属可能会因为害怕负面后果而隐藏对领导的消极看法，或为了讨好领导而表面上夸大自己对领导的好感（Xu et al.，2014）。员工用虚假的情感表达扭曲了真实的情感，使领导与员工间没有进行有效的情感交流，进而降低领导了解员工真实情感的能力，阻碍领导与成员间的人际关系、信任和承诺，从而降低了LMX质量。Kleef（2016）明确指出，愤怒表达会对人际关系产生重要影响。由上面的分析可以看出，领导者的愤怒表达可能带来领导—成员交换关系质量的下降，即领导者的愤怒表达可能与低质量的LMX相联系。

低质量的LMX关系可以表现为领导与成员间缺乏信任、相互尊重和忠诚（Martin et al.，2016）。处于低质量LMX中的员工通常不愿意执行超出雇用合同中规定的行为，因为他们从领导那里得到的支持、关注和资源也比那些拥有高质

量 LMX 的员工少。他们对自己与领导的关系缺乏心理安全感，使他们更可能避免反馈寻求行为去获得与绩效相关的信息和反馈，从而无法获得更好的绩效结果（Moss et al., 2009）。也有研究认为，拥有低质量的 LMX 关系，员工从领导者那里获得更少的决策自由、授权和社会支持，这样贫乏的工作资源进一步增加角色冲突、角色模糊和角色超载，从而减少了员工的工作投入和工作绩效（Breevaart et al., 2015）。此外，Martin 等（2016）使用元分析也发现低质量的 LMX 会显著降低工作绩效。

可见，领导者愤怒表达可以通过影响 LMX 来降低员工绩效表现。已有研究基于 EASI 模型，表明领导者愤怒表达会引发员工消极的情感反应（Wang et al., 2018），而员工的消极情绪会降低其主动行为，进而降低 LMX 质量（黄攸立等，2018）。随着 LMX 质量的降低，员工将会表现出更低的工作满意度（Fisk & Friesen, 2012），进而降低员工的工作表现。基于以上分析，我们提出如下假设：

假设 2：LMX 在领导者愤怒表达与员工工作绩效之间起中介作用。

四、情感真诚的调节作用

一般来说，领导者可能会进行三种类型的情感表现，包括情感真诚、深层扮演和表层扮演，每一种类型都显示出不同程度的真诚（Gardner et al., 2009）。当情感表现是真诚时，领导者会表达内心感受到的情感，使内在情感体验与外在情感表现具有一致性，从而表现得十分真诚（Caza et al., 2015）。深层扮演包括努力重新评估情况，或者让自己去感受想要的情绪；表层扮演缺乏感受到所需情绪的努力，需要通过做出虚假的行为表现来模拟这种情绪（Grandey, 2003）。经验证据证实，观察者可以区分这三种不同类型的情感表现（Cote et al., 2013）。其中，情感真诚是指个体表达情绪过程中所表现出来的真实度（Caza et al., 2015）。由于员工对领导者的内心状态缺乏直接的了解，他们必须对领导者的情感真诚做出自己的判断。根据归因理论，人类有一种对周围发生的事情进行解释和归因的天性（Martinko et al., 2006）。因此，不管是什么原因及判断准确性的高低，员工都会对领导者的情感真诚形成一定的判断，这种判断会影响员工的后续反应。例如，当追随者感知到领导者在真诚地表达情感时，会相信领导者拥有正直和仁慈的品质，从而对其产生积极的反应（Eberly & Fong, 2013）。

由于员工对领导者的态度在一定程度上取决于他们将领导者的动机归结为是否真诚的程度，感知到领导者情感真诚的员工更可能认为领导正直，与领导保持稳定的关系质量，表现出良好的角色内和角色外绩效，同时，也更愿意信任领导者（Caza et al., 2015）。而信任会影响员工的信息处理，尤其是对领导者行为的理解，进而引导他们对领导者行为的反应（Dirks & Ferrin, 2002）。对领导高度信任的下属与领导者互动过程中积累着积极的经验和知识，这些经验和知识会引导他们将领导的愤怒表达解读为几乎没有负面意图（Shao，2019）。与之相对，当员工从领导者行为、言语和情绪表达感知到不真诚时，会对领导者产生疑虑，并可能推断领导者虚假情感的背后隐藏着不良意图（Grant & Hofmann，2011）。Caza等（2015）也发现，当员工认为领导者的真实情感与表现出的情绪不一致时，他们就会降低对领导者的评价。当员工感知到领导者不真诚地进行愤怒表达时，通常会引起员工的负面反应：员工会认为领导者虚伪，不诚实，并产生不信任感。他们更容易从领导者愤怒表达中推断出消极意图，并通过员工对领导者的回避和对领导者的负面评价来体现（Shao，2019）。

此外，有研究表明，当领导者经常表现出真诚情感时员工的满意度更高（Fisk & Friesen，2012），并可以因此增加员工对领导者的认同感。基于此逻辑，当员工感知到领导者真诚地表达愤怒时，会从领导者愤怒表达中传递的信息进行合理的归因和解释，再做出积极的回应，这在一定程度上缓和了领导者愤怒情绪表达可能负面影响上下级间关系的潜在可能性。根据EASI模型，我们认为，当员工认为领导者情感真诚时，会更恰当地推断出领导者的愤怒表达传递出的真实意图，并做出积极的回应，从而缓解了领导者强烈的负面情绪破坏上下级关系的倾向。而当领导者被员工认为是不真诚时，对领导者的虚假情感感知会引发员工的负面情感反应和厌恶，并会降低对领导者的好感，从而降低LMX关系质量。基于以上观点，我们提出如下假设：

假设3：情感真诚在领导者愤怒表达与LMX之间起到了调节作用。具体来说，领导者的情感真诚水平越高，领导者愤怒表达与LMX负向关系就越弱。

基于上述假设，本书试图进一步探究一个有调节的中介模型，认为情感真诚还可能调节领导者愤怒表达通过降低LMX对员工工作绩效产生的间接作用。具体而言，LMX在对领导者愤怒表达与员工工作绩效之间起中介作用的同时，还会受到领导者情感真诚水平的调节影响。面对较高情感真诚水平的领导者时，领导者愤怒表达通过LMX更少地传递着对员工工作绩效的间接作用。相反地，当面对较低情感真诚水平的领导者时，领导者愤怒表达通过LMX更多地传递着对员工工作绩效的间接作用。综上所述，本书提出如下假设：

假设4：情感真诚调节了LMX在领导者愤怒表达与员工工作绩效关系间的中介作用，当领导者的情感真诚水平较高时，LMX的中介作用会更弱。

综上所述，本书的理论模型如图10-1所示。

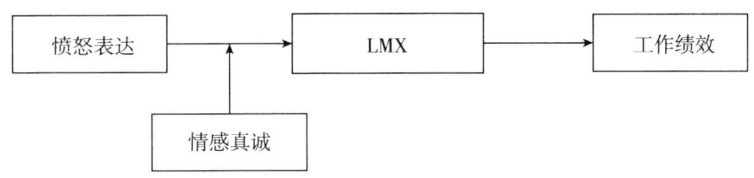

图 10-1 领导者愤怒表达与员工工作绩效关系机制的理论模型

第三节 研究方法

一、研究样本及数据收集

本书的样本来自广西、广东、浙江等地,涉及行业包括 IT 通信、机械制造、教育等。本书采取上下级配对的方式对数据进行收集,并设计了两种问卷,即领导问卷和员工问卷。上级填写的领导问卷是根据自身及下级的表现分别评价自己的愤怒表达和下属的工作绩效;下级填写的员工问卷是用来评价领导的情感真诚和领导—成员关系。研究人员事先获得参与调研的人员及其直接上级的名单。在填写问卷前,我们对问卷进行统一的编码。

剔除填写不完整、具有一致性规律作答的无效问卷后,最终共获取有效问卷 283 份配对问卷。其中,上级问卷 94 份(有效回收率为 79.7%)和下级问卷 283 份(有效回收率为 77.7%),每位上级评价 3~4 名下级。具体信息如表 10-1 所示。

二、测量工具

本书变量的测量量表均来自国内外核心期刊上经多次验证、反复使用的量表。对于所采用的英文量表,我们根据跨文化翻译程序,邀请英语专家对各英文量表进行了翻译、回译。在经过预测试之后,最终确定了所采用的正式调查问卷。除控制变量以外,本书的测量量表均采取 likert 5 点计分法,1 表示"完全不符合",5 表示"完全符合"。

1. 愤怒表达

采用刘惠军和高红梅(2012)的状态—特质愤怒表达量表修订版。基于 Park 等(2013)的观点,选择愤怒外部表达这一维度进行测量,共 8 个题项。测量题目如"我会打击惹我生气的对象""生气时我会做出一些例如摔门砸东西的事"。

该量表的Cronbach's α内部一致性系数值为0.912。

表10-1 样本的人口统计学描述性统计

人口变量	具体类别	员工样本			领导样本		
		样本数	占比（%）	累计占比（%）	样本数	占比（%）	累计占比（%）
性别	男性	156	55.1	55.1	64	68.1	68.1
	女性	127	44.9	100.0	3	31.9	100.0
年龄	25岁以下	122	43.1	43.1	19	20.2	20.2
	25~35岁	130	43.1	89.0	51	54.3	74.5
	36~45岁	29	10.2	99.3	15	16.0	90.5
	46~55岁	2	0.7	100.0	9	9.5	100.0
	55岁以上	0	0.0	100.0	0	0.0	100.0
学历	高中以下	0	0.0	0.0	0	0.0	0.0
	高中/中专	3	1.1	1.1	3	3.2	3.2
	大专	39	13.8	14.8	4	4.2	7.4
	大学本科	215	76.0	90.8	66	70.2	77.6
	硕士及以上	26	9.2	100.0	21	22.4	100.0
工作时间	1年以下	29	10.2	10.2	15	5.3	5.3
	1~3年	186	65.7	76.0	142	50.2	55.5
	4~6年	52	18.4	93.6	52	18.4	73.9
	7年以上	16	5.7	100.0	74	26.1	100.0

2. 工作绩效

采用Chen、Tsui和Farh（2002）开发的工作绩效量表，包括4个题项，具体测量题目如"这位员工是我们团队中优秀的员工之一""这位员工总是能按时完成工作任务"。工作绩效量表的Cronbach's α内部一致性系数值为0.851。

3. 情感真诚

采用Caza等（2015）的测量量表，包括6个题项。测量题目如"我的直接领导的情绪是可信的"和"我的直接领导掩饰或假装他的情绪"（反向评分）。情感真诚量表的Cronbach's α内部一致性系数值为0.713。

4. LMX

采用Scandura和Graen（1984）编制的7题目量表，测量的题目如"我的直接领导很了解我在工作上的问题及需要""我的直接领导会运用他/她的职权来帮助我解决工作上的难题"等。LMX 量表的 Cronbach's α 内部一致性系数值为 0.745。

5. 控制变量

Wang 等（2018）的研究表明，领导者的个人特征变量（如性别、年龄、工作时间）可能对领导者的愤怒表达及其结果造成一定的影响。为了排除这些变量的影响，我们在实证模型中将领导者的性别、年龄和工作时间作为控制变量加以控制。

第四节 数据分析结果

一、验证性因子分析

为了评估各研究变量测量之间的区分效度，使用 AMOS23.0 软件对愤怒表达、LMX、情感真诚和工作绩效四个变量进行验证性因子分析（CFA），结果如表 10 – 2 所示。对比了四因子模型（愤怒表达、LMX、工作绩效和情感真诚）、三因子模型（LMX 与情感真诚合并为一个因子）、二因子模型（愤怒表达和工作绩效合并为一个因子，LMX 与情感真诚合并为一个因子）和单因子模型（四个变量合并为一个因子）的拟合指数。通过比较发现，四因子模型的拟合度最佳，$\chi^2/df = 1.9$，TLI = 0.916，CFI = 0.928，RMSEA = 0.064），表明假设模型中的变量具有良好的区分效度。

表 10 – 2 验证性因子分析结果

模型	χ^2	df	χ^2/df	RMSEA	TLI	CFI
单因子模型	805	274	2.9	0.083	0.732	0.754
二因子模型	714	274	2.6	0.075	0.846	0.806
三因子模型	672	274	2.4	0.072	0.837	0.818
四因子模型	537	275	1.9	0.064	0.916	0.928

注：四因子模型：愤怒表达，LMX，工作绩效，情感真诚；三因子模型：愤怒表达，LMX + 情感真诚，工作绩效；二因子模型：愤怒表达 + 工作绩效，LMX + 情感真诚；单因子模型：愤怒表达 + LMX + 情感真诚 + 工作绩效。

二、描述性统计

基于SPSS22.0的描述性统计分析结果,表10-3给出各研究变量和控制变量的均值、标准差和相关系数。从表10-3中可以看出:一是领导者的愤怒表达与LMX(r=-0.327,p<0.01)、员工工作绩效(r=-0.207,p<0.01)之间均存在显著的负相关关系;二是LMX与员工工作绩效(r=0.341,p<0.01)之间存在显著的正相关关系。因此,可以进一步检验假设。

表10-3 各变量的均值、标准差和相关系数

	M	SD	1	2	3	4	5	6	7
1. 性别	1.32	0.46	1						
2. 年龄	2.15	0.84	-0.02	1					
3. 工作时间	3.13	2.64	0.092	0.313*	1				
4. 愤怒表达	3.53	0.91	0.049	0.031	0.085	1			
5. LMX	3.44	0.56	0.102	-0.046	0.037	-0.327**	1		
6. 情感真诚	3.70	0.65	-0.027	-0.044	0.093	0.629**	0.544**	1	
7. 工作绩效	3.68	0.69	-0.009	0.094	0.091	-0.207**	0.341**	0.323**	1

注:*表示p<0.05;**表示p<0.01(双尾检验)。

三、假设检验

采用逐步层级回归(Stepwise Hierarchical Regression)的方法对所拟探讨的领导者愤怒表达与员工工作绩效的关系机制假设进行检验。首先,检验领导者愤怒表达对员工工作绩效影响的主效应假设;其次,检验LMX在领导者愤怒表达与员工工作绩效关系中的中介效应假设及领导者情感真诚的调节效应假设;最后,检验的是一个有调节的中介效应假设。

首先,进行主效应检验。表10-4给出了领导者愤怒表达对员工工作绩效影响机制的层级回归结果。由表10-4可知,在控制了领导者的性别、年龄和工作时间后,领导者愤怒表达对员工工作绩效(模型2,β=-0.207,p<0.01)具有显著的负向影响。因此,假设1得到了支持。

其次,进行中介作用分析。依据Baron和Kenny(1986)所提出的中介效应分析步骤,运用逐步层次回归的方法来验证LMX在领导者愤怒表达和员工工作绩效之间的中介作用。由表10-4层级回归的分析结果可知,领导者愤怒表达与

LMX 显著负相关（模型 5，β = -0.327，p < 0.01）；领导者愤怒表达与员工工作绩效（模型 2，β = -0.207，p < 0.01）显著负相关；LMX 与员工工作绩效（模型 3，β = 0.341，p < 0.01）显著正相关。在模型 3 中，加入中介变量 LMX 后，结果显示，领导者愤怒表达对员工工作绩效（模型 3，β = -0.074，p > 0.1）的影响变得并不显著，因此，在领导者愤怒表达对员工工作绩效影响的过程中，LMX 起到完全中介作用，由此支持了假设 2。

再次，进行调节作用分析。本书采用 SPSS22.0 层次回归分析和条件性间接效应检验来检验情感真诚的调节作用。为了检验所做出的假设，首先将 LMX 设为因变量，其次加入控制变量（性别、年龄、工作时间）、自变量（愤怒表达）及调节变量（情感真诚），最后再加入自变量和调节变量乘积的交互项。为避免多重共线性问题，在构造乘积项前已经将自变量和调节变量进行了标准化处理。分析结果见表 10 - 4，对于愤怒表达与 LMX 之间的显著负相关关系，情感真诚起到了显著的调节作用（模型 7，β = 0.115，p < 0.01）。为了更加清晰明确地了解交互项的调节作用，以高于和低于均值的一个标准差为标准绘制了图 10 - 2。图 10 - 2 表明领导者的情感真诚越高，领导者愤怒表达与 LMX 的负向关系越弱。

表 10 - 4 层级回归结果

变量	工作绩效			领导—成员交换关系			
	模型 1	模型 2	模型 3	模型 4	模型 5	模型 6	模型 7
控制变量							
性别	-0.195	-0.173	-0.147	-0.099	-0.077	-0.025	-0.020
年龄	0.049	0.048	0.066	0.05	-0.051	-0.027	-0/025
工作时间	0.020	0.012	0.011	0.013	0.004	-0.003	-0.003
自变量							
愤怒表达		-0.207**	-0.074		-0.327**	-0.223**	-0.127**
中介变量							
LMX			0.341**				
调节变量							
情感真诚						0.371**	0.217**
愤怒表达×情感真诚							0.115**
R^2	0.029	0.128	0.182	0.027	0.210	0.344	0.349
ΔR^2	0.019	0.115	0.167	0.018	0.198	0.307	0.329
F	2.8*	10.9**	12.3**	2.6*	18.4**	25.9**	24.1**

注：* 表示 $p < 0.05$；** 表示 $p < 0.01$（双尾检验）。

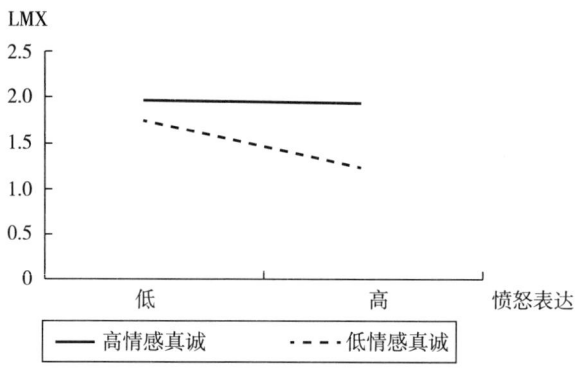

图10-2 领导者的情感真诚调节效应

最后,进行有中介的调节模型检验。为了检验有调节的中介效应,根据Edwards和Lambert(2007)提出的方法,采用Bootstrap法对领导者的情感真诚处于不同水平时,分析LMX在领导者愤怒表达与员工工作绩效间的中介效应。从表10-5中可以看出,当情感真诚水平较低时,愤怒表达对员工工作绩效的间接影响较强(r=-0.237,CI=[-0.343,-0.033]);当情感真诚水平较高时,愤怒表达对员工工作绩效的间接影响较弱(r=-0.118,CI=[-0.298,-0.027])。因此,假设4得到了支持,即领导者愤怒表达通过LMX对员工工作绩效产生的间接影响被情感真诚负向调节,表现为当领导者的情感真诚水平较高时,领导者愤怒表达通过降低LMX进而影响员工工作绩效的作用会较低。

表10-5 有调节的中介效应检验

情感真诚	间接效应	SE	95% CI	
低	-0.237	0.061*	-0.343	-0.033
中	-0.168	0.071	-0.314	-0.029
高	-0.118	0.068*	-0.298	-0.027

注:①情感真诚的值代表均值加减一个标准差。②SE表示标准误差。③CI表示置信区间。

第五节 讨论分析与未来研究展望

一、讨论分析

本书探讨了领导者愤怒表达对员工工作绩效的影响及LMX在其中的中介影

响机制和领导者情感真诚的调节作用。实证结果表明，首先，领导者愤怒表达负向影响员工工作绩效。其次，LMX 在领导者愤怒表达与员工工作绩效之间起中介作用。并且情感真诚在领导者愤怒表达与 LMX 之间起到了调节作用。具体来说，领导者的情感真诚水平越高，领导者愤怒表达与 LMX 负向关系就越弱。最后，情感真诚调节了 LMX 在愤怒表达与员工工作绩效关系间的中介作用，当领导者的情感真诚水平较高时，LMX 的中介作用会更弱。因此，基于 EASI 模型，分析领导者愤怒表达对员工工作绩效的影响机制和条件，提出的研究假设都得到了数据支持。本书在以下三个方面做出了理论贡献：

第一，在领导者愤怒表达与员工工作绩效之间关系进行研究时，在两者之间加入了中介变量（LMX），进一步扩展了关于 EASI 模型的文献。其中，EASI 模型的研究主要关注情绪表达的人际效应，而 LMX 强调的是组织中的工作关系（尹奎等，2016），本书验证了领导者愤怒表达通过降低上下级关系从而抑制员工工作绩效，进一步加深了人们对中国情境下领导者的愤怒表达作用机制的认识。

第二，证明了领导者愤怒表达对员工工作绩效显著负相关。尽管先前的研究表明领导者愤怒表达是一把双刃剑（Tiedens，2001；Madera & Smith，2009；Knippenberg & Kleef，2016），但在中国情境下验证了领导者愤怒表达不仅会破坏 LMX 关系质量，还会降低员工的工作绩效。在中国"以和为贵"的背景之下，领导者愤怒表达的直接负面情绪表现可能更多引发的是负面结果。当然，究竟领导者愤怒表达在什么情况下会带来一定的积极影响也是值得未来进一步检验的主题。相信对这一视角的探讨会进一步丰富本书的相关观点。

第三，拓展了 EASI 模型在领导层面的研究，加深了对领导者愤怒表达与员工绩效作用机制的理解。Kleef 等（2010）在研究领导者愤怒表达影响追随者绩效表现的过程中，加入了员工的人格特质（宜人性）作为边界条件，但是已有研究很少从领导者的个人特质去考虑领导者愤怒表达影响效果的边界条件。本书从认知视角考察员工对领导者表达情绪的真诚水平将如何影响领导者愤怒表达的效果，验证了领导者的情感真诚能够负向调节愤怒表达对 LMX 关系质量的负向影响，并进一步证实领导者的个人特质是影响愤怒表达效果的重要因素。

二、实践意义

除上述理论贡献之外，还对管理实践有重要的启示。

第一，在组织管理实践中，领导者要尽量避免表达愤怒。尽管有研究建议将愤怒表达作为管理过程中的一项重要手段，领导者可以考虑通过愤怒来引起组织成员对于某些问题的关注（Wang et al.，2018）。然而，本书证实领导者在工作情境中表达愤怒，更可能引起下属的负面情绪反应，破坏与员工之间的人际交往及员工对自身的评价。

第二，领导者真诚地表达自身情感能够更加打动组织成员。当一个领导者被认为在情感上是真诚的，追随者就会对他有更大的信任，他们的工作表现也会更好。显然，领导者在工作场所中真诚地表达自身的情感，自然能够使下属受到情绪感染，对领导者自身的品质做出判断并以自身的态度和行为做出回应。不过，本书也发现，领导者的负面情绪表达确实会导致下属的负面态度与行为。为此，领导者即使真诚地表达了情感，但也需要考虑情感表达的环境适应性。

第三，企业可以通过建立高质量的 LMX 以促进员工的工作绩效。本研究表明，LMX 是提升员工绩效的一个有力措施。因此，为了促进员工的工作绩效，企业应该建立有利于促进上下级工作关系的管理活动，培养领导者的真诚态度，创造一个相互信任的工作氛围，从而建立良好的 LMX，促进员工更主动积极地为组织奉献。

三、未来研究展望

本书探讨了领导者愤怒表达对员工工作绩效的影响机制，拓展了与愤怒表达相关的理论基础，同时也为中国组织中的领导者如何运用愤怒情绪提供了一些启迪。但本书尚存不足，需要在未来的研究中进行完善和补充。

第一，愤怒表达的测量存在着一定的主观性。领导者的愤怒表达是由被调研的领导自己评价，因此，被调研者很可能具有美化或修饰自身评价的动机，进而导致数据缺乏一定的真实性。未来需要引入新的评价体系或实验设计去避免愤怒表达的主观测量问题。

第二，探究了情感真诚的调节作用，但由于愤怒表达对员工绩效表现影响过程的复杂性，还可能存在更多边界条件，如愤怒的强度、情绪智力、权力距离等。未来的研究可以进一步探究领导者愤怒表达影响效应的边界条件，使我们对愤怒表达的影响机制具有更深刻的认识。

第三，虽然验证了愤怒表达在领导层面的有效性，但由于愤怒表达在员工和领导层面均具有普遍性，那么员工之间或员工对领导者的愤怒表达在组织中造成何种影响呢？未来我们可以继续从人际关系视角去探究员工层面愤怒表达的作用机制。

第十一章 领导者的情感及其影响研究

第一节 引言

社会科学领域中有关领导力（Leadership）的研究源于学者们想探寻有效区分领导者与非领导者的关键个体差异要素（Lord et al.，2017）。在这基础上，相应产生了领导特质理论、领导职能理论、领导—成员交换关系理论等重要领导理论及交易型领导、服务型领导、破坏型领导等一系列领导风格（Leadership Styles），从而形成了盘根错节的领导理论丛林（冯镜铭和刘善仕，2018）。尽管有关领导理论的研究错综复杂，但学者已经普遍达成共识，即领导有效性（Leadership Effectiveness）是所有领导理论应该关注的重点（Van Knippenberg & Van Kleef，2016）。

领导有效性是指领导者为了实现某个目标而影响和指导下属为之努力的程度（Rothman et al.，2017）。领导有效性越高，则领导者越能激发下属为了实现预定目标而努力，即目标实现的可能性越大。大量的研究表明，一系列的个体差异与领导有效性有关，包括领导者的智力（Judge et al.，2004）、大五人格（Woo et al.，2014）和性别特征（李鲜苗等，2012）等。尽管上述这些研究证实了能力、个性等个体因素会对领导有效性产生重要影响，但除此之外，影响领导有效性的因素还可能有很多。综合探讨影响领导有效性的因素，对于促进领导理论研究及指导领导实践均有着重要的意义。

最近学者开始关注与情感（Affect）相关的个体因素和领导有效性之间的关系（Joseph et al.，2015）。首先，这可能是因为组织行为学中的"情感革命"（Affective Revolution）刺激了情感—领导力这一领域的兴起（Barsade et al.，

2003），从而产生了许多关于两者关系的全面性综述（Gooty et al.，2010；Rajah et al.，2011）。其次，新兴的实证研究发现，情感相比以往研究中的个体差异因素对领导有效性的预测力更大。如 Gilkey 和他的同事们（2010）就发现情绪推理（Emotion Reasoning），即个体基于自身的情绪体验而做出的主观性判断（杜尚荣等，2017），比智力更能影响到领导者的决策制定，而决策制定被视为领导有效性的重要表现之一（Rothman et al.，2017）。最后，正如 Gooty 等（2010）所言，无论研究者透过何种理论视角（如变革型领导、魅力型领导和领导—成员交换关系）研究领导力，情感都可能与领导过程、领导工作结果和下属工作结果紧密相连。因此，从某种程度上来说，情感可以视为盘根错节的领导理论中的共性。基于以上认识，本书不再拘泥于某一领导风格或领导理论，而主要关注领导者情感以及为提高领导有效性所应关注的情感管理。首先，对情感及其分类进行阐释，因为厘清情感的概念是我们理解领导者情感内涵的前提和关键一步。其次，进一步分析了领导者情感的内涵。紧接着对领导者情感的影响因素做了归纳性总结。再次，介绍领导者情感影响效应，并展现其影响路径。最后，在前述基础上，构建了领导者情感发展与影响的综合模型，并提出领导者情感研究的管理启示和未来研究展望，希望为领导者情感的未来研究做出一定的贡献，同时对中国组织情境下的领导者情感管理实践提供一定的借鉴和参考。

第二节　领导者情感的概念界定、分类及测量

一、情感的内涵及分类

由于一些学者在研究中存在着对情绪、情感和感觉等概念混用的情形（Joseph et al.，2015；何良兴等，2017），加上 Dasborough（2008）建议组织行为学中的情感研究人员需要对与情感相关的概念进行明确区分，所以本书将首先对情感的内涵进行介绍，以便研究者能更准确地把握情感的界定并进行相关的实证研究。

早前有国外学者如 Frijda（1994）指出，情感（Affect）是一种感觉状态（Feeling State），这种状态包括不明确且持续时间较长的心境（Mood）和具体且持续时间较短的情绪（Emotion）。Barsade 等（2007）认为，情感是个人所体验到的一系列感受，包括感觉状态（如心境和具体的情绪）及特质情感（如气质性情感）。在最近的研究中，Herman 等（2018）结合以往的相关界定，把情感看

作是一种主观的感觉状态,由状态情感(包括情绪和心境)和特质情感组成。目前,国内学者大都遵循 Herman（2018）对情感的定义,即情感是由状态情感和特质情感组成的一系列主观感受（冯镜铭和刘善仕,2018；左玉涵等,2017；嵩坡和龙立荣,2015）。

1. 状态情感

状态情感是一种短期的情感体验,一般通过当下的情绪和心境来描述（Joseph et al., 2015）。其中,情绪是个体针对某一对象而产生的一种高强度、短暂且波动性较强的情感状态（Rajah et al., 2011）。Van Knippenberg 等（2016）将情绪细分为如开心、热情等积极情绪和难过、生气等消极情绪两种类型。与之相反,心境（Mood）则是指低强度的、较为持久（相对于情绪而言）的一种主观感觉状态（Herman et al., 2018）,它的发生往往没有特定的目标,因而不涉及太多的认知内容（嵩坡和龙立荣,2015）,如感觉不错（积极心境）或感觉糟糕（消极心境）。

2. 特质情感

特质情感是个体感受到积极情绪或消极情绪的一种特质性倾向（Dispositional Tendency）（Watson & Clark, 1988）。这种倾向意味着个体可以跨时间跨情境地体验到相似的情感状态（江卫东等,2017）,如气质性情感（顾远东等,2007）和同理心（Mahsud et al., 2009）等。其中,气质性情感（Dispositional Affect）是指个体内那些稳定的情感性特质（顾远东等,2007）。同理心（Empathy）,也常被译作"同感""移情"是指理解和体验他人感受的一种情感能力（Gooty et al., 2010）。类似地,Cropanzano 等（2017）也将同理心看作是与他人共享情绪体验的一种情感能力。

总而言之,情感是一个较为笼统的概念,从性质上一般可以分为状态情感和特质情感。其中,状态情感基于情感强度、持续时间和形成原因又可以分为情绪和心境两种不同的情感类型,不同的情感类型又会有不同的外部表现。特质情感则依据个人的特质性倾向而表现出不同类型的具体情感。状态情感和特质情感之间的内在联系与区别如表 11 - 1 所示。

二、领导者情感的内涵

关于领导者情感,缺乏一个统一、公认的标准定义。有学者从心境的角度界定领导者情感,强调领导者情感是一种一般性的感觉状态。例如,Sy 等（2005）认为,领导者情感是一种强度相对较低的一般感觉状态,这种感觉状态的出现没有明确的原因和对象。George（2006）也认为,领导者情感是领导在自己每天的工作中所体验到的一种感觉状态。

表 11-1 情感的分类及其特征

按性质		特征	代表性学者	表现
状态情感	情绪	有特定对象、高强度、波动性强、相对短暂	Van Knippenberg 等（2016）	积极情绪：开心、热情；消极情绪：难过、生气
	心境	无特定对象、低强度、波动性弱、相对持久	嵩坡和龙立荣（2015）	感觉不错；感觉糟糕
特质情感		特质倾向、持续时间极长	顾远东等（2007）；Mahsud 等（2009）	气质性情感；同理心

注：根据相关文献整理。

还有学者从情绪的角度界定领导者情感，即突出强调领导者情感是一种受到具体刺激而引发的当下状态，可能会随着刺激的变化而改变，其持续时间相对有限。例如，Eberly 等（2013）认为，领导者情感是领导在工作中受到某一具体刺激后所表现出的持续时间较短的情绪反应。就像项目顺利完成后会感到高兴一样。

实际上，根据前述情感的概念分析可以看出，情感可能包括持续时间较长的一般状态下的心境及持续时间相对较短的暂时状态下的情绪。因此，以上对于领导者情感的界定只从心境或情绪单一视角出发是不全面的。为此，在情感概念的基础上，Van Knippenberg 等（2016）发现，领导者情感同样包括情绪和心境。因而有学者如冯镜铭等（2018）从情感的角度将领导者情感定义为一种相对短暂（相对特质情感而言）的感觉状态，由情绪和心境组成。

以上不管是从心境或情绪的单一视角还是综合心境和情绪的双视角所做出的领导者情感界定实际上均是关注了状态情感。已有大多数研究也都是从这一状态情感对领导者情感进行定义并开展相关的研究。不过，也有少数学者认为，仅关注状态情感是不完整的，要想全面理解领导者情感还需要重视领导者情感上存在的显著个体差异，如特质情感。特质情感可以说是导致领导者情感表现差异的显著深层次原因。例如，Joseph 等（2015）就从特质情感的角度提出，领导者情感是领导者身上所表现出的一种相对稳定的特质性倾向。因为这是一种特质，所以具有相对稳定性，会在不同时间、不同地点表现出相对一致性。就特质性领导者情感而言，值得一提的是，除了上文中所介绍的气质性情感和同理心之外，情感临场感（Affective Presence）还是用来研究领导者情感的一种特质变量（冯镜铭等，2018）。情感临场感是指下属在与领导互动时始终被领导者引起或激发出相同的情感的一种状态，包括愉快情感激发（积极情感临场感）和不愉快情感激发（消极情感临场感）两种（Eisenkraft & Elfenbein, 2010）。也就是说，由领导者可能通过情感临场感影响和激发起下属的积极情感或者消极情感。鉴于情感对于个体认知与行为的重要影响。领导者的情感临场感特别值得关注。可以说,这种情感临场感是发挥领导者影响力的一种重要因素。

综上,我们发现研究者对于领导者情感的界定主要还是基于情感的相关概念。状态情感下的界定强调领导者情感的瞬时性,即持续时间较短;特质情感下的界定则突出了情感的个体差异性,如个人特质。有鉴于此,本书结合情感的相关概念,认为领导者情感是领导者在工作场所中所体验到的一系列情感现象的总称,包括领导者状态情感和领导者特质情感两种类型。未来对于领导者情感的研究需要关注这两个方面,对状态情感的认识有助于把握影响当下领导者情感变动的关键要素,而对特质情感的理解则可以更深入地认识导致不同领导者情感表现差异的深层原因。全面理解领导者的状态情感与特质情感对于理解组织中领导者情感发展及其影响效应机制具有重要作用。

三、领导者情感的维度及其测量

领导者情感的测量方法有很多种,包括定性测量和定量测量。其中,定性测量主要是让被试者(通常是领导者)记录一天中所发生的事情,然后借由研究人员对记录的内容进行分析并归纳总结,最终形成不同的情感类型,如积极、消极或中性情感(Amabile et al., 2005)。本书则主要介绍在实证研究中的定量测量工具。

1. 领导者状态情感的结构与测量

Sy 等(2005)在美国的两所大学中组织调研时,采用 Brief 等(1989)编制的积极心境与消极心境二维度共计 20 个项目的情感量表,让领导者通过自陈方式评价自己的消极心境和积极心境。其中,积极心境量表包括 6 个高积极心境项目(积极的、强大的、兴奋的、热情的、活泼的和兴高采烈的)和 4 个低积极心境项目(困倦的、迟钝的、疲劳的和懒散的)。消极心境量表包括 6 个高消极心境项目(苦恼的、轻蔑的、敌意的、恐惧的、紧张的和心神不宁的)和 4 个低消极心境项目(平静的、放松的、安心的和安静的)。

Tee 等(2013)在实验室环境下招募澳大利亚某大学本科生作为被试,并引用 Watson 等(1988)开发的积极情感—消极情感量表(Positive and Negative Affect Scale,PANAS)对领导者心境施测。该量表由 20 个用来描述积极情感和消极情感的形容词组成,如"感兴趣的""精神活力高的""劲头足的"和"热情的"等 10 个项目用以测量领导者的积极情感;"易怒的""紧张的""害怕的"和"内疚的"等 10 个项目用以对领导者的消极情感进行施测。该研究发现这一量表具有良好的效度。

中国学者张亚军等（2015）也用了 PANAS 量表对领导者情感进行测量，并发现该量表的内部一致性为 0.883。此外，Edelman 等（2016）借助荷兰一家知名咨询公司的领导力发展网络招募了 91 名被试并对领导者积极情绪进行测量。当研究者在施测时，除了采用 PANAS 量表中的 3 个子题项（兴高采烈的、激动的和鼓舞的）让领导者自陈之外，还自行开发了 2 个题项供下属评价领导者情绪，即"领导者看起来是开心的"和"领导者看起来是热情的"。样题前侧和后侧的信度均良好，分别为 0.76 和 0.88。

综上来看，对于领导者状态情感的测量一般也是分为两个维度，即积极心境与消极心境，采用相应的情感形容词施测，量表具有较好的信度和结构效度，可以用于未来的相关实证研究。

2. 领导者特质情感的结构与测量

顾远东（2007）通过修订 Orden 和 Bradburn（1968）的两维度 10 项目量表作为测量一般员工及领导者气质性情感。原量表中包含 10 个描述"过去几周"感受的是非题，涉及积极情感和消极情感。修订的量表是研究者先经过应答率分析（即调查对象中能够做出回答的人所占的百分数）删除其中 2 个题项，再间隔一周进行项目重测，其前后测一致性达 0.732。Mahsud 等（2010）用 Wong 和 Law（2002）开发的情绪智力量表进行测量。这一情绪智力量表最初是让领导者对自己的情绪智力进行评价，Mahsud 等（2010）选取了其中的 4 个项目，并对其措辞进行修改以便让下属评价直系领导的同理心，代表项目如"我的领导很清楚他人的感受""我的领导善于观察他人的情绪"。Madrid 等（2016）以智利两个大型公共组织中的 350 名团队成员及其领导为研究样本，采用 Watson 等（1988）PANAS 量表中的部分题项对领导者情感临场感进行测量。其中，积极情感临场感包括"高兴的""热情的""鼓舞的"3 个题项，消极情感临场感包括"有压力的""紧张的""担心的"3 个题项，它们的信度系数分别为 0.93 和 0.84。

总之，本书在此将这些量表进行了归纳（见表 11-2）为领导者情感实证研究发展提供了科学有效的测量工具。由此可以看出，在现有的实证研究中，领导者情感测量量表多植根于西方组织情境，并以 Watson 等（1988）的 PANAS 量表为基础修订的居多。领导者特质情感的量表则因学者对个体特质的关注点不同而有较大区别。另外，中国组织情境下领导者情感量表匮乏，现有的相关实证研究主要是采用西方的量表，鲜见基于中国情境下的自我开发量表。由于儒家"五常"贯穿在人际互动中，并对领导者情感产生潜移默化的影响（翁清雄等，2016），可能导致中国情境下的领导者情感的表现与内涵有所不同，因此，有必要开发新的基于中国本土化的领导者情感量表。

表 11-2 领导者情感的维度及量表汇总

分类	作者（时间）	研究样本	内容（项目数）	量表来源
感觉状态	Sy 等（2005）	美国中西部和西部两所大型大学的 189 名在职本科生	领导者心境（20 个项目）	参照 Brief 等（1989）的工作情感量表
	Tee 等（2013）	澳大利亚一所大型大学参与领导力课程学习的 242 名学生	领导者心境（20 个项目）	参照 Watson 等（1988）的 PANAS 量表
	张亚军等（2015）	武汉市 12 家金融企业的信息系统终端用户及其主管	领导者消极情绪（4 个项目）	参照 Watson 等（1988）PANAS 量表的 4 项目
	Edelman 等（2016）	通过网络招募的 31 名领导和 60 名下属	领导者积极情绪（5 个项目）	Watson 等（1988）的 3 项目、自行开发 2 项目
个体特质	顾远东（2007）	苏州、南京等企业的一般员工及中高层领导	领导者气质性情感（8 个项目）	修订 Orden 和 Bradburn（1968）情感平衡量表
	Mahsud 等（2016）	美国一所大学商学院的 218 名在职学生	领导者同理心（4 个项目）	参照 Wong 和 Law（2002）情绪智力量表的 4 项目
	Madrid 等（2016）	智利两个主要公共组织的 350 名团队成员	领导者情感临场感（6 个项目）	参照 Watson 等（1988）的 PANAS 量表

注：根据相关文献整理。

第三节 领导者的矛盾情感与动态情感

个体对于情感的体验可能并不总是单一的，如有可能同时存在不同性质的情感，如喜忧参半；也可能在短时间内因为情感事件的变化而出现情感的变动，如破涕为笑。实际上，在组织情境下也可能存在这样的现象。前述的领导者情感更多的是指领导在工作中体验到的某一种情感或感觉状态，而在实际的组织情境下，领导者可能常常会体验不同情感的矛盾性组合或动态性发展（George et al.,

2007）。为此，下面介绍有关领导者矛盾情感与动态情感的相关认识与发展，以利于更全面地认识和把握领导者情感及其发展特点。具体来说，学者对于情感发展的认识是一个循序渐进、不断深入的过程。

早先开始关注的是矛盾情感。例如，Pratt 等（2000）较早地将个体针对某一特定目标而产生积极和消极的混合情感体验界定为矛盾情感（Emotional Ambivalence）。类似地，Rees 等（2013）也将矛盾情感看作是因某一目标、事件使个体同时体验到积极情感和消极情感的一种复杂情感状态。矛盾情感这一情感状态是以积极情感和消极情感的高水平同步体验为主要特征（赵欣等，2015）。为此，在很多研究中，学者也常用混合的情感（Mixed Emotions）来替代矛盾情感的概念，它是指一种积极情感和消极情感共存的情感状态（Larsen et al.，2014）。就领导者情感而言，同样也可能存在这种矛盾情感或混合情感。这一概念强调的是性质不同情感的同时存在。第一，领导者当下体验到了两种性质的情感，如高兴的积极情感和焦虑的消极情感。一般而言，性质不同的情感引发的情感事件是较为复杂的，或者说至少对领导者本人而言并不简单。基于情感事件理论，个体会对情感诱发事件这一刺激进行认知评价进而产生相应的情感体验。混合矛盾的情感产生必然是矛盾认知评价带来的结果。可以说，复杂情感或矛盾情感诱发的事件对于领导者来说可能是趋避需要或趋避动机同时存在的状态。第二，领导者对立性质情感体验的同时并存。矛盾情感体验的一个核心即是积极情感与消极情感同时高强度旗鼓相当的存在，难以回避或忽视其中的某一种情感。

随着情感相关研究的推进，学者开始关注到情感发展的动态性特征。例如，George 等（2007）指出，由于组织成员在实际工作场所中受到多种因素的影响未必同时出现积极情感和消极情感，而是在一段时间内交替（Alternation）出现积极情感和消极情感，并构建出一个双调谐模型（Dual－tuning Model）验证了该观点，即在支持性情境下积极情感和消极情感如何对创造力产生交互作用。在 Geoge 等情感交替观的主张下，学者发展了情感转换（Affective Shift/Transitions）的新概念，进一步地考察情感交替的动态过程。Filipowicz 等（2011）将情感转换（Affective Transitions）定义为两种甚至更多种不同情感/情绪状态之间的转变（如开心的转变为生气的）。与 Filipowicz 等（2011）强调特定情感的定义不同，Bledow 等（2013）在界定时则是突出情感的一般性。他们认为，情感转换（Affective Shift）是指积极情感和消极情感之间的转变以及同一情感（积极情感或消极情感）的强弱变化。此外，Bledow 等还详尽地描述了情感变换的动态过程：如果员工先体验到高水平消极情感，那么这一情感在受到积极情感事件影响后会下降，同时积极情感会逐渐上升。对比来看，Bledow 等对于情感转换的界定更广，即不仅是不同性质情感间的转变，还包括同类性质情感水平高低的变化。实际上矛盾情感的关注至此已经转变为复杂情感的动态变化,而不再仅仅强调同时存在不同性质的情感。这种情感观的认识已经凸显出了对于情感研究需要关注情感的动态性发展特征。由于个体所面对的情境甚至是个体自身的情况会随着时间的变动而改变,这种变化可能导致个体情感的变动,甚至是情感性质上短时间内都发生了转变。领导者情感同样可能出现这种状况,即可能面对来自管理对象或管理情境的诱发因素刺激而导致情感上出现根本的转变,甚至可能由欣喜转变为暴怒。由于领导者情感不仅对自身产生影响,还会对管理对象、团队或组织产生弥漫性的扩散影响。领导者情感的转变如果较快可能导致管理对象的不适应,其影响可能大到甚至超出领导者自身的预期。为此,组织及领导者应该高度关注领导者情感及其动态变化可能引发的管理对象认知与体验的变化,从而防患于未然地避免不良或剧烈的情感转变而可能导致的领导者—下属冲突,影响领导者的管理效能。也正是出于此,当前领导者情感研究中有一个发展趋势即关注领导者情感表达及其动态管理研究。这一研究对于理解并引导领导者恰当管理情感的表达方式并正确调控自身的情感发展有着重要意义。

从实际上来看,上述所关注的领导者矛盾情感和动态情感观均是对于可能存在的复杂情感的反映,仅是重视其中的一个显然无法完整地把握领导者情感现象。有鉴于此,对于领导者情感的研究应该同时考虑到领导者的矛盾情感和动态情感特征。正如 Rothman 等(2017)对动态情感做的较为全面界定所指出的那样。他们将领导者动态情感用情感复杂性(Emotional Complexity)来描述,是指在同一情感事件中,同时或连续产生和体验至少两种不同性质情感的一种状态。该定义涉及复杂情感的两种表现形式:同时出现和连续出现。连续出现的复杂情感意味着两种甚至更多不同的情感状态之间会快速发生转变(Sinaceur et al., 2013),即先出现的某种情感会被随后出现的另一种不同情感取代,体现了"情感交替"和"情感变换"的特点。这一连续出现形式中特别值得关注的就是不同性质情感间的快速转变。正是由于这种转变的快速性可能导致一方面领导者自身的体验较复杂甚至痛苦,从而影响领导者自身的认知与反应;另一方面则是与领导者互动较为密切的下属也可能因这种快速变化而带来不适应,甚至是对领导者的评价改变,影响到领导者与下属之间互动的有效性。此外,与连续出现的复杂情感不同的是,同时出现的复杂情感则意味着刺激源会让个体同时体验到两种甚至更多不同的情感(Larsen et al., 2011),体现了"矛盾情绪"的特点。由于同时出现多种不同性质的情感,领导者自身产生的体验可能会比较对立,这一情感状态下的个体认知可能会与平时状态下有显著差异,进而可能对管理者的管理行为与决策产生不一样的影响。因此,组织管理者如何正视可能存在的同时矛盾情感,恰当加以调控以避免可能由此引发的不当后果,是一个现实而迫切的问题。

总的来说，目前学者大都还是从感觉状态来界定领导者动态情感，不过也有少数学者如 Sincoff（1990）从特质情感的角度发展出特质矛盾（Trait Ambivalence）这一概念来描述领导者不同情感共存的情形。特质矛盾情感即领导者由于某种经历或其他原因从而在情感上反复表现出趋避（Approach – avoidance）的行为倾向。可以看出，相对于状态情感而言，这种情感更多的是指一种稳定性的个人特质。就状态情感下的矛盾情感和动态情感而言，更多诱发的因素是个体自身情况或所处环境中客观存在的情感事件；而特质情感视角下的矛盾情感则更多可能是由于个体自身因素引起的（如是由个体的性格引起的）。由此可以看出，理解领导者的情感并加以有效管理和引导需要同时关注主要由即时情境变化引发的状态情感发展和主要因个体内在稳定性特征差异引起的特质情感变化。其中，特质性矛盾情感和动态情感发展更需要关注，因为这一稳定性特征引发的情感状态往往更难以主动发现也更容易引发他人的不理解。概括而言，组织及领导者自身都应该关注同时或相继引发的对立性质情感存在的矛盾情感以及动态情感发展状况，并高度重视由此可能产生的后继影响，特别是领导者自身个性或性格引起的矛盾情感或动态情感状况，以利于领导者自身情感的更深层次调适，借以避免领导者不良情感状态可能导致的不利管理后果。

第四节 领导者情感的影响因素

一、压力的影响

组织中的压力（Stress）如果过大或持续时间较长，那么领导者就容易出现情绪耗竭的状况，即表现出精神疲劳和身体痛苦等特征的一种状态（Shirom, 2003）。由此来看，压力可能会导致消极情感的产生。在实际工作中，压力情境的来源有很多种，例如，企业的合并或兼并、同事间沟通交流矛盾、组织不公正、工作任务负担过重等（Marks & Mirvis, 2010）。另外，随着技术的发展，压力也常常来自于电子邮件带来的工作超载，从某种程度上说电子邮件也是压力情境的标志之一（Barley et al., 2011）。可见，组织情境中的压力源无所不在，而压力又可能影响到个体的情感，需要予以高度的关注。

就压力对情感的影响而言，处在复杂动态环境下的领导者更可能面临高压力状态，究竟如何正视压力，避免压力过大导致的消极情感状态影响领导者的管理效能是一个需要重视的问题。一方面，压力具有客观性，组织需要适当减压力，不仅是帮助员工减压，同时也应该重视领导者压力过大而可能带来的身心负担过重、情绪耗竭的结果。另一方面，压力也具有一定的主观性，即体现为压力感。不同的个体承受压力的能力大小会有所不同，甚至可能具有极大的差异性。就此而言，同样的压力对一部分人可能是动力，可以激发积极奋斗之情，而对另一部分人则可能是无法承受之重，影响其正常工作，可能伴随的是长期的负面情感。

对于领导者而言，压力可能诱发的消极情感不仅影响领导者自身，而且还可能影响下属。有研究就指出，由于情绪具有感染效应，压力情境会激发团队成员内的消极情感，并且这种消极情感可能在团队弥漫成为一种消极团队情感氛围（Barsade，2002）。如果是领导者压力诱发的消极情感带来的这种感染效应可能更为严重。因为领导者处于优势地位，常常会被下属高度关注。不良的领导者情感可能更易被下属感知并引发相应的感受。正是由于此，领导者需要适当地减压，避免压力过大导致情感耗竭等消极情感状态而带来组织或团队的不良情感氛围。此外，压力诱发的消极情感也可能源自下属。如果压力情境对下属造成的负面影响达到领导者无法应对的地步时，领导者也可能随之表现出消极情绪（Lewis，2000），带来领导者—下属间的不良互动。可见，无论是领导者还是下属，都有可能因为压力过大诱发不良情绪反应，而且这种不良情绪还会相互感染发展成为组织或团队不良情感氛围，使领导者与下属的情感都处于消极状态，诱发领导者与下属的不良认知与行为反应（Rajah et al.，2011）。其中，尤其值得强调的就是具有相对权力地位优势的领导者更应在这一过程中发挥主导作用，避免压力—消极情感—消极情感氛围的恶性循环，为组织管理效能提升奠定良好情感氛围基础。

二、地位的影响

组织成员地位作为一个心理学构念（Magee et al.，2008），是指组织中某一个体受到其他成员尊重的程度（Hays et al.，2015）。就这一界定来看，组织成员地位源自他人的评价，而非焦点个体所拥有的组织正式地位。具体来说，即使处于领导位置的个体也不一定具有高水平的组织成员地位。而下属的组织成员地位也未必一定低于领导者。可见，组织成员地位是他人心中的主观评价结果，不同于组织正式职位地位。

组织成员地位高意味着可以得到他人更多的尊重与爱戴，往往处于一种良性的人际关系状态，与之伴随的会是更多的积极情感体验。如有研究表明，一个拥有高组织成员地位的领导者往往在工作中展示出积极情绪，如热情和开心（Anderson et al.，2012）。反之，处于低组织成员地位的领导者则往往表达出消极的情绪，如愤怒或不满等（Anicich et al., 2016；Chattopadhyay, Finn & Ashkanasy, 2010）。因为组织中的领导者相比下属处于较高的组织正式职位，往往会伴随着更高的获得他人尊重和关注的预期。相比正式职位而言，如果自己在下属心目中的组织成员地位较低，得不到预期的尊重或关注，往往更可能诱发领导者的不良体验和消极情感。出于此，组织及其领导者应该高度意识到组织正式职位与组织成员地位的不等同性，努力通过自身的能力与人品等的积极展示，获得下属的认可，即主动争取与自己的正式职位相称的组织成员地位。这是解决因为尊重预期落空而引发潜在不良情绪状态的根本措施。

三、权力的影响

所谓权力，它是组织赋予领导者的一种相对稳定的正式等级，一般是指领导者对组织内有价值资源的不对称控制（Blader & Chen, 2012）。Diefendorff 和 Richard（2008）的研究指出，权力会影响领导者的情感。Smith 等（2015）证实了高权力的人一般表现出极为冷酷的感情。另外，他们也不太会关注下属的情感（段锦云等，2015）。领导者这种冷酷的情感最终也可能给他们带来极度的心理孤独（Inesi, Gruenfeld & Galinsky, 2012）。就这些研究来看，似乎高权力与消极情感状态相联系。如前面所指出的高组织成员地位往往带来的是领导者的积极情感，而与之相对，高权力对领导者情感的影响却表现出截然相反的结果，往往可能是负面的情感。

由上来看，权力与情感之间似乎是负面联系的。但是实际上并非如此。虽然研究者指出，高权力表现为冷酷情感。但是这种领导者情感表达往往可能是一种表面有意为之的结果。在不少人的眼中，权力意味着威严，而威严似乎等价于严肃。持有这种观点的人往往为了提高自己在他人眼中的威严感，故意展现出冷酷的一面。实际上，随着管理情境的发展，例如，讲究平等与追求个性的新生代员工的出现，领导者故意为之的威严感可能并不如平易近人效果来得更好。也正是出于此，组织情境中的领导幽默风格得以不断发展和追捧。领导幽默即通过主动的幽默展现激发起积极情感氛围，其中，领导者积极情感的展现不可回避。

综上来看，权力对领导者情感的影响并不是稳定不变的，在很大程度上可能受到领导者自身认知和情感表达策略的影响。就权力对领导者情感表现的影响作用来看，更主要的还是要让领导者认识自身的情感表达策略，有意识调整并采取恰当的情感表现方式，所谓"真情流露"的真实情感表达也未必不可，而不是一定要冷酷威严才行。

四、文化的影响

文化背景对于情感及其表达也可能有着重要的影响。如在情感和民族文化的相关研究当中，个人主义—集体主义文化可能有着其不同的情感约束与限定，影响了情感及其恰当表达。在个人主义文化突出的背景下，个体注重自我认同和自我目标的实现；而在集体主义的文化背景下，则注重对群体内成员的责任，是相互依赖的自我的反映（Hofstede et al.，2010）。另外，文化倾向是社会规范形成的基础，在个体适应环境的活动中起到了指导性的作用。在社会化过程中，人们会通过模仿他人、接受奖惩等逐渐将规范内化于心，并在不同的场合下表现出恰当的行为，包括自身的情感（吕晓俊等，2018）。由此来看，文化对于个体恰当的情感表达有着不同的规范要求。在个人主义文化背景下，对于个人成功的欣喜表达是恰当的，但在集体主义文化背景中，对于个人成功过多的自我欣赏则可能被人认为是不当的。因此，面对个人成功，集体主义文化背景中的个体更可能是谦虚低调的情感展现。

具体到领导者而言，其更是下属的观察焦点。不恰当的情感表现可能引发下属的不满。就此而言，领导者的情感及其表现不能过于自我，而是应该考虑到文化背景的特点，采取一定的理性方式展现文化适宜的情感状态与情感水平。如果领导者不能根据文化规范展现和调整自身的情感，那么在与下属互动时将遭遇消极体验及关系危机，进而影响领导者的管理实践。

第五节　领导者情感的影响效应

一、领导者情感影响上下级互动

作为企业里最为频繁的人际互动之一，领导者与下属之间的交往也离不开情感的影响（冯镜铭等，2018）。Little 等（2015）在研究中基于社会交换理论认为，如果领导者为了解决问题而对下属表现出积极情感，那这种情感在满足员工期望的同时，也创造了未来需要其履行的义务，如激发下属做出更多回报，从而促使双方的领导—成员交换关系质量得到提升。该实证结果也表明，领导者的这种以需求为导向的积极情感的确显著正向影响领导—成员交换关系的质量。进一步地，Medler - Liraz（2018）在研究中除了证实领导者积极情感对领导—成员交换关系的正向影响之外，还发现了领导者消极情感与领导—成员交换关系的负向关系。更为重要的是，正向影响的效果（$\beta = 0.5$，$p < 0.001$）要比负向影响的效果（$\beta = -0.21$，$p < 0.001$）更强。由此来看，主动性的领导者积极情感表达有利于领导—成员交换关系质量提高。领导者可以通过主动的积极情感展现启动

上下级互动的良性循环。

具体到中国组织情境的研究中，Pan 等（2016）基于认知新联想理论（New Cognitive Association Theory）也发现，领导者的消极情感会减少上下级互动的频率，对上下级关系起到抑制作用。总而言之，领导者从与下属接触开始，其情感就始终影响着双方之间的关系（Sy et al.，2013）。这主要有两方面的原因：一方面，领导者情感作为工作中的一种情感事件，它提供给观察者（通常是下属）关于未来建立上下级关系的领导者的意图信息（Cropanzano et al.，2017）。另一方面，由于领导者在组织中占据着重要且有权力的位置（Magee et al.，2008），使其情感在二元关系的形成中扮演着核心角色。不过，从现有的研究中我们还不清楚领导者的特质情感是如何影响上下级互动的。未来在探讨领导者情感与上下级互动关系时，不仅需要探讨状态情感的影响还可以进一步对比研究特质情感的可能影响，以更深入全面地把握领导者情感与上下级互动中的内在关系机理。

二、领导者情感对下属行为的影响

心理学研究表明，一方的积极情感（如开心）会强化另一方当前的行为，而其消极情感（如愤怒）则会迫使他人调整当下的表现（Fischer & Roseman，2007）。具体到我们的管理学研究中，实证结果也大都证实了领导者的积极情感会对下属工作结果带来正向影响，然而其消极情感则会导致破坏性的结果。例如，Koning 和 Van Kleef（2015）采用两种不同的研究设计（以不同公司员工为被试的实地研究和以高校学生为被试的实验研究）检验了领导者的开心和愤怒情绪对下属的影响。两项研究均发现，与表达出开心情绪的领导者相比，拥有愤怒情绪的领导者会阻碍员工表现出组织公民行为等角色外行为。此外，Koning 等（2015）还指出，尽管领导者的开心情绪对下属角色外行为有一定的促进作用，但也不能忽视领导者表达开心情绪的时机。如果领导者能在下属努力工作的同时表达出这一情绪，那么下属则更容易做出角色外行为。基于强化理论，下属努力工作，如表现角色化行为时，领导者的积极情感实际上就是一种正向强化。及时的正强化有利于下属未来投入更多的类似角色外行为之中。

除了组织公民行为之外，领导者的积极情感还有助于促进下属做出更多的建言行为。例如，Liu 等（2017）以中层管理者及其直接下属为研究对象进行配对调查，结果发现领导者所表现的积极情感有助于下属做出更多的建言行为。类似地，在早先的研究中，Detert 和 Burris（2007）也发现了领导者的积极情感对员工建言行为的正向影响关系。

不过，上述关于领导者积极情感对员工角色外行为和建言行为的影响也只是关注于状态情感，特别是其中的积极情感的正向强化作用。只有为数较少的实证研究探讨了领导者特质情感与下属行为的关系。例如，Madrid 等（2018）发现，作为一种人际特质变量的领导者情感临场感对下属行为有重要影响。具体来说，领导者的积极情感临场感有利于下属做出较高水平的组织公民行为，而消极的情感临场感则让下属表现出更多的如逃避等消极的行为。

三、领导者情感对领导者的影响

领导者情感不仅影响上下级互动和下属的行为表现，同时也会对领导者自身产生影响。例如，Gaddis 等（2004）的实证结果表明，相对于表现出消极情感的领导者，当领导者表现出积极情感时，员工的工作绩效会得到明显改善，从而使领导者获得他人较高的评价。与之类似，Lewis 等（2000）发现，相对于中性情感的领导者，在沟通过程中表现出消极情感的领导者会被下属报告较低的工作能力和沟通技能。

此外，国内外很多研究发现，领导者的情绪智力对领导有效性也有显著的促进作用。例如，国内学者张辉华等（2012）研究结果发现，领导者的情绪智力越高，下属报告领导有效性得分也就越高。国外学者 Palmer（2001）也验证了两者之间的正向关系。虽然情绪智力并非一种领导者的情感，但是从特质情感角度来说，这方面的研究也间接支持了领导者积极情感与领导有效性的正向关系。最后值得一提的是，还有研究者如 Rubin 等（2005）发现，在下属心目中，具有高水平积极情感的领导者往往更有变革性，也就是说，这样的领导者能够提升下属需求，建立相互信任的氛围，从而达到甚至超出预期的工作结果，其领导有效性也就显得更高。而变革型领导之所以称得上是最有效的领导风格，在于领导者通过情感的运用来提升其行为有效性（Ashkanasy & Tse，2000；Cherulnik et al.，2001）。从某种程度上来说，领导者情感对于自身的领导风格也会产生一定的影响。总之，领导者情感对于领导者的影响主要体现在影响他人对于领导者的评价以及影响领导有效性评价。

第六节 领导者情感的作用机制

一、情感路径下的情绪感染机制

Hatfield 等（1992）较早地将情绪感染（Emotional Contagion）定义为自动模仿和同步他人的面部表情、声音、姿势和动作从而在情感上表现出趋同的过程。

从领导力的相关研究来看，目前学者对情绪感染机制的探讨存在"积极性偏见"（Positive Bias），即大量的研究关注的是积极情绪的感染（Grover et al.，2009；Norman et al.，2005）。例如，Cherulinik 等（2001）发现，下属会模仿他们领导的积极面部表情。Bono 等（2006）研究发现，领导者情绪与下属心境之间存在着显著正向关系。Erez 和他的同事们（2008）在研究中证实了魅力型领导的积极情感与员工开心情绪之间正向相关。

尽管存在研究上的积极性偏见，但是学者也并没有忽略消极情感的影响。例如，Visser 等（2013）选取下属任务绩效作为领导有效性的指标，考察了领导者的具体情绪（即开心和悲伤）对这一指标的影响。研究发现，领导者的开心（Happiness）和悲伤（Sadness）情绪在不同的情境下均会对下属绩效产生显著影响。具体而言，领导者开心的面部表情会激发下属产生积极情感，而下属的这种情感是否会带来好的绩效取决于其任务类型。如果下属接受的任务属于创造型任务（Creative Task），那么这一积极情感是有利于下属绩效提升的。与之相对，当领导者悲伤的表情促使下属产生消极情感后，如果下属接受的任务类型属于分析型任务（Analytical Task），其绩效依旧会受到正向影响。

Joseph 等（2015）通过一项元分析（Meta - analytic）检验了领导特质情感（积极/消极）与领导有效性之间的关系。该研究发现，变革型领导行为完全中介了领导者的积极特质情感与领导有效性之间的关系。在 Joseph 等（2015）看来，具有较高水平积极特质情感的领导者之所以产生较高的领导有效性有两种可能性：一是这些领导实际表现出如拥有愿景、关注下属需求、鼓励下属用非传统的方式去思考等变革型行为；二是扩大了下属感知到的领导者变革型行为。也就是说，这些领导者并非表现出实际的变革型行为，只是领导者的积极情感会让下属戴上"有色眼镜"从而扩大对这种行为的感知。不过，与积极特质情感作用不同，变革型领导行为仅部分中介了消极特质情感与领导有效性之间的负向关系。虽然 Joseph 等（2015）对此做出了相应解释，即消极特质情感可能减少了变革型领导行为，也可能通过一些破坏性的/无效的领导行为降低领导有效性，但这一看法仍然有待实证上的进一步检验。

随着研究者对情感与领导力的关注提高，很多学者认为，情绪感染还可以从下属角度来理解，也就是下属会影响到领导者的情感（Rajah et al.，2011）。例如，Ilies 等（2005）在发表的理论文章中指出，下属在工作中体验到的积极情感会通过情绪感染影响他们领导的情感，而这种影响效应的强度大小会受到领导者魅力（Charisma）和价值观一致性（Value Congruence）的调节作用。此外，Damen 等（2008）在以往关于领导者情绪表达和领导有效性的研究基础上发现，下属的情绪状态是影响其自身行为的一个重要因素。当下属的积极情感与领导者的情绪高度一致时,领导者表现出的积极情绪才会对下属行为产生正向影响。

综上可以看出,情绪感染是一个双向的传递机制,即领导者主导的情绪感染以及下属主导的情绪感染。这种双向的情绪感染机制对于领导与下属之间的情感联结过程能够做出较为细致的解释。另外,虽然强调领导者情感会影响下属行为,但是下属情感也是一个不容忽视的关键因素。正如前面所强调的下属的情感与领导者的情感一致时,领导者的情绪感染机制效应更突出。

二、认知路径下的情绪推理机制

情绪推理研究路径是将领导者情感看作可观察的指标,下属借助这些指标洞察领导者内心的感受、态度和行为倾向(高培霞等,2015),这种认知判断或会抑制或会激励员工后续的行为(Van Kleef et al.,2009)。不过,关于这一路径的研究却存在着不一致的发现。

Madera 等(2009)实证研究发现,领导者的情感表达会影响下属对其的评价,并且这一评价可能会因领导者情感针对的对象不同而有所不同。具体来说,只表现出愤怒的领导者比只表现出悲伤或同时表现出两种情绪的领导者得到的员工评价要低。此外,如果领导者的愤怒(Anger)、悲伤(Sad)等情感是为了应对组织危机,那么领导者得到的员工评价会较高。然而,当领导者不是为了应对危机而表现这些情绪时,领导得到的评价可能会偏低了。可以看出,领导者情感表达所针对的目标对象的确会影响到领导者情感与下属评价之间的关系。Gooty 等(2010)发现,领导者生气的对象如果为下属,那么就容易得到较低的评价。但对于其中的原因是什么,Gooty 等并没有提及。实际上,在早先的研究中,Glomb 等(1997)指出,不管性别如何,与下属互动过程中表现出生气的领导者总是被报告较低的领导有效性和员工满意感。Lewis(2000)采用实验室设计的方法,通过领导者演讲的录像视频进行研究,结果发现,与情感处于中立的领导者相比,生气(Angry)和悲伤(Sad)的领导者具备更高的领导有效性。此外,表现出生气的领导者要比表现出悲伤的领导者得到更高的领导有效性评价。只是这一结论在女性领导者身上并未得到证实。

Connelly 等(2010)认为,除了目标对象之外,领导风格还会影响领导者的情感与领导有效性之间的关系。他们通过实验法让被试扮演企业中的下属并给这些被试一些有关该企业和领导者的材料。研究发现,变革型和交易型领导者的积极情绪和消极情绪在下属看来是不同的。无论变革型领导者表现出的是消极情绪还是积极情绪,下属报告的领导有效性几乎是相同的。与之不同的是,交易型领导者只有在其表现积极情绪时,才会让下属报告较高的领导有效性。

综上来看,以上的两种路径下的研究主要通过个体层面来研究领导者的情感与领导有效性的关系。一方面，领导者情感通过影响下属的情感进而促进领导有效性提升，让下属表现更高的任务绩效和角色外行为；另一方面，领导者情感表达影响下属对其认知评价进而影响领导有效性，表现为下属会根据自己对领导者的认知推理做出相适应的行为选择。不过，在当前团队形式日益普及的背景下，领导者情感对于团队层面的影响也开始受到关注。以 Van Kleef 等（2009）的研究为例，他们构建了两条对立的路径探讨领导者情感是如何影响团队层面结果变量的，即情感反应（Affective Reactions）路径和工作相关信息路径。他们的研究旨在解释领导者的情感（如开心/愤怒）究竟在何时会带来较好的团队绩效。结果发现，领导者的情感表达对团队绩效的影响在很大程度上取决于团队求知动机（Epistemic Motivation）的水平。团队求知动机是指团队成员在多大程度上要产生并维持对其环境丰富而精准的理解。团队求知动机越高，团队成员越会注意领导情感的意义，如会把领导者的愤怒情感视为自己表现不好进而需要改进的动力，在这样的状态下，消极情绪要比积极情绪更能带来好的团队绩效，因而与工作相关的信息路径会变得更强。与之相对，如果团队求知动机越低，团队成员则只是被动地感受情感，因而此时与情感反应相关的路径会更强。可见，领导者情感影响团队层面结果的两种对立的机制最终究竟哪一个的效应会表现更强取决于团队求知动机水平。所以，团队求知动机也是一个重要的调节变量，它在很大程度上影响了领导者的情感表达何时更有效（Gooty et al., 2010）。

第七节 领导者情感发展及其影响的综合模型构建

领导者情感是一个综合的概念，包括了状态情感和特质情感。鉴于领导者情感对组织及其成员的重要影响，关注并恰当管理领导者情感具有重要意义。为此，组织学者及管理实践者均对领导者情感这一主题予以了高度关注。本书在综合梳理相关文献的基础之上，构建了领导者情感发展及其影响综合模型，以期为未来的领导者情感理论研究提供参考，同时对组织情境中的领导者情感管理实践有所借鉴和启迪如图 11-1 所示。

第一，领导者情感包括了不同的类型，如特质情感和状态情感。特质情感如气质性情感和同理心，状态情感包括心境和情绪等。就实证研究而言，许多学者更多关注的是情绪，特别是区分积极情绪和消极情绪进行研究，也有学者是以具体情绪（如愤怒）进行更具针对性的研究。为此，对于领导者情感的理解也需要综合把握不同类型的情感，在实证研究中同样需要选择切入点，以更准确地测量和检验不同类型的领导者情感。

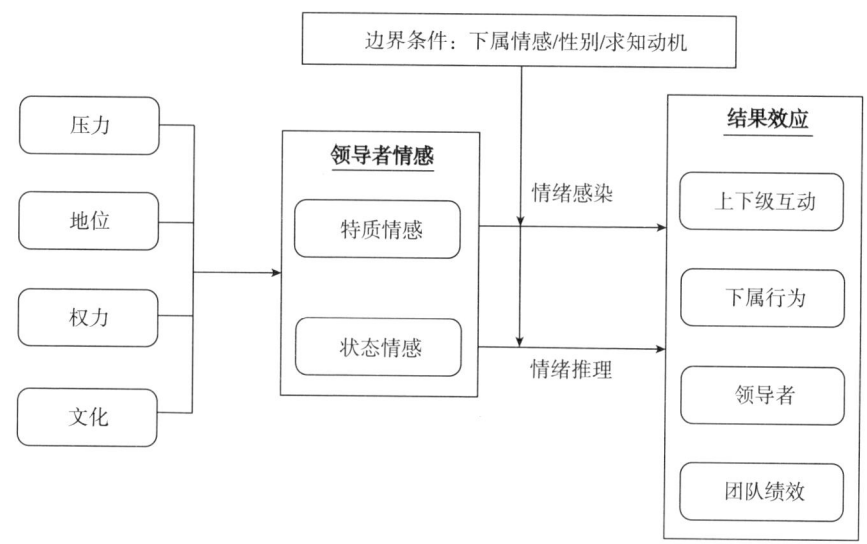

图11-1 领导者情感发展及其影响综合模型

第二,领导者情感的影响因素包括多个方面,目前的实证探讨主要检验了压力、地位、权力以及文化背景的影响作用。相关实证研究表明,发现压力和地位对于领导者情感的影响相对一致,具体来说压力过大可能引发领导者负面情感;在组织成员心中的地位较高,即受到组织成员更多尊重,则积极情感水平越高。与之相对,权力对于领导者情感的影响则并不确定。从文化的影响来看,更多体现的是一种情感表达的规范要求。

第三,领导者情感具有复杂性和动态性特征。在探讨领导者情感发展及影响效应时,需要关注领导者情感的这一动态变化特征。尽管本章之前介绍了复杂情绪的概念,但从实证角度来看,学者认为,领导者的动态情感以情感反转(Affect Reversal)为主要表现形式,即个体在不同的时间点上分别体验到情感积极反转和情感消极反转(嵩坡和龙立荣,2015)。其中,情感积极反转是指个体的情感体验在一段时间内由消极情感变为积极情感。反之,情感消极反转则是从积极情感变为消极情感。可见,情感反转与本章之前所介绍的动态情感类似,也体现了情感变化的具体形式和动态的情感特征。不过,领导者情感除了相继出现变化这一动态情感特征之外,还存在同时并存不同性质情感的矛盾情感现象。未来研究还需要对这一矛盾情感现象予以重视,包括探讨其发展的原因及可能引发的后续效果,借以更全面地理解领导者情感现象。

第四，领导者情感影响结果变量可能通过两条不同的路径实现。具体来说，领导者情感的影响路径既可以通过情绪感染路径，也可以通过情绪推理（认知）路径。现有一些研究在探讨不同的影响路径时所关注的情感成分不同。情绪感染路径主要关注领导者的一般情绪（积极/消极），而情绪推理的认知路径则主要关注领导者的具体情绪（如开心、生气等）。此外，现有研究仅仅在团队层面证实了这两种路径是此消彼长的关系。未来还需要进一步检验不同路径的具体影响机制，并且可以进一步检验不同路径机制发挥作用的可能边界条件差异。

第五，领导者情感影响领导有效性主要体现在领导者情感对于上下级互动、下属任务绩效和角色外行为、领导者自身所受评价以及团队绩效方面。相关的实证研究表明，领导者情感对于领导—成员关系质量、个体和团队绩效均有显著的正向影响效应；领导者情感表达还可能影响他人对领导者的评价，既可能提高也可能降低。不过现有一些实证研究主要检验了积极领导者情感的影响，即存在所谓的"积极性偏见"，未来还可以进一步检验其他类型情感的影响作用。如探讨消极情感可能引发的效应及可能存在的缓冲机制。

第六，领导者情感对结果效应的影响还会存在一定的边界条件，即受到许多调节变量的影响，例如，下属情感、领导与下属的情感匹配、下属的求知动机、性别等。由此来看，领导者情感影响结果变量未必是稳定一致的结果，而是可能因条件的不同而带来不同的结果。未来研究可以进一步探讨上述因素之外还可能存在的边界条件，以更深入理解领导者情感影响效应的作用条件。

综上而言，领导者的情感对于提升领导有效性有着重要的影响，领导者情感可能影响众多的结果变量。有鉴于此，领导者需要对自身的情感进行有效的管理与调节，以发挥情感的积极促进作用。实际上，情感调节（Emotion Regulation）是个体体验某种情绪后选择何时或何种方式表达该情绪的一种能力（Gross et al.，2007）。虽然本书提到过情绪智力等个体特质或能力并不等同于情感，但从情感特质的角度来说，它们对领导有效性同样也发挥着积极作用。例如，领导者的情感表达（Emotional Expressiveness）可以看成是领导者将个人情绪信息传达给他人的一种能力（Riggio & Reichard，2008）。它为观察者（通常为下属）提供了关于被观察者（领导者）个人情绪的信息，包括面部表情、说话语速、身体姿势等（Cropanzano et al.，2017）。未来可以进一步探讨领导者情感发展的内在驱动因素及其动态变化特征，在此基础上进行有效的情感调节以便更好地发挥领导者情感的积极影响效应，大力提高领导有效性。

第八节 结论、管理启示及未来研究展望

一、结论

领导者情感是领导学研究的一个新兴领域,备受国内外学者关注。学术界就领导者情感的概念界定、测量、前因、影响结果及作用机制等核心议题展开研究。本书对中西方领导者情感的相关文献进行梳理和分析,并在此基础上构建领导者情感发展及影响综合模型,期望能借此对领导者情感理论研究有所启迪,同时也能对组织中的领导者情感管理实践有所指导。领导者情感主要从感觉状态和个体特质两个视角进行界定,即反映为状态情感和特质情感。感觉状态下的领导者情感主要通过 PANAS 量表进行测量,个体特质下的领导者情感则一般依据所关注的情感特质而借鉴已有的量表。另外,领导者情感前因的专门研究不多,已识别的影响因素很少,仅包括压力情境、文化、权力和地位等。再者,领导者情感对领导者、下属、领导者—下属互动过程以及团队均存在显著影响,而且这一过程可能存在一定的边界条件(如下属情感、领导与下属的情感匹配、下属的求知动机、领导风格和领导性别等)。最后,领导者情感对于结果效应的影响可能通过两条不同的路径,即情绪感染路径和情绪推理认知路径。其中,情绪感染路径如通过影响下属情感、群体情感氛围等传递领导者的情感影响力;情绪推理认知路径则主要是通过影响下属或他人对于领导者的评价进而影响他人的行为与态度。总的来说,本书在此明确了领导者情感研究的最新进展,在分析和整合现有研究成果的基础上,识别存在的不足,从而提出未来可能的研究方向,为中国组织行为学领域有关情感理论研究主题提供新的切入点,同时为推进国内领导者情感的应用与管理提供参考。

二、管理启示

由于情感现象遍及工作场所,是我们认知、动机和行为的关键心理驱动力(Kanfer & Klimoski,2002),所以它在人力资源和组织行为管理过程中扮演着重要的角色。如何正确地处理群体内的情绪对于组织来说是急需解决的实践问题。从本书来看,领导者的情感如积极情感、气质性情感等可以在实践中加以应用并提升领导有效性。

第一,领导者可以通过策略性的情感表达来提升领导有效性。对于那些通过

表现合理情绪从而提供支持性环境的领导者来说，他们往往更有能力去鼓舞和激励下属（Ber & Avolio，2004），其实质是通过情绪感染激发并维持一个积极的情绪氛围，从而有利于领导者和其团队成员幸福感的提升（Rajah et al.，2011），最终促进组织成员更多地投入到组织期望的积极行为之中。当然，情绪感染的双向性意味着我们在关注领导者情感的同时，也要关注下属的情感。正如上文所提及的 Damen 等（2008）研究，结论表明领导者和下属的情感匹配（Affective Match）有利于下属绩效的提升。高积极情感（或低积极情感）的下属从热情（或生气）的领导者那里接受任务后，他们的工作表现要比上下级情感不匹配时（如高积极情感的下属和生气的领导者）更好。不过，Waples 等（2008）在研究中指出，下属对领导者的信任和对领导者的感知取决于该员工的情绪能力。由此来看，领导者情感通过情绪感染机制影响下属态度与行为还可能存在一些影响因素，如下属的个体差异。基于此，领导者在通过情绪感染影响下属态度与行为时，还需要考虑下属的特点，采取针对性的措施。

第二，领导者情感可能受到多种因素的影响，为此，领导者需要有意识地关注自身情感产生的原因并加以策略性的调适。越来越多的领导者已经开始意识到情绪劳动其实并非一线服务业员工所需要做的，领导者也需要进行情绪劳动，如努力表现出积极的情绪，即使在某些情况下自身正在经历消极情绪也必须进行调整（Riggio et al.，2008）。由于情绪劳动中的表层扮演效果和深层扮演效果有很大的区别，为此领导者想要通过自身情感发挥积极影响，必须努力调节当下可能体验的消极情绪而保持内外一致的积极情绪深层扮演。在这一情境下，领导者可以通过自身内在真实情绪原因的识别来有针对性地进行认知调整，进而使自己向积极情感状态转变。又如在压力情境下，上文所提到的组织危机，此时有效的管理者要想成功地应对该情境，那么他就应该识别下属的情感状态并采用适当的领导者情绪表达策略，有方向性地影响下属的情感体验（Rajah et al.，2011）。这种识别下属不同情绪并采取相应措施的能力即领导者的情绪敏感性（Glaso et al.，2006）。当管理者能够理解下属对压力情境的情绪反应并能够调节这些情绪时，往往会产生理想的工作结果，如降低压力水平，提高工作满意度和工作绩效。特别指出，西方的领导者情感研究成果未必适用于中国组织管理实践，管理者应对其应用持谨慎态度。因为已有研究发现，文化影响情感表达适宜性。组织领导者究竟采取什么样的情感管理策略才能真正达到提升领导有效性之目的，还需要考虑所处的文化背景，遵循文化可能内隐的对情感表达的规范要求。

三、未来研究展望

国外的领导者情感研究成果值得学习和借鉴，国内尚处在起步阶段，在概念界定、理论建构、研究视角等方面还存在很大的完善空间。未来研究可能的努力方向如下：

第一，明确界定领导者情感的概念。以最新的一项文献综述为例，冯镜铭和刘善仕（2018）认为，由于现有研究大多从状态情感的角度理解领导者情感，因而将其定义为"领导者表达出来的一种相对短暂的情感状态，包括情绪和心境"。不过，从本书的相关介绍可以看出，这一概念的含义非常宽泛和概括，尽管它可能有较高的预测力并可以解释很多组织现象，但是其最大局限在于不够精确和难以测量。也就是说，领导者短暂的情感状态在组织中究竟如何体现并如何将其进行操作化并不容易。正如陈晓萍等（2012）曾以组织关系为例所说的，组织关系是指一个员工与其所在组织的整体关系。组织关系的界定强调一个事实：如果关系不能精确到是组织间正式关系还是心理契约关系的话，那概念界定就很难发展一个精确的管理理论来解释组织现象。基于以上认识，学者在未来的研究中需要对领导者情感进行更加精确、清晰的定义。

第二，加强测量工具的修正与开发。文化影响情感的表达与解释（Gelfand，2007）。与西方不同，中国文化具有"仁、义、礼、智、信"的特征，处于这样文化背景中的领导者具有特定的情感表达模式（翁清雄等，2016）。例如，受"智"文化影响较深的领导者，往往具备较高水平的情绪敏感性，能够敏锐地观察到下属情绪的变化，并有能力对其进行调节（刘兵等，2014）。可见，中国文化背景下领导者情感的表现形式和风格可能有别于西方国家，具有独特性。因此，西方的领导者情感测量工具未必适合中国，建议未来采用深度访谈、问卷调查等研究方法，结合中国文化和组织特点修订已有领导者情感量表，开发新的信效度良好的本土化量表。

第三，丰富领导者情感的影响因素研究。鉴于领导者情感对员工和团队的重要作用，很有必要拓展和深入研究领导者情感的影响因素及其形成机制，以帮助学界和商界更好地认知、预测和管理领导者情感。对于领导者情感的影响因素，今后可以从组织特征、团队特征、任务特征、领导者个人特质、下属行为表现及其相互作用入手进行研究。不同的行业环境、氛围和文化的组织对领导者情感的包容程度可能不一样，例如，在娱乐或旅游行业，领导者更多地需要表现出积极情感来面对其直接接触的顾客。因此，探讨领导者情感的发展时还需要考虑行业、组织文化氛围等的可能影响作用。

第四，推进跨文化比较研究。Dickson等（2003）指出，在跨文化背景下，很少有研究明确探讨领导者情感对领导有效性的影响。Rajah等（2011）进一步地补充到，由于不同社会文化中的权力距离（Power Distance）高低不同可能会影响人们对某种类型领导的偏好，所以关于领导者情感对领导有效性的影响研结论并不一定适用所有文化背景。Dickson 等（2003）从理论上提出以下观点：当权力距离较低时，员工偏好于那种管理平等的领导者，反之则偏好那种威权型（Authoritative）或指导型（Directive）的领导。具体来说，在高权力距离的社会中，当领导者很少或没有表现出情绪时，或当他们表现出消极情绪时（威权领导的典型特征），这样的领导往往称得上是有效领导者。而在低权力距离的文化中，员工可能更喜欢那些善于表达情绪的领导者，尤其是那些表现出积极情绪的领导者，营造出一个允许和鼓励下属参与决策的工作环境（Rajah et al., 2011）。Shipper 等（2003）在早期的研究中曾提供了关于跨文化研究的实证证据。他们发现，在美国、英国这样低权力距离的文化背景下，情绪智力和领导有效性的正向关系作为互动技能（Interactive Skills）得到了支持。而在马来西亚这样高权力距离的社会，两者之间的关系则作为一种控制技能（Controll Skills）得到了实证支持。据我们所知，除了这项研究以外，在这一领域的实证研究至今还很缺少。综上来看，未来可以跨文化地探讨领导者情感与领导有效性之间的关系，比较不同文化可能导致的差异性效应机制。

第五，开展跨层次研究。本书回顾文献发现，已有的研究主要都是基于个体层面或团队层面开展的实证研究。尽管这些研究能够帮助我们了解领导者情感在这两个分析层次上的作用机制，但是仍然缺乏有关领导者情感对于结果变量在组织层面、团队层面、个体层面间可能存在的跨层面作用机制的研究和理论（Gooty et al., 2010）。例如，Schwarz 等（1983）提出的情感即信息模型（Affect - as - information Model）表明，情感可以视为决策制定的一种信息。那么待解决的问题是，领导者的情感是如何随着时间的变化影响他们做出的决策的呢？Cohen - Charash 等（2008）认为，情感可以影响组织中的公平感知。如果真是这样的话，领导者的情感是否可以影响到决策以及人际互动的公平性？从组织这一分析层次来说，领导者的情感是如何影响与组织内外利益相关者的谈判的？又是如何从组织层面影响个体短期决策的制定的？等等问题，均没有明确的答案。基于此，未来可以探讨领导者情感对于领导有效性的跨层面影响机制，包括组织层面、团队层面和个体层面的多层面影响。

第十二章 领导情绪智力对下属工作绩效的影响机制研究

第一节 引言

鉴于组织情境中情绪的普遍性及其对于个体态度与行为影响的重要性,情绪管理已成为职场人必不可少的技能之一(康飞等,2018)。在实际工作中,优秀的领导者往往能够正确地控制和表达自己的情绪(Joseph et al.,2015)。这种与领导情绪相关的能力即为领导情绪智力。一直以来,学界和实业界都围绕领导情绪智力及其有效性的关系展开激烈的探讨,如领导情绪智力对下属工作绩效的影响。Goleman(2001)曾认为,在预测工作绩效方面,情绪智力和智力同样重要。类似地,在实证研究方面,Weinzimmer 等(2017)证实了领导者的高情绪智力水平有助于团队解决方案的更好实施,并且可以促使团队成员在任务中表现得更好。不过,虽然大量研究早已表明情绪智力与员工工作绩效之间确实存在显著的相关关系(王益明等,2010),但是对于领导情绪智力是如何影响个体工作绩效并在何种情境下发挥作用等问题还有待深入探析(Côté et al.,2006;屠兴勇等,2018)。

在目前研究中,学者大都依据情绪社会信息理论(Emotion As Social Information,EASI)对情绪与个体工作结果的关系展开研究。该理论的主要观点是情绪系统会通过向观察者提供信息继而影响他们自身的行为(Van Kleef,2009)。例如,Gerben 等(2010)基于 EASI 理论认为,情绪对个体行为的影响主要是通过感染路径实现的,即个体会模仿甚至同步别人的面部表情和姿势从而在情绪上表现出趋同。一些实证研究也表明,领导者的情绪是可以感染下属的。那些接触到领导者表达积极情绪的下属要比那些接触到领导者表达消极情绪的下属表现出更多的积极情绪(Bono & Ilies,2006)。进一步地,Sy 等(2005)研究发现,当下属受到他人积极情绪的感染后,在工作中往往会有较好的表现。虽然情绪感染普遍存在于组织环境中（Elfenbein，2007），但是情绪智力作为一种独特的个体特征，其对于情绪的理解与控制进而所展现出的情绪对个体工作结果的影响或许有别于以往的情绪感染路径研究。

有研究表明，领导情绪智力对员工绩效产生影响的一个重要原因是高质量领导—成员交换关系（Leader – member Exchange，LMX）的建立和维持。例如，Lee等（2018）认为，对自我和他人的情绪管控能够增强人际互动能力，而这种能力是领导—成员交换关系形成的前提。最近的一些实证研究检验了情绪智力对领导—成员交换关系的影响以及领导—成员交换关系影响工作结果的一系列路径（Chen，Lam & Zhong，2012；Clarke & Mahadi，2017；Jordan & Troth，2011）。发现虽然上述这些研究都间接地支持了我们的看法，但是仍然有必要将领导情绪智力和下属工作绩效纳入在领导—成员交换关系的情境中进行实证检验。因此，本书的第一个目的就是在社会交换理论视角下构建一个整合模型以检验领导—成员交换关系在领导情绪智力与员工工作绩效之间起到的中介传递作用。

另外，考虑到即使身处同一文化背景下的个体，其权力距离感也会有显著差异（Lian et al.，2012；刘文兴等，2012），可以说权力距离不仅是一个国家文化层面的构念，同时也是一个个体差异变量。在当前中国背景下，个体的权力距离感可能存在更为显著的差异。一方面，中国正经历价值观的重大变化（张志学等，2007），新生代员工更倾向于权力的平等分配，而工龄较大的老一代员工则愿意接纳不平等的权力分配（李燕萍等，2012）；另一方面，由于经济全球化使具有不同文化背景的员工会集到同一组织下工作，这使员工权力距离感的差异性更加明显（Winterich et al.，2014）。在领导者提供的各种情感支持下，不同的个体价值观可能会对双方互动的关系产生不同的认识，继而影响到员工的工作表现，成为制约现代企业发展的一大问题（刘海洋等，2016）。所以，本书第二个目的是将员工的权力距离感作为边界条件进行考察。

综上，本书将着重探讨领导情绪智力对员工工作绩效的影响机制。并基于社会交换理论，引入领导—成员交换关系这一关系变量，以及权力距离感这一个体差异变量，构建领导情绪智力影响效应机制的一个有调节的中介模型，如图12 – 1所示。

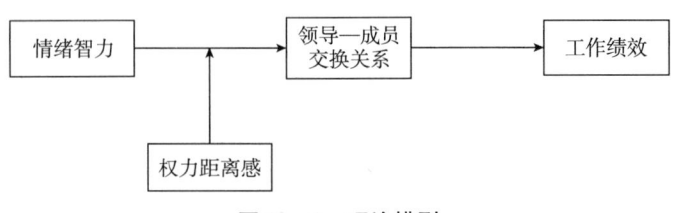

图 12 – 1　理论模型

第二节 文献回顾与研究假设

一、领导者情绪智力与员工工作绩效

目前学者对情绪智力的界定主要存在三种类型：一是能力情绪智力（Ability Emotional Intelligence）。能力情绪智力是情绪和智力的结合体，是指让个体产生、识别、表达、理解和评价自己及他人情绪的能力，这种能力可以指导自身的行为和思维从而正确地处理环境带来的压力和需求（Mayer et al.，1997）。二是特质情绪智力（Trait Emotional Intelligence）。特质情绪智力是个性与能力的结合体，是指用以识别自己和他人的情绪从而掌控自我情绪及处理好人际关系（Goleman et al.，2002）。三是行为情绪智力（Behavior Emotional Intelligence）。张辉华等（2009）把情绪智力视为行为和智力的结合体，并定义为个体在社会互动过程中表现出来的理解、使用情绪及与情绪相关的心理和行为。本书将领导情绪智力看作是领导者的一种特殊情绪，故采用能力情绪智力的概念界定。

通常来说，高情绪智力的领导者意味着他在情感上表现得较为成熟，对下属的情绪和感受比较敏感，在信息不对称或角色模糊的情况下，他们往往会提供支持性行为来缓解员工在工作中遇到的压力（丁晓斌等，2016）。而且已有研究证实，高情绪智力的领导者倾向于关心下属，在提供下属支持性行为的同时也会给予下属完成工作所需要的资源或活动（Wong et al.，2002）。根据社会交换理论，人们倾向于把认可作为一种广义的激励因素，当他人给予自己重视的资源或活动时，个体就会对他人表现出认可的态度或行为，而且这种态度或行为会让他人继续给予自己所重视的活动（Blau，1964）。由于上级领导给予的关心或支持可以满足员工在工作和情绪方面的需求，从而让下属感觉到自己得到了领导的认可（吴维库等，2011），他们就会通过努力表现来回馈领导认可，如提升自己的工作绩效表现。此外，有学者根据情感事件理论发现，工作场所中的积极情感事件能使个体产生持久的积极情绪，而这些情绪会转化为积极的情感反应，包括工作绩效和幸福感（Saavedra & Kwun，2000；Wegge，van Dick，Fisher，West & Dawson，2006）。总之，高情绪智力的领导者往往能够识别下属的消极情绪并试图管理这些情绪以确保他们可以积极乐观地完成工作（McColl – Kennedy & Anderson，2002）。这就促使下属产生积极的情绪从而提高了他们的工作绩效。同时，高情绪智力的领导者还能够通过关心下属激发下属的回报来促进下属工作绩效的提

高。基于此,本书提出如下假设:

假设1:领导情绪智力正向影响员工工作绩效。

二、领导—成员交换关系的中介作用

领导—成员交换关系是指领导者和下属在互动过程中所形成的一种工作关系(Schriesheim et al. , 1999)。领导—成员交换关系主要受到三类因素的影响:一是互动双方的个体特征(如技能、个性或能力)(Phillips & Bedeian, 1994);二是个体基于工作经验对彼此的期望(Lord & Maher, 1993);三是个体对二元交换关系的评价和反应(Uhl – Bien, Graen & Scandura, 2000)。就个体特征而言,已有相当多的研究集中在领导风格(如变革型领导)和个性特征(如亲和力和外向性)上(Dulebohn et al. , 2012)。虽然有学者如 Dulebohn 等(2012)在文献综述中介绍了一些影响领导—成员交换关系的个性特征,但有人指出情绪智力与以往研究中的个性特征不同,它对领导—成员交换关系的预测力要更大(Clarke & Mahadi, 2016)。社会交换理论和自我验证理论可以用来解释为何领导情绪智力对领导—成员交换关系有较大的影响。

首先,社会交换理论表明,高质量的领导—成员交换关系是通过互惠方式发展起来的,并通过领导—成员间的不断交流和沟通而使其变得更加牢靠(Masterson, Lewis, Goldman & Taylor, 2000)。高情绪智力的领导能够敏锐地观察并了解追随者的个人情况,从而提供更合适的反馈信息,甚至会给予下属额外支持(Wilson, Sin & Conlon, 2010)。这在无形中让下属必须履行义务,即他们会在工作上表现得更加努力来回馈上级(Clarke et al. , 2016),从而使双方拥有良好的交换关系。

其次,根据自我验证理论(Self – verification Theory),个体倾向于稳定的自我概念并且接受与自我概念相符的信息,排斥不一致的信息(Swann, 1987)。另外,人们会通过反思对自己产生新的认识,并在一段时间内保持自己的观点,而此时当个体接收到与自我概念相悖的反馈时,这种反馈就会被个体忽视或过滤(Swann, 2002)。为了与自我概念保持一致,并努力获得自我验证性的反馈信息,高情绪智力的领导者可能会通过情绪管理来利用他们的社会关系,包括个人的和工作的两个方面,从而影响到他人对领导—成员交换关系质量的评价。因此,高情绪智力水平的领导者,其获得的领导—成员交换关系评价也会更好。与之相反,低情绪智力的领导者会获得较差的领导—成员交换关系评价。与基于自我验证理论的解释一样,一些研究也发现了个体情绪智力和他评领导—成员交换关系得分之间的正向关系(Karim, 2008)。

另外,低质量的领导—成员交换关系意味着领导只会通过使用正式权力和资源分配标准来要求下属做出符合要求的工作业绩,即合同上规定的义务(Cogliser, Schriesheim, Scandura & Gardner, 2009)。社会交换理论指出, 社会交换行为能够给双方带来未来需要履行的义务 (Blau, 1964)。这种义务与合同上规定的义务不同, 它具有"不明确且无法讨价还价"的特点, 而合同上的义务则是双方在经济交换的前提下通过商讨确定的。在高质量的领导—成员交换关系中, 下属对自己在组织中的工作体验更为满意的同时, 还会履行那些"不明确"的工作义务, 包括积极的工作态度或行为, 也可能是做出更好的工作绩效 (Jordan et al., 2011)。已有分析表明, 领导—成员交换关系与上级评价的员工绩效之间存在着显著的相关关系 (Gersner & Day, 1997)。

综上来看, 领导情绪智力水平较高可以更有效地提升领导—成员交换关系, 而高质量的领导—成员交换关系则有助于员工更积极主动地投入到工作之中, 提高工作绩效表现, 由此本书提出如下假设：

假设2：领导—成员交换关系在领导情绪智力和员工工作绩效之间起中介作用。

三、员工权力距离感的调节作用

权力距离感是指个体内心对不平等权力分配可以接受的程度 (Oyserman et al., 2006)。高权力距离感的员工容易赞同领导者的意见 (Schaubroeck et al., 2007), 并且觉得领导和下属拥有的权力不平衡是合理的 (Tyler et al., 2000; Lin et al., 2018), 易受领导者的影响 (Li & Sun, 2015)。因此, 当情绪智力较高的领导者对下属提供更多的情感支持时, 权力距离感较高的下属对领导者存有较大的感激。相比之下, 权力距离感较低的员工对高情绪智力水平领导的感激则较少, 因为他们认为自己与领导的地位是平等的 (Farh et al., 2007)。此外, 权力距离感较低的员工对领导的信任程度也不如权力距离感较高的员工。这是因为当高情绪智力的领导者关心下属的情感生活时, 这些员工会认为这是对隐私的侵犯, 而不是领导者的恩惠 (Pellegrini & Scandura 2008), 从而不利于领导—成员交换关系质量的提高。而对于权力距离感较高的下属, 则恰恰相反。总之, 权力距离感越高的下属对高情绪智力领导者的感激、信任和认同程度越高, 这有助于提升领导—成员交换关系的质量。相比之下, 权力距离感较低的下属可能较少接受高情绪智力领导提供的支持, 因而削弱了领导情绪智力与领导—成员交换关系之间的正向关系。由此本书提出如下假设：

假设3：权力距离感正向调节领导情绪智力和领导—成员交换关系之间的关系, 即在员工低权力距离感的情况下, 领导情绪智力和领导—成员交换关系之间的正向关系较弱; 而在员工高权力距离感的情况下, 领导情绪智力和领导—成员交换关系之间的正向关系较强。

综上，领导—成员交换关系在领导情绪智力和下属工作绩效之间起中介作用；领导情绪智力与领导—成员交换关系之间的正向关系会受到员工权力距离感的调节影响，具体来说，员工的权力距离感越高，领导情绪智力对领导—成员交换关系的积极关系越明显。根据这些假设，我们进一步推论，领导情绪智力与员工工作绩效之间的关系在受到领导—成员交换关系传导的同时，权力距离感会对该传导机制产生调节作用。为此，本书提出一个有调节的中介效应假设：

假设4：权力距离感调节了领导—成员交换关系在领导情绪智力和下属工作绩效间的中介作用，当员工的权力距离感较高时，领导—成员交换关系的中介作用更加显著。

第三节 研究设计

一、研究样本与程序

本书的样本来自34家企业。为了保证数据的客观性，减少同源偏差的影响，从领导及其下属两个来源进行数据的收集。另外，我们参照以往的研究（Ma et al.，2010；Liden et al.，2006），在选择被试时排除掉了共同任职时间少于3个月的主管和下属。这样做的原因是为了确保下属可以充分理解他们上级传达的情感信息，也确保上级可以很好地评估下属的工作绩效。

该研究在不同时间点进行问卷收集。首先，研究人员与34家企业的人力资源管理部门取得联系，在获得许可后，向人力资源管理部门负责人介绍本次问卷调查的目的和问卷发放流程，并确保其完全理解。其次，研究人员依据随机原则，根据人力资源管理部门负责人提供的员工信息，在每家企业随机选择两个团队并对其下员工进行编号，编号与员工间的对应关系仅有人力资源管理部门负责人和研究人员知晓。在随后的一周中，人力资源管理部门负责人向选中的员工发放标有员工编号的用以测量领导—成员交换关系和权力距离感两变量以及员工相关人口统计学变量的问卷。三个月后，人力资源管理部门负责人向员工的直接领导发放标有员工编号、用以测量领导情绪智力和员工工作绩效两个变量及领导相关人口统计学变量的问卷。所发放的问卷均要求现场填写并当场提交。最后，研究人员将问卷取回并汇总。

本次对67个团队（410位员工）发放了调查问卷，并按照如下标准对问卷进行筛选：第一，剔除部分个人信息不全的问卷。第二，剔除答案有明显规律性

第十二章 领导情绪智力对下属工作绩效的影响机制研究

的问卷。最后得到有效团队 56 个（员工 323 人），团队领导有效问卷回收率 83.6%，员工有效问卷回收率 78.8%，平均一个团队参与调查的员工有 5.76 位。

在有效的 56 份领导样本中，男性占 48.2%，女性占 51.8%；年龄在 25 岁以下的占 5.36%，25~35 岁的占 35.71%，36~45 岁的占 37.50%，46~55 岁的占 12.50%，55 岁以上的占 8.93%；具有本科学历的占 42.86%，具有硕士学历的占 39.29%，具有博士学历的占 5.35%，本科以下学历的占 12.50%；在团队中，工作 1 年以下的占 8.93%，1~3 年的占 37.50%，3~7 年的占 44.64%，7 年以上的占 8.93%。

在有效的 323 份员工样本中，男性占 50.77%，女性占 49.23%；年龄在 25 岁以下的占 38.39%，25~35 岁的占 27.86%，36~45 岁的占 13.93%，46~55 岁的占 9.59%，55 岁以上的占 10.21%；具有本科学历的占 63.16%，具有硕士学历的占 14.24%，具有博士学历的占 9.60%，本科以下学历的占 13.00%；在团队中，工作 1 年以下的占 30.34%，1~3 年的占 28.17%，3~7 年的占 24.77%，7 年以上的占 16.72%。具体样本的人口统计学信息如表 12-1 所示。

表 12-1 样本的人口统计学描述性统计

人口统计学变量	类别	员工样本特征		领导样本特征	
		人数	占比(%)	人数	占比(%)
性别	男	164	50.77	27	48.20
	女	159	49.23	29	51.80
年龄	25 岁以下	124	38.39	3	5.36
	25~35 岁	90	27.86	20	35.71
	36~45 岁	45	13.93	21	37.50
	46~55 岁	31	9.59	7	12.50
	55 岁以上	33	10.21	5	8.93
受教育程度	本科以下学历	42	13.00	7	12.50
	本科学历	204	63.16	24	42.86
	硕士	46	14.24	22	39.29
	博士	31	9.60	3	5.35
工作时间	1 年以下	98	30.34	5	8.93
	1~3 年	91	28.17	21	37.50
	3~7 年	80	24.77	25	44.64
	7 年以上	54	16.72	5	8.93

二、测量工具

1. 情绪智力

采用 Wong 和 Law（2002）开发的情绪智力量表。题项如"大多数时候，我能够清晰地知道为什么会有某种情绪"等。问卷采用 Likert 5 点设计，1 表示"非常不符合"到 5 表示"非常符合"。在本书中，情绪智力量表的内部一致性系数为 0.834。

2. 领导—成员交换关系

采用 Scandura 和 Graen（1984）编制的 7 题目量表（LMX – 7），题项如"我很清楚我的直接领导是否满意我的工作表现"等。问卷采用 Likert 5 点设计，1 表示"非常不符合"到 5 表示"非常符合"。在本书中，领导—成员交换关系量表的内部一致性系数为 0.875。

3. 权力距离感

采用 Dorman 和 Howell（1988）开发的 6 题项量表。类似的题目如"管理者的绝大多数决策不需要咨询下属"等。问卷采用 Likert 5 点设计，1 表示"非常不符合"，5 表示"非常符合"。在本书中，权力距离感量表的内部一致性系数为 0.721。

4. 工作绩效

采用 Chen 等（2002）在研究中所使用的 4 个题项的量表。该量表由员工的直接主管填答，采用 Likert 5 点评分，从 1 表示"非常不符合"到 5 表示"非常符合"。样题如"这位员工对部门整体工作业绩有重大贡献"等。在本书中，该量表的内部一致性系数为 0.775。

5. 控制变量

为了更加清晰、准确地揭示领导情绪智力对下属工作绩效的影响，参照已有相关研究的做法（唐汉瑛和龙立荣等，2019；Michel et al.，2011），将一些重要的人口统计学变量作为控制变量进行控制，包括员工的性别、年龄、学历、工作年限、单位人数。

三、统计分析

本书采用 SPSS20.0 和 AMOS17.0 进行统计分析。首先用 AMOS17.0 进行验证性因子分析，其次通过 SPSS20.0 进行描述性统计分析，最后利用 SPSS20.0 进行层级回归分析（Hierarchical Regression Modeling，HRM）来检验领导情绪智力对员工工作绩效的影响，并在此基础上检验领导—成员交换关系的中介效应、权力距离感的调节效应及有调节的中介效应。

第四节 数据分析和结果

一、验证性因子分析

采用验证性因子分析考察情绪智力、领导—成员交换关系、权力距离感和工作绩效四个变量之间的区分效度。对比四因子模型(情绪智力、领导—成员交换关系、工作绩效和权力距离感)、三因子模型(领导—成员交换关系和权力距离感合并为一个因子)、二因子模型(情绪智力和工作绩效合并为一个因子,领导—成员交换关系和权力距离感合并为一个因子)以及单因子模型(四个变量合并为一个因子)。结果如表12-2所示,四因子模型对于数据的拟合最佳,$\chi^2/df = 2.41 < 3$,$CFI = 0.91 > 0.90$,$TLI = 0.91 > 0.90$,$RMSEA = 0.06 < 0.08$,说明四个构念具有良好的区分效度,上述变量为四个不同的构念。

表12-2 验证性因子分析结果

模型	χ^2	df	χ^2/df	CFI	TLI	RMSEA
四因子模型	636.24	264	2.41	0.91	0.91	0.06
三因子模型	723.36	274	2.64	0.85	0.89	0.08
二因子模型	839.7	270	3.11	0.87	0.88	0.07
单因子模型	897.01	271	3.31	0.83	0.78	0.09

注:四因子模型:情绪智力,领导—成员交换关系,工作绩效,权力距离感;三因子模型:情绪智力,领导—成员交换关系+权力距离感,工作绩效;二因子模型:情绪智力+工作绩效,领导—成员交换关系+权力距离感;单因子模型:情绪智力+领导—成员交换关系+权力距离感+工作绩效。

二、描述性统计及相关分析

本书所涉及各变量的均值、标准差和相关系数见表12-3。由表12-3可知,领导情绪智力与领导—成员交换关系($r = 0.53$,$p < 0.01$)、工作绩效($r = 0.61$,$p < 0.01$)均显著正向相关;领导—成员交换关系与员工工作绩效($r = 0.40$,$p < 0.01$)显著正向相关,可以进一步进行假设检验。

表12-3　各变量的均值、标准差和相关系数

	M	SD	1	2	3	4
情绪智力	3.01	0.69	1.00			
领导—成员交换关系	3.13	0.84	0.53**	1.00		
权力距离感	3.29	0.64	0.59**	0.56**	1.00	
工作绩效	3.19	0.70	0.61**	0.40**	0.38**	1.00

注：** 表示 $p<0.01$。

三、假设检验

1. 主效应检验

假设1提出领导情绪智力正向影响员工工作绩效。为检验假设1，将员工工作绩效设为因变量，领导情绪智力设为自变量，模型1首先检验人口学控制变量（性别、年龄、学历、工作年限和单位人数）对员工工作绩效的影响。对性别、年龄、工作年限等人口学变量进行控制后，模型2检验领导情绪智力对工作绩效的影响关系，如表12-4的结果显示领导情绪智力对下属工作绩效具有显著的正向影响（$\beta=0.58$，$p<0.01$）。假设1得到支持。

2. 中介效应检验

根据Baron和Kenny（1986）的建议对领导—成员交换关系的中介效应进行了分层回归分析检验，结果如表12-4所示。首先模型6检验自变量领导者情绪智力对中介变量领导—成员交换关系的影响，结果显示自变量对中介变量具有显著的正向影响（$\beta=0.37$，$p<0.01$）。中介变量领导—成员交换关系对因变量员工工作绩效的显著性影响在模型3中已经证实（$\beta=0.49$，$p<0.01$），满足了中介效应检验的第一个和第二个条件。然后将自变量领导情绪智力和中介变量领导—成员交换关系一起放入回归模型4，检查领导情绪智力回归系数的变化，比较模型2和模型4的回归系数可知，领导情绪智力对工作绩效的影响系数由原来的$\beta=0.58$（$p<0.01$）降低为$\beta=0.44$（$p<0.01$），而中介变量领导—成员交换关系对于因变量的影响显著（$\beta=0.28$，$p<0.01$），说明领导—成员交换关系在领导情绪智力和下属工作绩效之间存在部分中介效应，H2得到了部分的支持。

3. 调节效应检验

为检验H3权力距离感调节领导情绪智力与领导—成员交换关系的关系，采用层级回归法，首先把领导—成员交换关系设定为因变量，依次引入控制变量、自变量领导情绪智力和调节变量权力距离感，最后在模型7中加入领导情绪智力与员工权力距离感经中心化后的交互项进行检验，结果显示权力距离感和领导情

绪智力的交互项对领导—成员交换关系的影响显著（β=0.31，p<0.01），说明权力距离感对情绪智力和领导—成员交换关系的关系具有显著的正向调节作用，假设H3得到验证。为了进一步说明权力距离感的调节作用，以平均分加减一个标准差为标准绘制调节效应图，如图12-2所示。由图12-2可知，与权力距离感较低水平的员工相比，较高水平权力距离感员工在面对高情绪智力领导时，其领导—成员交换关系的质量较高。

表12-4 假设检验结果

变量名称	工作绩效					领导—成员交换关系	
	Model1	Model2	Model3	Model4	Model5	Model6	Model7
性别	-0.15**	-0.13	-0.21*	-0.03	-0.21	-0.20	-0.12
年龄	0.03	0.18	0.11**	0.13	0.05	-0.13**	-0.10
学历	0.17	0.01	-0.06	0.09	0.06**	0.06	0.00
单位人数	-0.50	-0.11	0.41	0.11	0.13	0.16	0.06
工作年限	0.29	0.19	0.32	0.18	0.14**	0.11	0.10
领导情绪智力	—	0.58**	—	0.44**	—	0.37**	0.34**
领导—成员交换关系	—	—	0.49**	0.28**	—	—	—
权力距离感	—	—	—	—	—	—	0.42***
权力距离感×情绪智力	—	—	—	—	—	—	0.31**
R^2	0.03	0.12	0.20	0.23	0.38	0.42	0.42
△R^2	—	0.09	0.08	0.03	0.15	0.04	0.01
F	5.56**	30.71**	37.34**	40.21**	15.52*	45.30**	53.63**

注：*表示p<0.05；**表示p<0.01；双尾检验；表中系数均为标准化回归系数。

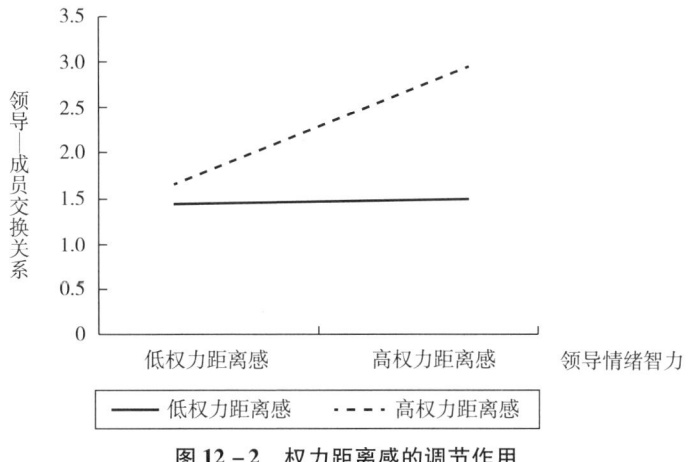

图12-2 权力距离感的调节作用

4. 有调节的中介检验

假设 4 提出，员工权力距离感会强化领导—成员交换关系在领导情绪智力和员工工作绩效之间的中介效应。为了验证该假设，根据 Edwards 等（2007）的建议，采用拔靴法，把领导情绪智力作为自变量，分析在不同权力距离感下领导—成员交换关系在领导情绪智力和员工工作绩效之间所起的中介效应。相关分析结果如表 12-5 所示，当权力距离感低时第一阶段的正向影响不显著（$\beta = 0.06$，$p > 0.05$），当权力距离感高时第一阶段的正向影响显著（$\beta = 0.29$，$p < 0.01$），两者之间不具备显著差异（$\Delta r = 0.23$，$p > 0.05$）。当权力距离感低时第二阶段的正向影响显著（$\beta = 0.13$，$p < 0.001$），当权力距离感高时第二阶段的正向影响也显著（$\beta = 0.25$，$p < 0.01$），同时第二阶段在权力距离感高和低时的差异也显著（$\Delta r = 0.13$，$p < 0.05$）。可见，权力距离感的调节作用主要体现在从领导—成员交换关系到工作绩效的路径中。另外，低权力距离感和高权力距离感在直接效应上差异不显著，而在间接效应上差异显著（$\Delta r = 0.22$，$p < 0.01$）。由此可见，权力距离感对领导—成员交换关系在领导情绪智力与工作绩效关系的中介效应具有显著的调节作用。因此，假设 4 得到验证。

表 12-5 有调节的中介效应分析

调节变量	情绪智力（X）→领导—成员交换关系（M）→工作绩效（Y）				
	第一阶段	第二阶段	直接效应	间接效应	总效应
低权力距离感	0.06	0.13 ***	0.29 **	0.02	0.31 **
高权力距离感	0.29 **	0.25 **	0.41 **	0.04 **	0.45 ***
差异	0.23	0.13 *	0.23	0.22 **	0.28 **

注：* 表示 $p < 0.05$；** 表示 $p < 0.01$；*** 表示 $p < 0.001$。低权力距离感表示均值减一个标准差，高权力距离感表示均值加一个标准差。

第五节 结论、管理启示与未来研究展望

一、研究结论与讨论

通过整合自我验证理论及社会交换理论构建了领导情绪智力影响员工工作绩效的作用机制模型，并运用相关分析、回归分析等数理统计方法进行了实证研

究。结论如下：

第一，中国组织情境下，领导情绪智力能够对下属的工作绩效产生显著正向影响。这表明，领导者的高情商可以让员工在组织中有较好的工作表现。换句话说，中国组织情境下领导者有能力理解与调节自己和他人的情绪，并利用这些情绪促进和支持员工的工作行为。也正是在此基础之上，高情商的领导者能够激发和增强员工在工作场所中具有创造性和创新性的工作欲望（Zampetakis et al.，2008），并体现在具体的工作绩效表现上。

第二，领导—成员交换关系在领导情绪智力影响员工工作绩效的过程中起部分中介作用。一方面，领导情绪智力可以直接影响员工的工作绩效；另一方面，则是通过提高领导—成员交换关系间接促进员工工作绩效的提升。就其中介过程机制而言，领导情绪智力的作用机制可以看作是社会交换关系的过程。本书为打开领导情绪智力作用路径的"黑箱"提供了新的方向。

第三，权力距离感在领导情绪智力与领导—成员交换关系之间具有正向调节作用。这意味着对于高权力距离感的下属而言，领导的高情绪智力更能促进领导—成员交换关系的发展。本书将员工的权力距离感作为一个边界影响因素进行探讨，实证检验发现其正向加强领导情绪智力与领导—成员交换关系之间的关系。本书发现拓展了员工权力距离感的理论认识，为探讨领导情绪智力影响效应的可能边界条件提供了新的思考方向。

第四，本书通过检验发现员工的权力距离感对于领导情绪智力通过领导—成员交换关系影响员工工作绩效的间接路径的调节影响。本书的理论贡献在于证明了领导—成员交换关系及领导情绪智力是影响下属工作绩效的重要因素，拓展了社会交换理论和自我验证理论的研究范围与适用性。在现有关于领导与下属行为关系的研究中，有学者将领导—成员交换关系和领导情绪智力分别作为影响因素进行研究。本书整合社会交换和自我验证理论视角，突破以往基于单一视角研究的局限性，拓展社会交换和自我验证理论的适用范围，实证分析了领导—成员交换关系在领导情绪智力和员工工作绩效之间的中介作用，进一步丰富了现有理论。

二、管理启示

本书发现了领导者情绪智力的重要影响。较高水平的领导者情绪智力有助于提升个体的工作绩效，进而促进组织的有效性。组织在人力资源管理实践中可以采取以下措施：例如，可以招聘高情绪智力的下属，以便其晋升到领导岗位后有较出色的表现。还可以提供培训和发展机会，进一步改善和提升领导的情绪智力水平。另外，还发现了领导—成员交换关系在领导情绪智力与员工工作绩效间的中介作用。因此，在关注领导情绪智力提升的同时，组织还可以通过培训来提高领导者对领导—成员交换关系的重视，明确意识到领导—成员交换关系的积极影响，意识到这一关系对于追随者态度和工作绩效的重要意义。最后，发现了领导情绪智力影响下属绩效过程中的员工个体特征的影响作用。为此，领导者还要根据员工的个体特征（如对权利不公平的接受程度）来有差异性地实施和利用情绪智力对于下属的态度和行为的影响，实施差异化的管理。

三、研究不足与未来研究方向

首先，本书借鉴了西方研究中比较通用的情绪智力测量工具和相关理论，但在中国情境下是否完全适用还有待进一步考证。未来研究可以开发与检验中国情境下的领导情绪智力测量量表，以期为领导情绪智力的相关实证研究提供更有效的测量工具。

其次，只是基于关系观视角检验了领导—成员交换关系的中介作用。未来还可以进一步探讨在领导情绪智力与员工工作绩效的关系中的其他可能中介变量，以进一步拓展对领导情绪智力影响效应机制的理论认识。

最后，主要引入个体层面的变量员工权力距离感，探讨了其在领导情绪智力对下属工作绩效影响机制中的边界条件影响，未来研究可以考虑加入其他层面如团队层面、组织层面的变量的探讨，进一步探究在领导情绪智力影响下属工作绩效关系机制中的更为宏观层面的边界条件。

第十三章　领导谦卑研究综述及未来研究展望

第一节　引言

如今，随着组织环境变得越来越动态、不确定和不可预测，企业所面临的问题也越来越复杂，没有领导者能做到无所不能，任何一个领导者都越来越难以发展成"全能型"（Owens et al.，2013）。在这样的背景之下，领导者应该超越个人英雄主义或"伟人"的领导观，采取自下而上的领导方式更为恰当，也更为必要（Wang et al.，2018）。而谦卑的领导方式正是超越了"伟人"领导观，同时还是许多自下而上领导方法的核心（Collins，2001；Matteson & Irving，2006；Weick，2001）。

有研究表明，领导者的傲慢和自恋被认为是领导者做出错误决定的原因（Chatterjee & Hambrick，2007；Dotlich & Cairo，2003）。同时，由于企业高管过于突出自己的自尊心、傲慢、权利感和自我重要性（Hekman，2012），使公司管理中的丑闻层出不穷。这些研究发现和管理现象均使领导者谦卑的呼声愈加强烈。越来越多的学者和实践者认为，现在和未来的领导者需要更加谦卑地对待自己的角色（Hekman，2012），更客观地看待自己，更欣赏他人，更乐于接受新的信息或想法（Owens & Hekman，2012）。可以说，为了更好地践行领导者角色，提高领导效能，领导者应该更加重视谦卑的影响作用，并努力在管理实践中加以运用，需要"更多的谦卑和更少的傲慢"，才能成功地应对21世纪独特而快速变化的需求（Doty & Gerdes，2000；Hughes，2010；Ruggero，2009）。

最近学者研究了领导者谦卑对个体（Owens et al.，2013；Owens et al.，2015）、团队（Ou et al.，2014；Owens & Hekman，2016；Rego et al.，2017）和

组织（Ou，Waldman & Peterson，2015）产生的积极影响作用，取得了一定的成果。研究表明，领导谦卑对追随者认知有积极影响（Owens & Hekman，2012）。然而，作为一种新兴的理论，我们对领导者谦卑的理解仍然非常有限，如对领导谦卑的前因只有一个推测性的理解（Wan et al.，2018）。换言之，我们对为什么有些领导者会表现谦卑的行为，而另一些领导者则没有这个问题知之甚少。并且现有的实证研究很少探索领导者谦卑的边界条件（Chiu et al.，2016）。这极大地制约了领导者谦卑理论的发展成熟和实际应用（Wan et al.，2018）。未来还需要学者更多地将研究重点逐渐转移到"自下而上"的领导谦卑方式上，不断丰富其理论知识。在此，首先，本书基于以往学者的研究，梳理归纳领导谦卑的基本内涵、维度；其次，剖析领导谦卑的影响因素，阐明为什么领导者会表现谦卑；再次，深入阐释领导谦卑的影响效应及其内在机制；最后，结合已有分析构建了领导谦卑的综合发展模型，以期为未来进行领导谦卑实证研究的学者提供一些参考，并对基于领导行为视角的管理实践有所借鉴。

第二节 谦卑与领导谦卑

一、谦卑的概念

谦卑作为中华美德的基础，在中国传统文化中占据重要地位。《论语》《易经》《道德经》等古典名著里都有记载，如"三人行必有我师焉""劳谦君子有终吉""满招损，谦受益"等（张亚军等，2017）。而在西方文化中，"谦卑"一词可追溯到拉丁文的"Humus"和"Humi"，词语释义为"泥土"和"在地面上"（Hekman，2012）。就其具体内涵，学者基于不同视角对谦卑给出不同定义。

1. 将谦卑看作美德

美德的字面意思是一种能给个人自我增添力量的东西，包括力量、勇气、卓越等（Peterson & Seligman，2004）。国外学者McCullough（2000）将谦卑定义为"元美德"，是宽恕、勇气、智慧和同情等其他美德的基础。Park和Peterson（2003）研究认为，谦卑是一种"节制美德"，它可以调和其他美德，使其保持在亚里士多德的"中庸"（Crisp，2000）、佛教的"中道"（Marinoff，2007）和儒家的"中庸"之内（Confucius，2006）。Cameron和Caza（2004）将谦卑看作为工作场所道德行为提供基础和培养积极行为（即卓越的表现、利他/亲社会行为）的核心组织美德之一。Bright等（2006）基于组织的背景研究认为，谦卑是一种善良、人性化和促进组织进步的美德。袁凌等（2016）学者将谦卑视为一种基本道德准则，是理想人格的道德诉求。

2. 将谦卑看作个性特质

国外学者 Nielsen 等（2010）研究认为，谦卑是一种稳定的、持久的个人特质，反映了个体想要了解自己的意愿（包括特点、优点和局限）、对自己与他人之间关系的认识以及明白自己不是世界的中心。Chancer 和 Lyubomirsky（2013）认为，谦卑是一种稳定、持久、积极的人类品质。国内学者罗云娜和杨高升（2019）将谦卑看作一种个人良好品质或与生俱来的个性特征。但有学者提出不同的看法，认为谦卑并不是稳定的个人特质，它会发展或恶化。例如，Owens（2009）及 Vera 和 Rodriguez（2004）研究发现，谦卑在本质上被证明是一种可塑性的属性，它会根据生活经验而波动。谦卑类似于人格心理学家所说的"可改变的特性"，人们可以通过实践而显著地提高这种特性（Dunning，1995；Duval & Silvia，2002）。这与 Dweck、Hong 和 Chiu（1993）的特质渐进主义概念或个人特质具有可塑性的信念一致。

综上所述，对于谦卑的定义主要有美德观与个性观。此外，还有少数学者基于不同的视角提出了不同的看法，例如，Owens 等（2013）学者将谦卑定义为"出现在社会交往中，是基于行为的，并且可以被他人识别"的一种人际关系特征。结合已有文献，我们认为谦卑是一种美德，也是一种个人特质（Morris et al.，2005；Owens, Johnson & Mitchell，2013；Ou et al.，2014）。谦卑并不是稳定不变的，而是具有一定的可塑性。将谦卑看作是一种美德，个体可以通过谦卑这一美德的展现，不断增添自我的能量。将谦卑视为人格特征，可能对个体的行为产生深层次的影响。个人越倾向于某一特征，个人制定相应的一套行为的频率和强度就越高（Grant, Gino & Hofmann，2011；Fleeson，2001）。具有谦卑人格特质的个体，将会更多也更稳定地表现谦卑的行为。

二、谦卑与谦虚的区别

谦卑与谦虚就其表面来看似乎意思相近，但它们之间并不能画等号，两者的具体内涵有着很大的区别。谦卑的行为旨在减少人们对自己的关注程度。例如，获奖演员将成功归因于导演所表现出的谦卑。相比之下，谦虚是指个体自己的感觉（Peterson & Seligman，2004）。例如，演员们感谢导演，但认为他们自身才是电影成功的原因。此时，他们是谦虚的，但并不谦卑。

总的来说，真正的谦卑会导致谦虚，但谦虚可能并不代表真正的谦卑。正如 Hochschild（1979）所指出的，谦卑和谦虚的区别很像是内在感觉和外在情感表现的区别。谦虚和表现出来的情感一样，强烈地受制于社会规则和规范，但未必反映出一个人真正的内在状态。由此来看，一个谦虚的人，其本身不一定谦卑（冯镜铭等，2014）。谦卑是指内在的个人品质，而谦虚更多的是指个人的一种外在表达（Morris et al.，2005；Peterson & Seligman，2004）。可见，谦卑与谦虚有着密切联系，但两者又有显著不同。

三、领导谦卑的内涵

在一个日益动态和不确定的市场环境中，领导谦卑（Humble Leadership）正逐渐得到人们的认可和高度赞扬（Chen et al.，2018）。在企业中，具备谦卑、低调品质的领导者也越来越多（Owens & Hekman，2012）。对于领导谦卑的具体内涵和定义，国内外学者基于自身研究提出了不同的看法。

Ou（2011）的研究指出，领导谦卑是一种欣赏和提升员工，完善和提升自己，以及对自己低关注和对员工高关注的领导方式。Hekman（2012）认为，从字面意思来看，"领导谦卑"一词是"从地面领导"或"自下而上领导"。因为"谦卑"这个词本身来自拉丁语"humus"，意思是"地球"和"地面上的谦卑"。为此，领导谦卑可以说是一种自下而上的领导方式。Owens 和 Hekman（2012）研究认为，领导谦卑是领导者通过一系列行为去塑造谦卑形象的领导方式。其中，通过主动放低姿态，积极向下属寻求反馈，赞赏下属的工作表现，并以身作则为下属提供学习榜样，领导者有意识地塑造和开展谦卑行为。Owens 和 Hekman（2015）进一步明确指出，领导谦卑是指领导者通过自我反思、开放接受等一系列行为，更客观地认识自己，欣赏员工，更包容地接收新的知识，与员工共同进步，促进组织目标实现的一种领导方式。

国内学者冯镜铭等（2014）认为，领导谦卑是一种自下而上的领导方式，领导者可以通过承认自己的缺陷、欣赏下属优点或持续学习等方式来维持良好的领导—下属关系。罗瑾琏等（2015）总结前人的研究，将领导谦卑定义为一种自下而上的领导方式，领导者希望能够准确客观地看待自身，承认自身的缺点和不足，善于去发现下属的优点并虚心向下属学习，肯定员工所做贡献，积极寻求建议，以身示范。

综上，领导谦卑是一种自下而上的领导方式，包括承认自身局限、欣赏他人和持续学习。谦卑的领导者欣赏和认可追随者的贡献，并公开允许批评性的反馈（Argandona，2015；Frostenso，2016）。他们愿意通过承认自己的局限性来展现自身弱点，甚至会向追随者寻求帮助或反馈（Owens et al.，2013）。总之，谦卑领导愿意准确地看待自己，接受可能存在比自己优秀的东西，并专注于如何使自身和追随者更好地发展（Morris et al.，2005；Owens & Hekman，2012）。结合谦卑的美德观和人格特质观，领导者可以在工作中去不断培养谦卑的美德，准确了解自身的优点与局限,谦卑地对待下属。长此以往,领导者将形成相对稳定的谦卑人格特质。

四、领导谦卑的维度

对于领导谦卑的维度认识,不同的学者有着不同的看法,并提出了各自的领导谦卑维度划分。具体来说,对于领导谦卑的维度划分包括二维度观、三维度观和六维度观,并且具体维度还可能存在差异。由此来看,领导谦卑的维度划分并没有达成共识,还存在较大的分歧。

1. 二维度观

学者 Vera 和 Rodriguez(2004)将领导谦卑分为承认并改正自身局限、询求他人的建议两个维度。Nielsen、Marrone 和 Slay(2010)认为,领导谦卑分为认识自身优点与缺点的意愿以及他人/关系导向两个维度。Van(2011)将领导谦卑分为两个维度。第一,积极挖掘他人的贡献,并把其利益放在第一位;第二,敢于承认自己受益于他人的专业知识。Low 和 Gadong(2013)也将领导谦卑分为两个维度,其中一个是为了自我发展和自我培养而了解自己,另一个是不断学习,提升自我。

2. 三维度观

Morris 等(2005)将领导者的谦卑分为自我意识、对新思想的开放及"超越"自己三个维度。其中,谦卑的一个关键要素是具备理解自己的优点和缺点的能力,即自我意识。了解自己的弱点就是对个人局限性或不完美的认识(Furey,1986;Kurtz & Ketcham,1992)。而谦卑也是接受新的思想和认识方式(Richards,1992)。因此,谦卑也包括愿意向他人学习,也就是开放性。就超越而言,正如 Peterson 和 Seligman(2004)所说,这可能意味着超过了一个人通常的极限,去接受比自我更优秀、更伟大的东西(Dennett,1995)。从这一角度来看超越,可以理解为一个人在广阔的宇宙中所扮演的小角色,对他人的欣赏及对他人有积极价值的认识。实际上,基于 Baumeister(1998)的自我体验框架,谦卑的上述三个维度全面捕捉了个人理解和自身经验(Ou et al.,2014)。这个自我体验框架包括理解自我与世界的关系(反身意识)、与他人的关系(人际存在),以及自己的行为(执行功能),由此归纳出谦卑反映了一个人如何看待自己与世界的关系(更客观地),如何看待他人(更欣赏地),以及如何接收新信息或观点(更公开地)。与这相对应,即领导谦卑体现为自我意识、对新思想的开放以及超越自己。

Cameron 等(2003)将领导谦卑划分为三个维度:正确看待自己的意愿、欣赏他人的优点以及可教性。在此基础之上,Owens 和 Hekman(2012)从行为视角提出领导谦卑行为（Humble Leader Behavior）的概念，将领导谦卑行为归纳为三个维度：一是自我察觉，即客观评价自己的缺陷，坦诚自身错误；二是欣赏他人，即肯定他人的优点和贡献；三是开怀纳言，即愿意向他人学习，乐意接受新观点和新建议。此外，也有不少学者认为，谦卑的维度包括关注他人的优势，接受他人的想法和观点，并愿意承认个人的局限性（Gordon，2010；Morris，Brotherridge & Urbanski，2005；Seligman，2002）。

3. 六维度观

Ou 等（2014）学者从认知和行为两个角度将领导谦卑分为六个维度，分别是自我察觉、开门纳言、欣赏他人、低度自我中心、对自我超越的追逐以及超然的自我概念。自我察觉是指在与他人交流中不断认识自我（Owens，Johnson & Mitchell，2013）；开门纳言是指乐于向他人学习、接受他人建议和学习新知识；欣赏他人是指认可并夸奖对方，他人实现提升而非自己（Morris，Brotheridge & Urbanski，2005）；低度自我中心是指保持低姿态，不争名夺利；对自我超越的追逐是指追求自我价值的实现，为集体和社会做出贡献；超然的自我概念是指放开自我，正确看待自我与他人及自然的关系。在这六个维度中，前三个维度偏向表现行为，后三个维度更偏向于认知与动机。

五、谦卑型领导者与其他相似领导者的区别

领导谦卑是一种独立的具有魅力的领导行为方式，具有自学、欣赏他人优点、保持开放心态的特点（Owens & Hekman，2012），它对追随者自身发展的影响与其他自下而上领导方式有着明显区别。可以说，在自下而上的领导相关理论中，新兴的领导谦卑理论是独一无二的（Ou et al.，2018）。表现领导谦卑的谦卑型领导者也体现出与其他自下而上领导方式领导者具有的显著不同。

1. 发展型领导者（Developmental Leaders）与谦卑型领导者

从定义上来讲，发展型领导者是"为员工提供职业建议，仔细观察和记录追随者的进步，鼓励员工参加技术学习"的人（Rafferty & Griffin，2006）。发展型领导侧重于职业导向指导，而不是侧重于心理方面（Kram，1985）。相比之下，谦卑型领导者似乎更倾向于与追随者建立起一种更加非正式和相互发展的关系。谦卑型领导者关注的是领导者行为对追随者认知和内心的影响，而不是仅限于关注追随者职业发展的结构化计划。

2. 仆人型领导者（Servant Leaders）与谦卑型领导者

仆人型领导者将追随者的发展视为一个目标，而不仅仅是实现领导者或组织的目标（Ehrhart，2004）。虽然谦卑型领导理论和仆人型领导理论有许多相似之处，但发展目标侧重点存在明显差异。这是由于谦卑型领导者关注的是追随者自身发展的过程,而仆人型领导者关注的是他人发展的过程。领导谦卑也意味着领导者和追随者的心理有着持续、微小变化甚至发起领导者—追随者角色逆转,而这些过程在仆人型领导理论中并不是一个主要的重点。

3. 参与式领导者(Participative Leaders)与谦卑型领导者

参与式领导的核心是"共同决策,或至少在上级及其下属的决策中具有共同影响力"(Somech, 2003)。参与式领导描述了一种决策方法或结构,并不关注具体的人际行为,以及这些行为如何影响追随者的认知和态度。可见,参与式领导者更多的关注也让下属参与决定的方法,对于下属的内心与认知的关注并不是重点。而谦卑型领导者更可能关注领导谦卑所体现的一种人际关系特质。谦卑型领导通过承认自身缺点、欣赏和夸奖追随者优点以及不断学习等方式,对追随者认知和态度产生一定影响。

总的来说,尽管大多数自下而上的领导方式与追随者自身发展息息相关。但领导谦卑是独一无二的,因为它主要关注领导者对追随者认知、心理发展过程的影响。领导者关注领导谦卑表现,即作为谦卑型领导者有其独特的关注点,不同于发展型领导者、仆人型领导者和参与式领导者。当然,由于均是自下而上的领导者,其间也可能有密切联系,如谦卑型领导者在实施领导谦卑的同时,也可以关注下属职业发展,让下属在参与决策中成长,即体现出发展型领导者和参与式领导者的特点。

第三节　领导谦卑的影响因素

为什么有些领导者会表现出谦卑的行为,而另一些领导者却没有?对这一问题的回答需要考虑领导谦卑的影响因素。对领导谦卑前因研究多是带有推测性的,实证研究还相对较少。已有的研究也主要是探讨领导者自身因素,包括人格特质、成长信念及情绪智力等。

一、领导者的人格特质

1. 大五人格的影响

徐小凤和高日光(2016)实证研究证明,大五人格中的宜人性、责任心是影响领导谦卑的重要因素。具有高宜人性、高责任心的领导者,尊重、欣赏下属,越可能是谦卑型领导。Jensen等(2001)指出,具有高宜人性的领导者与下属的人际交往是平等的、真诚的,他们更可能谦卑地对待下属。高责任心的领导者是有能力的、勇于承担的，会主动与下属沟通交流，以便做出正确决策（Mayer et al.，2007）。为此，高责任心的领导者不会滥用权力，更可能表现出领导谦卑行为。综上，宜人性、责任心能够显著影响领导谦卑。高宜人性、高责任心的领导会表现出更多的谦卑行为。

2. 自恋的影响

自恋是指一种个体利用自私自利的偏见将成功和失败归因于群体情况的状态。它被衡量为一种与自我中心、强化、支配和人际操纵行为有关的人格特征（Emmons，1984）。当自恋者试图获得优越感时，他们会对那些他们认为阻碍这种尝试的人表现出愤怒和侵略性行为（Bushman & Baumeister，1998）。另外，自恋者试图支配他人，利用权力来获得他们的个人利益。自恋常常与自我宣传和自我膨胀的自我意识联系在一起（Emmons，1984）。正因为如此，高度自恋个体的行为往往是不谦卑的（Morris，2005）。可以说，自恋程度越高，谦卑程度越低。

3. 马基雅维利主义的影响

马基雅维利主义代表着一个人以自己的方式做任何需要做的事情的程度。它被认为是个体的务实程度（Reimers & Barbuto，2002）。具有马基雅维利性格的人往往对他人缺乏同情心、功利主义的道德观、工具主义的他人观以及低的承诺（Christie & Geis，1970）。马基雅维利主义程度高的人似乎更多地操纵和说服他人。由于马基雅维利主义程度高的个人非常关心获取和维护个人权力，因此，他们在选择策略上往往比对手更灵活（Reimers & Barbuto，2002）。马基雅维利的领导人对通过任何方式获得权力以最终实现个人利益感兴趣，并且很少或根本不考虑这些行为对他人的影响。而拥有高度谦卑的领导者会以克制和尊重他人的方式行事。可见，马基雅维利主义程度高的个人的特点与谦卑领导的特点、要求形成了鲜明的对比。马基雅维利主义能够预测较低水平的谦卑（Morris，2005）。

二、领导者的成长信念

Owens（2009）在最初的谦卑概念中提出，增量内隐自我理论（Incremental Implicit Self - Theory）是谦卑的一个基本推动者。谦卑是一个方向，它代表了人们对自身实质性成长和自我发展能力的潜在信念。这一观点来源于内隐自我理论的社会认知模式。内隐自我理论描述了对自己的动机、社会认知和应对挑战具有强大和广泛影响的自我信念（Dweck，2008）。拥有固定心态的个体（实体理论家）相信他们的能力、属性和性格是固定的；而拥有成长心态的个体（增量理论家）认为他们的能力、属性和性格是可塑的，就像那些可以通过努力、专注和坚持来发展的东西一样。虽然实体理论家把社会互动当作证明自己的机会，但增量理论家把社会互动当作改善自己的机会。根据这一早期的理论，我们认为一个人的自我或成长心态的增量理论是谦卑的核心前提,因为它反映了塑造谦卑行为的自我的基本信仰。

对自我增量理论的研究表明,在它的许多积极影响中,增量自我理论使人们能够更准确地看待自己(Dweck,1999;Ehrlinger & Dweck,2011),更积极或更仁慈地看待他人(Dweck,1999),并对新信息更开放(Dweck,2008)。相比之下,研究表明,那些有固定心态的人往往过于自信,从事自我提升行为,专注于对他们来说容易的事情,而不是追求有助于他们成长的任务(Ehrlinger, Mitchum & Dweck,2016)。从领导者谦卑形成的本质出发,一个人的自我增量理论是谦卑的核心前提,因为它反映了塑造自身谦卑行为的基本信仰和理解。同时,Grenberg(2005)研究认为,谦卑的人把他们不加掩饰、根深蒂固的自我观视为改进的催化剂,而不是自我停滞的借口。一位谦卑的领导者的这种增长模型已经证明了跟随者增长的合法性,并在他们领导人的身上引发学习目标导向(Owens et al.,2013)和促进(或增长导向)焦点调节(Owens & Hekman,2016)。

综上,对个人可塑性的基本信念或坚持成长信念能够使人谦卑。因为当你认为错误是通往持续发展的有意义途径而不是无能的证据时,承认错误要容易得多。有了这种心态,当你把别人看作榜样,你可以从他们身上学习和得到启发。这也是谦卑得以产生的基础。可见,坚持成长信念的领导者会更多地表现出谦卑。

三、领导者的情绪智力

根据 Mayer 和 Salovey(1997)的观点,情绪智力包括准确感知、评价和表达情绪的能力。情绪智力是有效领导的基本要素(Ashkanasy & Dasborough,2003;Zhou & George,2003)。Goleman 及其同事(2002)发现,高情绪智力的领导比低情绪智力的领导更能产生和保持热情、信心和乐观。其他研究表明,高情绪智力能增强人们应对变化的能力(Huy,1999)、管理压力(Cryer et al.,2003)和减少工作场所的攻击性(Quebbeman & Rozell,2002)。

学者认为,有效的情绪管理和意识与谦卑有关(Morris et al.,2005)。谦卑被认为是一种节制美德,对自我感知有稳定或根深蒂固的影响(Park & Peterson,2001)。谦卑的人能够更好地做出诚实和准确的自我评价。而更高的情绪意识应该有助于领导者更清楚自己的优点和缺点,了解自己对员工的影响程度。在情绪管理中,自我表达被控制,以作为维持有效关系的一种手段。非常有自知之明的人更可能认识到,即使他们是一个组织中最有才华和经验的人,也需要控制着自己的情感表达。因此,谦卑的人可以安心地对待自己,尊重身边的人(Flick,

2002）。总之，较高的情感意识和管理水平预示着较高的谦卑水平。

四、领导者的自尊

以前的研究将谦卑作为低自尊的等价物（Knight & Nadel，1986）。而如今学者认为，与其说谦卑等同于自尊，不如说自尊是谦卑的最佳预测因素（Morris，2005）。自尊是个人基于自我评价产生和形成的一种自重、自爱、自我尊重，并要求受到他人、集体和社会尊重的情感体验（林崇德等，2003）。自尊反映了个人对自己持积极或消极看法的程度（Brockner，1988）。

不过，自尊对于谦卑的影响并不明确。根据 Richards（1992）的研究，无论是防御性的高自尊还是过分的低自尊都不可能促进高水平谦卑的产生。真实的高自尊个体被认为是真正拥有自我价值的良好感觉，而防御性的高自尊个体则隐藏着内心的消极自我感觉。防御性的自尊心既反映出缺乏真正的自我意识，也反映出缺乏对他人意见的开放性。真实的高自尊心可以作为谦卑的催化剂，但防御性的高自尊被 Baumeister 及其同事（1996）称为高自尊心的"阴暗面"，当自尊心受到威胁时，可能会导致愤怒甚至暴力。因此，高自尊与谦卑之间的关系可能取决于一个人展现出的自尊是真实的高自尊还是防御的高自尊（Greenier et al.，1999）。由此来看，领导者自尊对于谦卑的影响还需要具体区分自尊的性质，低自尊和防御性的高自尊预示着低水平的领导谦卑，而真实的高水平自尊则预示着高水平的领导谦卑。

第四节　领导谦卑的影响效应机制

一、领导谦卑的个体层面效应机制

1. 领导谦卑对于员工态度的影响机制

（1）领导谦卑与员工工作态度。领导谦卑有利于激发员工积极的工作态度，包括工作满意度、组织支持感、工作敬业度、组织承诺、组织认同感、工作投入等。可以说，领导展现谦卑是促进员工良好工作态度形成与发展的一个有效途径。

Tierney 等（1999）研究发现，领导谦卑能够增强下属的工作满意度，提升下属的组织支持感。Owens 等（2013）发现，领导谦卑能够提高员工的工作满意度和工作敬业度。正如 Schaufeli 和 Bakker（2004）所说的，领导者的谦卑有助于减少一些阻碍追随者参与工作的障碍,提高工作敬业感。Basford、Offermann 和 Behrend (2013) 指出,领导谦卑可以提升追随者的忠诚度和组织承诺。Dutton、Roberts 和 Bednar (2010) 研究强调,领导谦卑能使下属产生发展性的组织认同感。唐汉瑛等 (2015) 学者基于自我概念衍生理论视角,采用问卷调查法收集 375 份员工数据,研究结果显示谦卑领导行为能够显著正向预测下属的工作投入。

学者除了探讨领导谦卑对员工工作态度的直接影响作用之外,还进一步研究了其间可能存在的中介机制和边界条件。例如,罗瑾琏等 (2015) 学者基于社会认知理论观点,研究发现心理安全感在领导谦卑与员工工作满意度的关系中发挥完全中介作用。Edmondson (1999) 早前研究明确指出,领导谦卑能使下属产生对工作环境的心理安全感。正是这种心理安全感可能促进员工各种积极工作态度的产生。此外,高日光和李胜兰 (2018) 研究发现,领导行为一致性在领导谦卑与员工情感承诺的关系中起正向调节作用,即当领导行为一致性较高时(真君子),领导谦卑对员工的组织情感承诺影响较强。袁凌等 (2018) 学者基于 516 名企业员工问卷调查数据,结果显示,领导者能力在领导谦卑与员工组织支持感的倒"U"型曲线关系中起调节作用。

综上,领导谦卑对于员工的工作相关态度可能产生重要的影响,包括各方面的工作态度都可能与领导谦卑有显著相关,具体如图 13-1 所示的领导谦卑对员工工作态度的影响机制模型。一方面,领导谦卑直接影响员工的工作相关态度;另一方面,则可能通过其他因素产生影响。

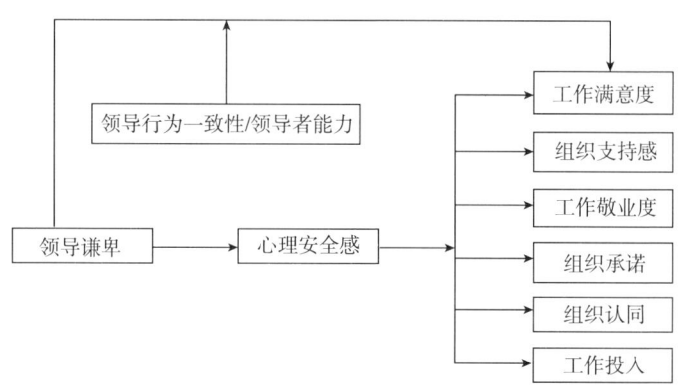

图 13-1　领导谦卑对员工工作态度的影响机制模型

(2) 领导谦卑与员工对领导的态度。领导谦卑有利于发展下属对领导的积极态度,包括信任、公正感、领导认同等。由于员工对领导的态度是影响领导效能的重要基础，因此，领导者通过展现适当的谦卑提高员工对其积极的态度也是领导者提升领导力的一种有效策略。

Nielsen 等（2010）认为，谦卑展现了一种自利性更低的领导风格，可以增进下属对领导者的爱戴和信任。Owens 和 Hekman（2012）强调，由于领导者表现出谦卑的态度，他们寻求被追随者教导，将注意力集中在追随者身上而不是他们自己身上，甚至承认自身的局限和过去曾有的错误，使追随者感觉到领导权力正在与他们分享（即实现了领导者—追随者角色逆转），从而使追随者对领导者产生信任感。Baer 等（2015）也认为，谦卑的领导者公开地向追随者展示他们的脆弱性，可以激发追随者产生信任感。正如 Collins 和 Miller（1994）所指出的，谦卑的领导者通过倾听他人来表现出乐意接受教诲，他们被证明能够在追随者中培养更大的信任感，因为追随者认为他们的领导者不是以自我为中心的。当领导者平易近人时，就会营造一个灵活安全的工作环境，这是追随者感到信任的关键因素（Baer et al., 2015; Edmondson 1999; Gao et al., 2011; Wu et al., 2014）。而正是谦卑的领导者所表现出的脆弱性意愿甚至是自身的脆弱性，增强了追随者对自己处于安全、发展环境的感知。

此外，Cropanzano 等（2007）的研究也证实了领导谦卑实施谦卑学习行为相当于向下属传达一种接纳建言信号，能提升下属对领导的公正感知觉。因为谦卑会让领导者在行使权力时更加无私（Kim, 2002），这会极强地增进员工对于领导一视同仁的知觉。

Lau 等（2014）发现，领导者谦卑的核心要素之一就是自我披露（即自己乐意接受他/她自己的个人局限性），领导者的自我表露也有可能促进领导者和追随者之间的透明互动，增强相互之间的理解。这种透明互动和相互理解的增进可以极大地促进下属对于领导的认同。

（3）领导谦卑与员工的自我认知与态度。领导谦卑不仅可以提高员工对于组织和领导的积极态度，还可能促进员工对自身的积极自我认知与自我态度。由此来看，领导谦卑将是一种发展多主体积极态度的重要方式，值得领导者关注。

如有研究指出，领导谦卑还能提升下属的自我效能感（Nielsen, Marrone & Slay, 2010）。正是由于谦卑型领导者所展现的可教诲性以及向他人学习的姿态，可以激发下属对于自身能力的认可与挖掘，从而增加下属的自我效能感。此外，在领导谦卑与员工自我效能感关系中可能存在一定的边界条件。例如，雷星晖等（2015）研究发现，员工的调节焦点可能是一个重要的调节变量。具体来说，员工的防御型调节焦点在领导谦卑与心理安全感之间起到正向调节作用，而员工的促进型调节焦点在领导谦卑与自我效能感间起到正向调节作用。再者，领导谦卑也能促进下属的心理安全感提升。例如，罗瑾琏等（2015）发现领导谦卑与员工心理安全感之间显著正相关，只是依据互补协调理论观点，进一步发现组织支持知觉负向调节领导谦卑与员工心理安全感之间的正向联系。

2. 领导谦卑对于员工情感的影响

（1）领导谦卑有利于降低下属的情绪耗竭。有学者指出，领导谦卑有助于塑造追随者对权力均等工作场所的社会认知，包括提升追随者的地位和主管社会支持的认知，而这又是进一步防止员工情感耗竭的重要基础（Hobfoll，1989）。Lin等（2017）研究认为，作为一种积极的领导特质的谦卑，可以增强追随者的个人权利感。同时，对员工的优点和贡献给予表扬和赞扬，并寻求员工的教导，也会增强员工的自尊和自主感，这也是防止员工情绪耗竭的关键因素（Ito & Brotherridge，2003）。

此外，领导者的谦卑还可以通过提供员工工作中压力应对策略来帮助预防员工情感耗竭体验。领导者谦卑的一个关键影响机制是，追随者有权寻求持续的发展。而这种发展合法化会鼓励追随者在处理工作压力时采取积极的应对策略。领导谦卑中的追随者更可能使用建设性的应对策略，例如，提问、行动、乐观、展望和寻求帮助（Ashford et al.，2018），而不是以逃避策略来应对压力，如放弃或隐藏问题（Havlovic & Keenan，1995）。这些积极的应对策略将帮助员工更有效地处理工作需求，从而防止情感耗竭（Brotherridge，2003）。由此，领导者应该通过谦卑的方式，使追随者的发展合法化，从而减少情感上的负面消耗。

再者，与一个标榜完美或全知全能姿态的领导者相比，一个标榜谦卑的领导者解放了追随者，让他们在面对困难、不确定性以及对错误后悔时，能够自然地表达出自己的真实情感。研究人员发现，这种情感展示的自主性（Goldberg & Grandey，2007；Greguras & Diefendorff，2009）是防止工作场所中员工负面情绪累积的重要保障。

（2）领导谦卑有利于提升员工的幸福感。领导谦卑使追随者的个人价值得到充分认可，鼓励学习行为（Owens et al.，2013；Owens & Hekman，2012），从而提高员工的幸福感。谦卑的领导者不仅对追随者的力量和贡献表示明确的赞赏，而且促使追随者更加积极地学习，实现了自身价值。Fritz和同事（2011）的研究结果表明，获得对工作的认可和学习新事物是提高员工在工作中幸福感的最有效的策略。因此，随着发展合法化和个人价值的认可，经历领导谦卑的员工更可能产生高水平的工作幸福感（Wang et al.，2018）。

3. 领导谦卑对于员工关系的影响

对领导谦卑的研究表明，谦卑是人际关系的一种强有力影响因素。领导谦卑可以促进工作场所的良好关系发展（Morris et al.，2005；Rowatt et al.，2006）。这些观点与Richards（1992）的研究发现相一致，由于高度谦卑的领导者更可能避免在工作中与他人竞争,并避免嘲笑、打断或胁迫他人等不尊重行为,因此,他们更可能与员工形成支持关系。还有研究表明,领导者的谦卑会增加追随者对其领导者的信任,从而产生支持性的领导者—追随者关系(Morris et al.,2005;Nielsen et al.,2010)。

谦卑型领导者更可能无私地使用权力(Morris et al.,2005),并做出更好的决策(Kim,2002),从而能够更有效地培养员工的认同感,并且不会导致员工的过度依赖(Kark,Shamir & Chen,2003)或对领导者的过于理想化(即追随者不会将领导者提升到过高和不现实的高度)。在这样的背景下,一个谦卑领导者的追随者不太可能随着时间的推移而对他们的领导者产生幻灭的想法和相关的不信任、不忠诚、轻蔑和不满,因为他们的领导者从未试图制造任何幻象。因此,谦卑的领导者—追随者二元关系的发展更可能遵循一条更加稳健和向上的路径,其特点是信任水平、相互尊重和忠诚度的增加(Agashae & Bratton,2001)。

4. 领导谦卑对于员工行为和绩效的影响机制

(1)领导谦卑有利于激发员工的主动学习行为。有研究指出,领导谦卑有利于追随者的成长和发展合法化,促进双向学习行为的产生(Tierney et al.,1999)。Owens等(2013)也发现,领导谦卑能够加强员工学习。领导者谦卑的行为被追随者视为如何成长的榜样,并让追随者觉得自己的成长和改进过程是合法和必要的(Owens & Hekman,2012)。在这样的背景下,追随者会将学习成长作为一种自然和良性的发展追求,即会更主动地投入到学习之中。

(2)领导谦卑有利于激发员工的建言行为。Owens和Hekman(2012)及Solomon(1992)研究认为,谦卑对于寻求与追随者一起解决复杂业务问题的领导者是有用的,并且可以成为激励追随者从事探索性行为(例如,建言)的关键因素。领导者谦卑表现为一系列权力均等行为。在与谦卑型领导者互动过程中,追随者将较少受到领导者权力有意无意的压制,而是可以更平等地发表自己的意见和看法,即更愿意表达自己对于组织和工作改进的看法,做出更多的建言行为。如冯镜铭等(2018)以广东某高校的MBA、课程培训班学员为调查对象,研究结果显示,领导谦卑分别对下属促进性建言行为和抑制性建言行为有显著正向影响。陈龙等(2018)通过237份员工及其直属领导的配对数据研究结果表明:谦卑型领导与建言行为呈正相关关系,然而,这种正向关系会受到员工反思性认知的调节作用。对具有反思性认知的员工,谦卑型领导对建言行为的积极作用会相对较弱。

(3)领导谦卑有利于激发员工的主动担责行为。谢清伦和郁涛(2018)通过对337份领导—成员配对数据进行分析结果得出,领导谦卑与员工主动担责行为之间显著相关,只是员工目标导向会调节谦卑型领导与主动担责之间的间接关系，相对于低绩效—接近导向，当员工具有较高的绩效—接近导向时，谦卑型领导能激发员工更强的角色宽度自我效能，进而促进其主动担责行为；相对于高绩效—回避导向，员工具有较低的绩效—回避导向时，谦卑型领导能激发员工更强的角色宽度自我效能，进而促进其主动担责行为。

（4）领导谦卑有利于激发员工更多的角色外行为。就领导谦卑对追随者行为的影响作用方面，国外学者 Burris（2012）及 Nielsen 等（2010）研究发现，领导者谦卑是一种领导风格，因此，可以培养追随者的安全感，同时建立一种支持性的领导者—追随者关系，进而激励追随者从事角外色行为。

（5）领导谦卑有利于激发员工的创新行为。领导谦卑还可能通过建立一种支持性的领导—成员关系，显著影响员工的自我认同和内在动机，并进而正向影响员工的创新行为。Chang 等（2012）研究结果显示，员工核心自我评估在谦卑的领导和员工创新行为之间起着中介作用。首先领导谦卑正向影响员工的核心自我评估。而员工的核心自我评估不仅可以激励员工产生更多的与工作相关的知识，还可以提高员工的内在工作动机（Chiang et al.，2014），间接地帮助他们思考创造性的工作方法，即增加员工的创新行为。雷星晖等（2015）从内在心理的角度出发，基于领导理论与创造力理论，采用问卷法调查了 326 对直接领导与对应员工，研究发现，心理安全感和自我效能感在领导谦卑与员工创造力之间起完全中介作用。Zhou 和 Wu（2018）研究结果显示，领导政治技能调节谦卑领导与员工创新行为之间的关系。领导者的政治技能增强了他们正确理解和理解员工的能力，有助于他们在组织中建立非正式网络，解决问题，减轻下属的痛苦；通过识别和捕捉员工的特征和需求，可以实现下属和组织目标之间的一致性（Balkundi & Kilduff，2006）。此外，具有强大政治技能的领导者为下属提供愿景、灵感和动力，鼓励他们通过分享灌输的价值观和领导力来承担具有挑战性的工作（Treadway et al.，2008）。为此，这项研究进一步证实，具有高度政治技能的领导者能够更好地利用谦卑的领导，并对员工的创新行为产生更大的积极影响。

（6）领导谦卑有利于提升员工的工作绩效。罗瑾琏等（2015）研究发现，领导谦卑能够正向影响员工工作绩效。谦卑型领导者乐于接受各种反馈（即使是批评的），并接受自己的局限和错误（Owens & Hekman 2012）。在这种情况下，追随者准确地感知到与工作绩效相关的赞赏和认可，并可能通过尝试更高的工作绩效来积极回应，从而获得更多的赞扬和鼓励（Ilgen et al.，1979）。领导谦卑还能提升下属的自我效能感和奉献意愿，以及对领导者的认同感（Nielsen，Marrone & Slay，2010），进而更愿意投入到工作相关行为之中，表现出较高水平的工作绩效。谦卑的领导者行为不仅能培养追随者的心理安全感，而且得到领导者的支持（Bakker，2005；Kahn，1990），还有助于确认追随者的发展进程，培养不断纠错和学习的态度,释放更多追随者的心理资源(即心理自由),致力于与工作相关的任务。无论是大任务还是小任务,谦卑的领导者对追随者任务的建模,都有助于提升追随者心中的任务。使他们更不可能把这些任务仅仅看作是无关紧要的工作,从本质上来说觉得是值得的。因此,这项研究揭示了影响跟随者认知的特定领导者行为,进而培养了更高的工作敬业感。这将是员工高绩效工作表现的重要基础。

二、领导谦卑的团队层面效应机制

早前对组织环境中谦卑的关注集中在将谦卑作为领导的个人层面特征(Morris et al., 2005; Nielsen, Marrone, & Slay, 2010),但实际上谦卑也可能是一种团队层面现象,是团队的财富(Owens & McCornack, 2010),对团队层面结果变量也产生重要的影响作用。

1. 领导谦卑有利于促进团队合作

研究结果显示,表现谦卑的领导者可以帮助他们的团队更好地合作(Anderson et al., 2006; Lauber, Baetge & Acomb, 1986)。因为谦卑的领导者的行为示范可以让团队成员避免恶性竞争,更多地关注其他成员的感受与体验,这是有效团队合作的基础。

2. 领导谦卑有利于激发团队集体谦卑行为

集体谦卑描述了反映谦卑维度的团队互动模式,即团队成员承认并欣赏彼此的优势,以开放的态度倾听彼此的反馈和新想法,承认错误并建设性地处理它们。领导者在塑造团队成员如何通过领导者自己的社会模型进行互动方面具有重要影响(Dragoni, 2005; Naumann & Ehrhart, 2005)。这种社会建模理念与追随者模仿领导者情绪(Johnson, 2009; Sy, Cote & Saavedra, 2005)和行为(Fast & Tiedens, 2010; Visser et al., 2013)的证据相吻合。尤其是当面对模棱两可的情况时,员工们会向他们的领导者寻求适合环境的行为模式(Festinger, 1954; Hardin & Higgins, 1996)。追随者尤其可能效仿他们的领导者,因为领导者拥有位置权力(Cialdini & Trost, 1998)。一项研究表明,追随者会倾向于模仿领导者的公民行为(Yaffe & Kark, 2011)。依此逻辑,当领导者在塑造谦卑行为时,追随者会模仿这种行为,从而促使集体谦卑的共同群体行为的产生。

3. 领导谦卑有利于提升团队绩效

许多学者研究认为,团队领导者谦卑是促进有效的团队运作的一种独特有效方法,因为谦卑的领导者行为与建设性相互关联、任务分配有效性、信息交换、持续更新和监控以及自我纠正的核心团队过程相关(Burke et al., 2006; Johnson et al., 2010; Zaccaro, Rittman & March, 2002)。正是通过这些核心团队过程的改善，团队谦卑领导可以极大地促进团队绩效的提高。Owen 和 Hekman（2016）基于在团队层面的研究发现，集体谦卑行为通过促进型团队调节焦点机制提升团队绩效。促进型团队调节焦点包括团队成员关注"集体"目标而不是"个人"目标，以及最大的"提升"目标而不是最小的"预防"目标（Rietzschel，2011）。领导者谦卑的团队将以集体谦卑行为为特征，产生强大的团队提升焦点。根据 Marks 和同事（2001）对团队过程和团队紧急状态的区分，我们认为，谦卑的领导者的行为具有传染性，会导致集体谦卑（以谦卑行为相似性为特征的团队合作过程），从而导致强烈的促进型团队调节焦点（激励紧急状态）。这种紧急状态就像一个自我调节参考点，团队以此来调节他们的行为。根据目标设定理论，个人和团队更有可能达到他们特别关注的目标（Locke & Latham，2002）。虽然个人目标往往有益于个人（即自我提升），但集体目标有时要求个人征服个人利益，以有益于团队（即团队提升）。当团队成员把团队的利益放在自己的利益之上时，团队通常表现得更好（Ashforth & Mael，1989）。同样，专注于最大团队目标的团队，如实现团队"收益"（即以提升为重点的团队），可能比专注于最小目标的团队，如"非损失"（即以预防为重点的团队）表现更好，因为以提升为重点的团队往往具有更大的积极影响和任务满意度（Dimotakis et al.，2012）。在决定是否参与某项行为时，以提升为中心的团队成员决定该行为是否有助于团队，以及是否能够使团队获得最大的绩效。基于此，团队谦卑领导正是通过影响团队调节焦点从而达到积极影响团队绩效的目标。

三、领导谦卑的组织层面效应机制

领导谦卑的研究除了探讨其对个体层面和团队层面的影响之外，还有一些学者就领导谦卑对组织层面的影响进行了研究。已有研究发现，领导谦卑有助于良好组织氛围的形成与发展，并对组织层面的结果产生影响。

Morris 等（2005）研究认为，领导谦卑能够营造一种良好的组织氛围，延长了企业的生命周期。Hekman（2012）研究认为，领导谦卑仍然被视为一种罕见的人格特质，这种特质在一定程度上会产生良好的组织结果。Ou 等（2014）关于领导谦卑的实证研究表明，领导谦卑会促进支持性组织环境的发展，包括高层管理团队整合和赋权氛围。Zhou 和 Wu（2018）研究认为，谦卑的领导对员工创新行为有直接的积极影响，谦卑领导者的支持性领导行为（例如，以开放的心态学习，包容和充分授权）在组织内创造了一种包容的组织学习氛围。

综上，领导谦卑可能产生跨层面的影响效应，包括个人、团队和组织层面。但是就现有研究来看，学者主要探讨的是个体和团队层面的影响机制，而对组织层面的影响研究相对较少。这也是未来研究需要特别关注的。

第五节 领导谦卑发展及影响效应的综合模型构建

为应对工作场所的复杂性和高适应性要求,自下而上的领导被普遍强调(Weick,2001)。而领导谦卑作为一种新兴的领导风格,能够很好地应对各种管理问题。具备谦卑的领导者承认自己的缺点,欣赏下属的优点和贡献,向他人学习。相关研究表明,谦卑确实与领导力正相关(Exline & Geyer,2004)。服务领导能力(Greenleaf & Spears,2002)、第5级领导能力(Collins,2001)和参与式领导能力(Kim,2002)研究的观点均表明,谦卑对领导的有效性至关重要(Weick,2001)。结合目前已有研究关于领导谦卑的驱动因素以及领导谦卑的影响效应机制发现,本书构建了一个领导谦卑发展及影响效应的综合模型,如图13-2所示。

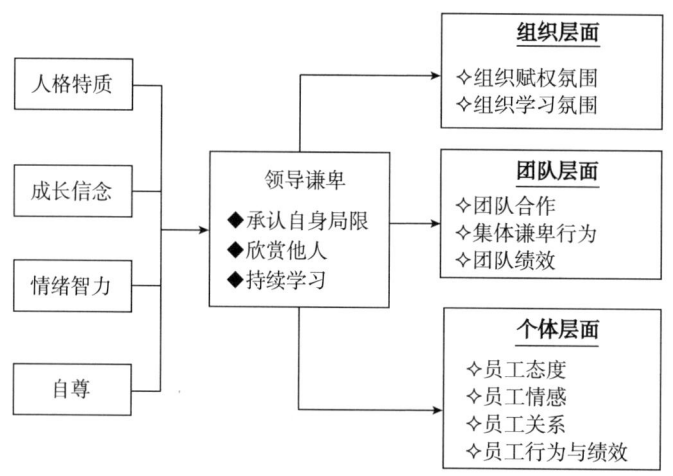

图13-2 领导谦卑的发展及影响效应综合模型

首先,领导谦卑是一个多维度的构念。领导谦卑的定义目前还未达成一致,就领导谦卑的维度而言,也有不同的观念,例如,有二维度观、三维度观和六维度观。但就领导谦卑内涵而言,大多数学者就指出,领导谦卑反映了领导者的一些基本特点,如承认自身局限、欣赏他人和持续学习。例如,Owens 和 Hekman(2012)概括了三类谦卑的领导者行为:承认局限和错误,承认追随者的优势和贡献及塑造可教性。领导者对自己的局限性的了解和对他人优势的认可,可以提高他们对自己需要成长的地方以及他们周围可以学习成长的人的认识。承认弱点使领导者乐于向那些在领导者自己可能缺乏的领域向有技能的他人学习。

其次,领导谦卑受到领导者因素的重要影响,包括人格特质、成长信念、情绪智力及自尊等。已有研究对于领导者人格特质在领导谦卑发展中的影响给予了较多的关注。具体来说,有较多研究探讨了领导者的大五人格、自恋、马基雅维利主义等对于领导谦卑可能产生的促进或阻碍作用。另外,领导者的成长信念和情绪智力也可以促进领导谦卑行为的发展,而领导者自尊对于领导谦卑的发展在一定程度上还取决于自尊的性质。

此外,领导谦卑可能产生多层面的影响效应,包括个体层面、团队层面和组织层面。就个体层面而言,领导谦卑对于员工态度、情感、关系、行为以及绩效均可能产生重要的影响作用。就团队层面来看,领导谦卑会有利于提高团队合作、增加团队的集体谦卑行为,并且提升团队绩效。就组织层面来说,领导谦卑有利于发展组织良好的氛围,包括组织赋权氛围、组织学习氛围等。

概括而言,领导谦卑对于组织及员工均可能产生重要的影响作用。一方面,领导谦卑可以直接促进员工良好工作态度、积极情感的形成以及积极工作相关行为的产生;另一方面,领导谦卑还可以通过影响员工进而对团队和组织产生积极影响作用。例如,Ou 等(2014)研究表明,谦卑的领导不仅可以通过深刻影响员工的认同来确保领导的有效性,还可以通过加强高层管理团队之间的团结来维持和促进组织的整体绩效(Ou et al.,2014)。

第六节 结语、管理启示及未来研究展望

一、结语

谦卑作为一种美德和人格特质,领导者可以在自身的生活和管理实践中不断去培养,承认自身的缺陷和追随者的贡献,积极向追随者寻求帮助,为了自身和追随者的发展而不懈努力(Owens & Hekman,2012),从而最终形成谦卑的人格特质。领导谦卑在自下而上的领导方式中是独一无二的(Ou et al.,2018)。谦卑的领导者注重追随者的认知和内心以及追随者自身的发展过程,这明显区别于发展型领导者、仆人型领导者和参与式领导者。那么到底如何才能使领导者产生谦卑行为呢?这就需要领导者去尊重和欣赏下属,对下属富有同情心,提高宜人性和责任心,减少自恋倾向和唯利主义(徐小凤和高日光,2016;Morris,2005)。同时,在工作中,领导者只有不断提升自己、完善自己的潜在信念,才

能正确地看待自身、欣赏他人、更具开放性（Dweck，2008；Ehrlinger & Dweck，2011）。此外，也应注意自身的情绪表达和管理，展现自身真实的高自尊，这也有助于领导谦卑。

领导谦卑对员工、团队、组织究竟有何种影响以及如何产生影响的？综合上述对领导谦卑的影响效应研究得知，在员工层面上，领导谦卑有助于构建一个积极的工作环境，允许追随者自身的发展，使追随者获得积极的心理利益和所需的满足感（Demerouti et al.，2001），同时防止追随者的消极情感滋生（Lee & Ashforth，1990），提高员工幸福感及对领导者的信任感和认同感。Johnson 等（2011）及 Owens 等（2013）研究认为，谦卑可以促进追随者的积极表现，因为谦卑型领导者承认自身弱点，欣赏他人的长处可以激励追随者自身发展，而领导者自身展现的可受诲性也可以促进追随者成长。因此，领导者的谦卑可以促使员工更多地投入到卓越绩效相关的一系列积极行为之中。在团队层面上，领导谦卑有助于减少团队内冲突和恶性竞争，使得团队成员能够友好合作，激发成员们的谦卑行为，最终导致团队绩效的提升（Anderson et al.，2006；Yaffe & Kark，2011；Johnson et al.，2010）。在组织层面上，领导谦卑有助于营造良好的组织氛围，从而导致积极的组织结果（Hekman，2012；Morris et al.，2005）。因此，领导者应该主动培养自身谦卑品质，在管理工作中展现出更多的谦卑行为，从而对下属、团队、组织产生积极效益，促进企业的长远发展，延长企业的生命。

二、管理启示

谷歌的人力资源高级副总裁拉兹洛·博克（Lazlo Bock）提出，谦卑是考察管理者的重要指标之一。博克说："谦卑不仅是给别人闪光的机会，也是对自己学识的谦卑。没有这种谦卑，人就无法进步。"研究显示，领导者身上必须具备四种品质，而谦卑就是其中之一。Ken 在最新的著作《仆人式领导在行动》(*Servant Leadership in Action*) 中，40 多个有关教育工作者、活动家、作家和从业者的例子总结出：一切实现领导的方式似乎都会回到一个基础的前提——伟大的领导者明白到领导需要深切的谦卑。实际上，无论是在理论上还是在实践中，领导人一直被描述为半神、英雄和超人救世主（Murrell，1997；Yukl，1998）。这种领导方式已经无法适应不断变化的环境。因为组织中领导者决策的僵化（而不是教化）；对领导者的知识和专长产生过度依赖（而不是承认和鼓励追随者的优势和贡献）；以及领导者对自己预测未来的能力过于自信（而不是承认局限性和知识缺口），将会导致组织发展滞后甚至组织衰败。因此，为了在日益复杂的竞争背景下有效地领导组织，领导者必须越来越多地依据自下而上的领导。其中，领导谦卑就是一种新形势下行之有效的领导方式。领导谦卑意味着领导者向追随者展示如何成长，承认他们自己不知道的东西，塑造领导者自己的可教性，并承认他们周围人的独特技能、知识和贡献。

谦卑意味着愿意了解自我，包括优势和弱点，并且倾向于向他人学习而非仅是自我关注（Nielsen, Marrone, & Slay, 2010）。对于整个组织来说，领导谦卑通过开放知识和经验的局限性来展现他们的学习姿态（Weick, 2001），不仅体现了积极的个人品质，而且还会在行动上主动承认和接受他人的知识和指导（Standish, 2007）。

领导者谦卑对追随者的影响之一就是使追随者对自身缺乏经验、发展差距和错误的现状能够采取一种建设性和适应性的方式反应。谦卑的领导者借此可以帮助减少追随者发展过程中的焦虑，帮助释放追随者的心理资源。另外，Nielsen等（2010）发现，由于谦卑使领导者与下属处于一种平等而不是阶层型关系中，从而让双方能平等对话，同时谦卑能让领导者认识到自己的想法未必是最好的，所以会与下属展开双向沟通，形成双向反馈。概括来说，谦卑是进步和发展的基础，在组织环境中具有切实的价值。谦卑并不是意志薄弱、肩膀弯下、温顺的表现（Tangney, 2000），而是使个人处于不断适应和成长的状态。谦卑的态度似乎能使个人更大胆地挖掘自己的最大潜能，并使他们能够不断地提高自己，并培养持续学习所需的思维（Swift & West, 1998）。

由于谦卑在本质上被证明是一种可塑性的属性，它会发展或恶化，并且会根据生活经验而波动（Owens, 2009; Vera & Rodriguez, 2004），谦卑类似于人格心理学家所说的"可改变的特性"，人们可以通过实践而显著地提高这种特性（Dunning, 1995; Duval & Silvia, 2002）。因此，个体可以通过后期培训来培养自身谦卑特性。Romanowska等（2014）曾做过一个实验，将采用实验戏剧艺术的领导力培训与传统培训方式的培训效果进行比较，发现经历过长达一年的戏剧演练的领导者表现出更多谦卑的行为方式。

此外，由于将资源与不断变化的机会、约束和需求相匹配是紧急变革中的一项关键技能（Hayes, 2002）。领导谦卑有助于促进这种匹配，因为谦卑的领导行为，关注跟随者的优势，会产生一种共识的意识，即团队必须分配什么人力资源来满足不断变化的需求。总之，我们认为，谦卑的领导行为有助于更清楚地了解具体的领导方法，从而促进组织的紧急变革。

文化价值观可以塑造个人的属性和行为，以及他们认为适合他人的行为（Markus & Kitayama, 1991）。其实长期以来，中国文化一直接受谦卑的概念，对谦卑有着强烈的自然倾向（Vera & Rodriguez, 2004）；因此，中国文化通常比西方文化更能接受这种领导方式（OC et al., 2015），领导谦卑的本土化研究在文化接受上更具优势。为此，在中国组织情境中，领导谦卑也许具有更高的本土适应性，也更可能达到积极影响效果，值得中国组织管理者予以重视和应用。实际上，具有可持续高绩效的组织有一些共同点：他们的领导者真正谦卑，专注于组织的利益（Collins，2001）。在实践中，谦卑的企业家在管理公司方面通常表现得很好。由此来看，作为一种自下而上的独特领导风格，领导谦卑将是组织管理实践的一种有益尝试。

三、未来研究展望

第一，领导谦卑的影响效应机制研究。谦卑领导的积极作用在管理实践中得到了广泛体现。但作为一种新型的独特领导方式，谦卑领导只是最近才被提出的。现有的一些理论研究表明谦卑领导对员工和团队绩效具有积极影响。但是领导谦卑对于组织层面的影响研究还相对较少，仍然需要未来的进一步探讨。同时领导谦卑对于个体、团队和组织跨层面的影响可能产生协同，其中的可能过程机制如何，存在什么样的边界条件影响等问题，仍然不明确。相信对这些问题将会对领导谦卑理论研究产生积极的推进作用。例如，Owens 和 Hekman（2012）研究发现，领导者的谦卑在以极度威胁或时间压力为标志时效果不佳。未来研究可以探讨组织竞争程度或组织变革对于领导谦卑影响效应可能产生的调节影响。又如行业和文化也可能影响追随者接受谦卑的程度（Cameron & Quinn，2011；Hofstede，1984）。为此可以探讨领导谦卑影响追随者反应过程中行业或文化价值观的可能调节作用。再如当谦卑的领导者超越了"伟人"和英雄神话的领导观点并通过坦诚面对自己的局限性来展现他们的人性时，他们可能会被误认为是软弱的领导者（Prime & Salib，2014）。由此来看，未来还可以进一步探讨领导谦卑可能产生的负面结果及其中的边界条件。

第二，领导谦卑的发展机制研究。虽然领导谦卑有利于组织和员工发展，但是究竟如何促进领导谦卑仍然是一个需要深入探讨的问题。已有研究对领导谦卑的影响因素主要关注的是领导者自身因素，包括领导者的人格特质、情绪智力和自尊等。但是除此之外，还可能有哪些因素影响领导谦卑的发展并不明确。实际上，组织背景也可能影响领导谦卑行为的发展。例如，Peterson 和 Seligman（2004）认为，关心和尊重的氛围有利于谦卑的形成。究竟组织情境中的哪些因素是领导谦卑发展关键驱动力是值得未来学者深入探讨的主题。此外，未来还可以探讨领导者个人因素及组织情境因素对于领导谦卑发展的跨层面作用机制，以更全面深入地理解领导谦卑究竟从何而来，组织及领导者可以如何促进组织中领导谦卑的发展。

第十四章 谦卑型领导对员工情感承诺的影响机制研究

第一节 引言

如今,随着组织经营环境变得越来越动态和不可预测,企业所面临的问题也越来越复杂,没有领导者能做到无所不能,任何一个领导者都越来越难以发展成"全能型"(Owens et al.,2013)。在这样的背景之下,领导者应该超越个人英雄主义或"伟人"的领导观,采取自下而上的领导方式更为恰当,也更为必要(Wang et al.,2018)。而谦卑的领导方式正是超越了"伟人"领导观,同时还是许多自下而上领导方法的核心(Collins,2001;Matteson & Irving,2006;Weick,2001)。领导者谦卑逐渐得到人们的认可和高度赞扬(Chen et al.,2018)。在企业中,具备谦卑品质的领导者也越来越多,并相应发展出了一种领导风格——谦卑型领导(Humble Leadership)(Owens & Hekman,2012)。

目前对谦卑型领导的研究揭示了谦卑型领导对追随者态度和行为的积极影响(Owens & Hekman,2012),例如,对员工的工作满意度(Owens et al.,2013)、工作敬业度和组织认同感(Basford,Offermann & Behrend,2013)均产生正向影响。但很少有研究探讨谦卑型领导与追随者情感之间的潜在联系(Wang et al.,2018)。鉴于员工情感是影响其工作生活的核心要素(Brief & Weiss,2002),而情感承诺作为组织承诺的核心情感要素,已有研究普遍强调其重要性值得重点关注(Yeil,2014)。情感承诺是指个体对组织的情感依恋(Meyer & Allen,1991)。在情感上依附于某一组织的个人乐于继续留在该组织,将该组织的问题视为自己的问题(Casimir et al.,2014),并且积极去应对和解决这些问题(Jaiswal & Dhar,2016)。以往学者对情感承诺的驱动机制研究,主要集中于变革

工作场所中的情感研究

型领导、授权型领导、伦理型领导等领导风格的影响（李永占，2018；蒋丽芹等，2018）。而谦卑型领导作为一种新兴的领导方式，其对情感承诺产生何种影响及其内在机制如何还没有明确一致的结论。因此，探讨谦卑型领导对员工情感承诺的影响及其作用机制具有重要理论价值和现实意义。

已有少数对谦卑型领导影响机制的中介效应研究主要是基于认知视角，探索心理安全感、反思性认知等因素的中介作用。例如，罗瑾琏等（2015）基于社会认知理论观点，研究发现心理安全感在领导谦卑与员工工作绩效、工作满意度的关系中发挥完全中介作用。本书在此拟超越原有的社会认知视角，而从关系视角探讨领导—成员交换关系（Leader - Member Exchange，LMX）的中介传递影响。领导—成员交换关系是研究领导者和追随者之间关系中最普遍采用的概念（Uhlbien，2006）。在此将从关系的视角去探讨领导—成员交换关系在谦卑型领导与员工情感承诺之间的中介作用。此外，根据以往研究的发现，在考察领导—成员交换关系在中国情境中的作用时，有必要考虑个人的文化价值取向（Wang et al.，2010）。这是因为个人的文化价值取向对于解释他们遇到的情况至关重要（Huntington，1997）。根据之前的研究发现，中国的传统性价值观反映了个人服从权威的程度（Farh et al.，1997；Wang et al.，2010），在上下级的互动过程中，员工对领导行为的反应受个体传统性价值取向的影响（仲理峰等，2013）。由此，将引入传统性这一文化价值观变量，去探索谦卑型领导影响效应的边界条件。综上，本书将在此着重厘清谦卑型领导和追随者情感承诺之间的联系机制，从而更深入地阐明谦卑型领导是如何激发员工情感承诺的。具体而言，从关系视角出发，将领导—成员交换关系作为领导者谦卑对追随者情感承诺影响的一个中介变量进行探索，使人们对领导者谦卑的影响效应传递机制有一个全新的理解；此外，引入个体的传统性这一文化价值观，探讨它在谦卑型领导与领导—成员交换关系之间的调节作用。一方面，可以加深理论界和实务界对谦卑型领导作用机制的理解并建构发展相关理论；另一方面，也可以为中国企业如何激发员工情感承诺提供有价值的对策和建议。

第二节　理论基础与研究假设

一、谦卑型领导

学者 Ou（2011）定义谦卑型领导为一种欣赏和提升员工、完善和提升自己以及对自己低关注、对员工高关注的一种领导方式。Owens 和 Hekman（2012）研究认为，谦卑型领导是领导者通过一系列行为去塑造谦卑形象的领导方式。Owens 和 Hekman（2015）认为，谦卑型领导是指领导者通过自我反思、开放接受等一系列行为，更客观地认识自己，欣赏员工，更包容地接受新的知识，与员工共同进步，促进组织目标实现的一种领导方式。国内学者冯镜铭等（2014）认为，谦卑型领导是一种自下而上的领导方式，领导者可以通过承认自己的缺陷、欣赏下属优点或持续学习等方式来维持良好的领导—下属关系。概括而言，谦卑型领导是一种自下而上的领导方式，包括倾听、观察他人，通过实践学习，欣赏和认可追随者的贡献，并允许批评性的反馈（Argandona，2015；Frostenso，2016）。此外，他们愿意通过承认自己的局限性来展现自身弱点，甚至会向追随者寻求帮助或反馈（Owens et al.，2013）。

二、谦卑型领导对员工情感承诺的影响

情感承诺被定义为对组织的情感依恋和认同（Allen & Meyer，1990）。情感承诺是理解员工忠于组织而甘愿奉献的关键，也是组织承诺的核心要素。员工在企业努力工作并非单纯为了物质利益，对组织的感情也是重要的因素。以往的研究发现，具有高度情感承诺的员工会忠诚并依附于组织，从而降低他们离开组织的可能性（Meyer & Allen，1997；Pitt et al.，1995）。但组织是一个抽象名词，领导者被视为员工与组织之间的桥梁，在员工对组织的认知和评价中扮演着非常重要的角色（Pan & Zhou，2010）。在日常工作中，员工与直接领导者的互动最多，直接领导者的一言一行会对下属产生重要影响（高日光和孙健敏，2009）。当下属所做出的努力和贡献被领导者欣赏、尊重，或领导者乐于接受下属意见、虚心向下属学习时，下属会产生感激和回报之心，从而增加员工对领导和组织的情感报答（Basford，Offermann & Behrend，2013）。在众多领导类型中，具备欣赏下属的优势和贡献、可教性以及对新思想展现开放性特征的谦卑型领导在激发员工这一情感回报的过程中可能起着非常重要的作用（Wang et al.，2018）。

就概念内涵而言，情感承诺包含对组织的认同、自豪感及为了组织的利益而自愿牺牲和奉献等成分（Chen & Francesco，2003），反映了员工对组织的认同、投入和情感依恋程度。员工对组织的情感承诺来源于感知到的组织如何对待自己（Rhoades，Eisenberger & Armeli，2001）。而谦卑型领导被定义为在社会环境中展现的一种人际关系互动特征，它意味着领导者愿意准确地看待自己，同时欣赏他人的优势和贡献，并且反映了领导者的可教性或对新思想和外界反馈的开放性（Owens，Johnson & Mitchell，2013）。根据社会交换理论的观点，个体在社会互动中为了维系利益需要对已经获得的价值进行回报。如果个体与团队（组织）

有着充分与公平的社会交换，个体会强烈感受到来自组织的重视和支持，其认同感和责任感会显著增强并最终表现出更多的积极态度或行为。谦卑型领导给予员工更多的欣赏和夸奖，展现出更多的包容性和开放性，相应地，员工也会回报领导以相应积极的态度，回报领导者及其所代表的组织。有研究表明，谦卑型领导者表现出谦卑的态度以及对于下属的重视和关怀会引发下属的积极情感体验，显著增强员工的自尊和自主感（Ito & Brotherridge，2003）。此外，谦卑型领导还通过承认自身局限和过去的错误而放弃对于自身拥有的权力的过度坚持，适当时宁愿将权力赋予员工。在这个过程中，员工感知到领导者—追随者角色的转换，即追随者感觉到领导者正在与他们分享权力，从而对领导者产生信任感和支持感（Owens & Hekman，2012）。由此来看，谦卑型领导会营造一个充分认可追随者个人价值以及鼓励学习行为的工作环境，使员工对于领导产生积极认同，作为回报，对常被看作是领导所代表的组织也相应产生更多的积极情感和依恋（Owens et al.，2013）。可见，谦卑型领导有助于激发员工对组织的情感承诺。因此，本书提出如下假设：

H1：谦卑型领导与员工的情感承诺有显著的正相关关系。

三、领导—成员交换关系的中介作用

对谦卑型领导的研究表明，谦卑是建立强有力的人际关系的重要因素（Morris et al.，2005；Rowatt et al.，2006）。因为面对领导者的谦卑，追随者不太可能随着时间的推移而对他们的领导者产生不信任、不忠诚、轻蔑和不满等负面情绪，而是相应地产生认同、信任以及尊重等积极情感（Hekman，2012）。因此，谦卑型领导过程中激发的领导—成员二元关系的发展可能会遵循一条更加稳定、积极的道路，即谦卑型领导可能促进上下级关系的积极发展。此外，谦卑型领导的核心要素之一是领导者的自我揭露及接受自己的个人局限性，这些做法向追随者表明，领导者认为追随者是可信任的，并且是受组织重视的（Morris et al.，2005）。另外，谦卑型领导所展现出的谦卑也让追随者认识到承认错误是为了更好的发展，为此不应该指责犯错误的人。这种认知定位会减少争吵并尽力避免员工被低估的感觉（Owens & Hekman，2015）。由此，谦卑型领导者的真实诚恳的自我表露会促进领导者和追随者之间的透明互动，增强相互信任，从而建立高质量的领导—成员交换关系（Lau et al.，2014）。总之，不少学者的实证研究结果也证实，领导者谦卑是一种积极的领导风格（Burris 2012；Nielsen et al.，2010），谦卑的领导者会公开地向追随者展示自身的错误和局限，这会增加追随者对其领导者的信任（Baer et al.，2015；Owens et al.，2011），从而产生支持性的领导—成员交换关系（Morris et al.，2005；Nielsen et al.，2010）。因此，本书

提出如下假设：

H2：谦卑型领导与领导—成员交换关系有显著的正相关关系。

就领导—成员交换关系对员工情感承诺的影响而言。Henderson等（2008）研究证实，领导—成员交换关系对追随者的表现产生积极和直接的影响。这不仅是因为领导者的优待激发了追随者的责任感，而且还因为追随者从领导者那里获得了额外的支持和资源。这就使追随者对组织产生归属感和认同感，包括对组织产生情感上的依附感。因为领导者在下属眼中往往代表了组织（Casimir et al.，2014），追随者从领导者那里获取的支持将同样反馈到领导者所代表的组织，激发下属对组织的情感依恋。此外，Gerstner和Day（1997）已证实，情感承诺受到领导—下属关系质量的显著影响。领导—成员交换关系的质量与情感承诺呈正相关（Ansari et al.，2007；Bhal et al.，2009），是因为高质量的领导—成员交换关系满足追随者的各种社会情感需求（如归属、尊重和情感支持）（Arneli et al.，1998）。依据社会交换理论，在高质量的领导者—成员关系中，领导者为追随者提供各种资源和便利（Erdogan & Enders，2007）。与低质量关系中的追随者相比，高质量关系中的追随者获得更高水平的支持、更强大的权力和更高的工作满意度（Feldman，1986；Gertsner & Day，1997），晋升机会也更大。因此，追随者会尽最大的努力去回报领导者，对其所代表的组织产生更强的归属感，从而激发起对组织更高水平的情感承诺。因此，本书提出如下假设：

H3：领导—成员交换关系与员工情感承诺有显著的正相关关系。

综上，谦卑型领导可能通过提高领导—成员交换关系，并进一步驱使员工更多地投身于促进组织发展的活动中，对组织产生更高水平的归属感和信任感，在情感上形成对组织更高水平的依恋。可以说，谦卑型领导促进上下级关系高质量地发展，体现为信任、相互尊重和忠诚的增加（Agashae & Bratton，2001）。而高质量的领导—成员交换关系又会对员工态度和行为等结果变量产生显著的影响。例如，高质量的领导—成员交换关系能让下属参与更多的契约合同外的活动，又如，员工的创新行为（孙锐等，2009；Volmer et al.，2012）、组织公民行为（Ilies et al.，2007；唐玉洁等，2015）和建言行为（邱功英和龙立荣，2014）等。究其原因，高质量的领导—成员交换关系激发了员工对于领导的回报，包括对于在员工眼中领导所代表的组织的积极行为，而这些积极行为背后支撑最大可能是对于组织所发展起的积极情感依恋。由此来看，谦卑型领导可以通过激发领导—成员交换关系进而促进员工情感承诺的提高。为此，提出如下假设：

H4：领导—成员交换关系在谦卑型领导与员工情感承诺之间起中介作用。

四、传统性的调节效应

中国传统性价值观包括服从权威、孝道和男性统治（Yang，Yu & Yeh，

1989）。其中，服从权威是主导因素（石冠峰等，2018）。而 Farh 等（1997）研究也指出，中国人的传统性一般包括遵从权威、孝亲敬祖、男性优势、宿命自保和安分守成等方面。在此，传统性是指"个人认同中国传统价值观的程度"（Hui et al.，2004）。传统性的概念与个人对统治者与臣民、父子、夫妻、兄弟和朋友这五种基本关系所规定角色的认识有关（Yang et al.，1991）。在儒家思想中，这五种基本关系是被用来确立等级角色关系的（Farh et al.，2007）。在这些关系中，高度传统的中国人倾向于尊重权威、宿命论和集体主义，而传统性较低的中国人则更倾向于平等主义、自力更生和个人主义（Hui et al.，2004；Yang，1988）。

在以往的研究中，传统性被认为是员工自我概念和组织行为关系之间的重要调节变量（Wang et al.，2010）。具体来说，传统性程度较高的员工更可能根据对角色义务的理解来产生相应的行为，而不是遵从诱因—贡献平衡的原则（Farh et al.，2007）。对于高传统性的员工，即使得到了领导者的信任和支持，他们也不会为此与领导建立更高水平的社会交换关系，他们只履行自身的角色义务（Hui，Lee & Rousseau，2004；彭正龙等，2011）。而低传统性员工遵从诱因—贡献平衡的原则，他们对领导者的态度和行为是基于互惠和交流，取决于其上级或组织如何对待他们，即与上级和组织的交换关系（Farh，Hackett & Liang，2007；王宇清等，2012）。并且相比高传统性的员工，传统性水平较低的员工与基于地位平等的领导者的交流要更多，更会与上级形成高质量的交换关系（Farh et al.，1997）。而谦卑型领导者在与下属的互动过程中，表现出更愿意准确地看待自己、欣赏他人的优势和贡献、可教性或对新思想和反馈的开放性（Owens，Johnson & Mitchell，2013）。这样的特性使领导者礼贤下士，与员工平起平坐，更能满足低传统性员工崇尚平等价值观的基本需求，从而促进了更好的领导—成员交换关系的建立。但对于高传统性的员工来说，谦卑型领导者的特性并不符合其权威主义价值观的需要，对于促进领导—成员间高质量关系的建立作用较小。可见，员工的传统性可能会影响谦卑型领导与领导—成员交换关系的关系。由此，本书提出如下假设：

H5：传统性在谦卑型领导与领导—成员交换关系之间起着调节作用：当传统性较高时，谦卑型领导对领导—成员交换关系的影响较小；当传统性较低时，谦卑型领导对领导—成员交换关系的影响较大。

综上所述，本书的理论模型框架如图 14-1 所示，谦卑型领导正向促进高质量的领导—成员交换关系，而领导—成员交换关系的提升又能提高员工对组织的情感承诺，另外，传统性在谦卑型领导与领导—成员交换关系之间起负向调节作用。

第十四章 谦卑型领导对员工情感承诺的影响机制研究

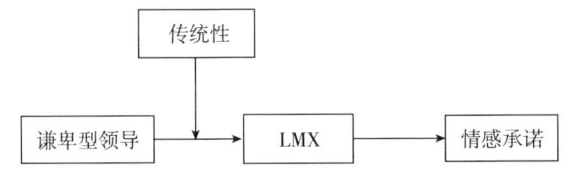

图14-1 谦卑型领导与员工情感承诺关系机制的理论模型

第三节 研究方法

一、研究对象与程序

本书采取问卷调查的方式收集数据,主要通过网络方式发放问卷。研究样本来自江苏、上海、安徽等省份的企业,涉及互联网、物流等行业。正式问卷调查在2019年4~5月完成。而在较大范围发放正式问卷前,先选择一家公司进行小范围预测试。根据调查对象的建议及专家意见,在保证量表信度和效度的前提下,修订调查问卷的语言措辞,增加严谨性和科学性。同时,为减少调查对象心理顾虑和提高答题真实性,问卷的指导语中强调参与调查者秉承自愿原则,并且采取完全匿名形式。为增加调查对象提供客观信息的积极性,在正式发放电子问卷时增加了抽奖环节。

本书最终共发放问卷223份,回收问卷213份,剔除填写不完整和一致性过高的问卷,得到有效问卷210份,问卷有效回收率94.17%。其中,男性占48.1%,女性占51.9%,年龄在36~45岁的占34.8%,本科及以上学历占59.1%。具体样本的人口统计学信息见表14-1。

表14-1 样本的人口统计学变量

人口变量	具体类别	样本数量	占比(%)	累计占比(%)
性别	男性	101	48.1	48.1
	女性	109	51.9	100.0
年龄	25岁以下	7	3.3	3.3
	25~35岁	78	37.1	40.5
	36~45岁	73	34.8	75.2
	46~55岁	33	15.7	91.0
	55岁以上	19	9.0	100.0

续表

人口变量	具体类别	样本数量	占比（%）	累计占比（%）
受教育程度	高中以下	34	16.2	16.2
	高中/中专	20	9.5	25.7
	大专	32	15.2	41.0
	大学本科	110	52.4	93.3
	硕士及以上	14	6.7	100.0
单位性质	国有企业	36	17.1	17.1
	民营企业	34	16.2	33.3
	合资/外资	56	26.7	60.0
	事业单位	67	31.9	91.9
	其他	17	8.1	100.0
工作时间	1年以下	58	27.6	27.6
	1~2年	74	35.2	62.9
	3~4年	58	27.6	90.5
	5年以上	20	9.5	100.0

二、变量测量

本书所涉及的变量包括谦卑型领导、情感承诺、领导—成员交换关系、传统性和其他控制变量。为保证量表的实用性和可靠性，采用的量表均是发表在国内外核心期刊论文中所使用的成熟量表。为保证中国情境下这些量表的有效性，采用"翻译—回译"程序来确保中文量表的意思与原文保持一致，以确保量表的准确性和易懂性（Brislin，1980）。在以上四个研究变量量表的具体测量中，谦卑型领导与传统性两个变量是基于Likert 5点评分方法进行评价（1＝非常不符合；2＝比较不符合；3＝一般；4＝比较符合；5＝非常符合）。领导—成员交换关系与情感承诺采用李克特7点量表（1＝非常不同意；7＝非常同意）。

1. 谦卑型领导

采用Owens等（2013）开发的三维度共计9个题项的谦卑型领导测量量表。参照前人的处理方法（曲庆等，2013；唐汉瑛等，2015；雷星晖等，2015），将此量表视为单维度量表计算得分，由员工评价自己的直接领导。该量表的典型题项如"当别人的知识更多或技能更强时，我的直接领导会承认这一点"。该量表在Cronbach's α 内部一致性系数为0.929（大于0.700的标准），表明量表具有良好的信度。

2. 传统性

传统性的测量主要借鉴了 Farh 等（1997）编制的传统性量表，该量表共5个题项，体现了中国人传统性中的遵从威权和敬祖孝亲。但因为"男尊女卑"的观念在如今的中国已经不再盛行。因此，采用冯镜铭等（2018）的处理方式，保留 Farh 等（1997）量表的4个条目，将剩余一个题项"女人在结婚前应该从属于她的父亲，而结婚后则从属于她的丈夫"改为"父母的要求即使不合理，子女也应照着做"。在本书中该量表的 Cronbach's α 内部一致性系数为 0.799，具有较好的信度。

3. 领导—成员交换关系

领导—成员交换关系的测量选用 Graen 和 Uhl-Bien（1995）的单维度量表，包括7个题项，如"我的上级愿意亲自帮助我解决工作难题"。本研究中该量表的 Cronbach's α 内部一致性系数为 0.899。

4. 情感承诺

采用 Allen 和 Meyer（1990）开发的组织承诺量表中的情感承诺子维度量表，共6个题项，典型题项有"我乐于在本单位继续工作""公司的问题就是我的问题"等。在本研究中，该量表的 Cronbach's α 内部一致性系数为 0.901。

5. 控制变量

本书借鉴前人相关研究，选取了可能影响员工情感承诺和领导—成员交换关系的一些变量加以控制以更准确地检验变量的影响效应机制。具体来说，控制变量主要包括员工的性别、年龄、学历和所在单位人数（刘灿辉和安立仁，2016；顾远东和彭纪生，2010）。

第四节 数据结果与分析

一、同源偏差检验

由于变量均为员工报告，可能会产生同源偏差。为控制这一共同方法偏差，首先采取程序控制的方式加以控制，主要包括以下三种方式：一是问卷采取不记名方式；二是问卷的问项不表明研究目的和变量名称；三是题目顺序随机，以免存在暗示影响。另外，还通过 Harman 单因素检测方法，将所有研究变量题项进行探索性因素分析，采取主成分分析提取方法，共提取6个特征根大于1的因子，总体方差解释量为 64.54%。其中，未经旋转析出的第一个因子仅解释了 26.08% 的方差变异,未超过40%的标准,说明不存在严重的同源偏差(见表14-2)。

表14-2 Harman单因子检验

成分	解释的总方差					
	初始特征值			提取平方和载入		
	合计	方差的(%)	累计(%)	合计	方差的(%)	累计(%)
1	15.645	26.080	26.080	15.667	26.080	26.080
2	9.703	14.008	40.088	9.703	14.008	40.088
3	5.196	13.523	53.611	5.198	13.523	53.611
4	2.182	5.491	58.102	2.187	5.491	58.102
5	1.119	3.303	61.404	1.123	3.303	61.404
6	1.066	3.136	64.540	1.066	3.136	64.540
7	0.970	2.859	67.399			
8	0.865	2.553	69.953			
9	0.781	2.258	72.210			
10	0.720	2.121	74.331			
11	0.709	1.973	76.304			
12	0.664	1.950	78.254			
13	0.622	1.838	80.093			
14	0.551	1.622	81.714			
15	0.515	1.506	83.220			
16	0.503	1.477	84.697			
17	0.461	1.362	86.059			
18	0.442	1.303	87.362			
19	0.405	1.193	88.555			
20	0.393	1.178	89.733			
21	0.373	1.096	90.829			
22	0.362	1.062	91.891			
23	0.338	0.969	92.859			
24	0.293	0.874	93.734			
25	0.278	0.816	94.550			
26	0.256	0.752	95.301			
27	0.238	0.707	96.008			
28	0.224	0.666	96.674			

续表

成分	解释的总方差					
	初始特征值			提取平方和载入		
	合计	方差的（%）	累计（%）	合计	方差的（%）	累计（%）
29	0.217	0.638	97.312			
30	0.209	0.612	97.924			
31	0.198	0.584	98.507			
32	0.176	0.525	99.032			
33	0.173	0.507	99.540			
34	0.153	0.460	100.000			

注：提取方法为主成分分析法。

二、验证性因子分析

为了检验4个关键研究变量（谦卑型领导、领导—成员交换关系、传统性以及员工情感承诺）之间的区分效度，采用AMOS 24.0对上述研究变量进行验证性因子分析。通过建立由谦卑型领导、领导—成员交换关系、传统性以及员工情感承诺组合的不同因子模型，得到4种因子组合模型数据，结果如表14-3所示。由表14-3可知：四因子模型相比于其他模型的拟合指数最好（χ^2/df = 1.747 < 3；RMSEA = 0.057 < 0.08；GFI = 0.934 > 0.90；CFI = 0.966 > 0.90；TLI = 0.957 > 0.90；SRMR = 0.046 < 0.08），表明谦卑型领导、领导—成员交换关系、传统性以及情感承诺这4个变量具有良好的区分效度。

表14-3 验证性因子分析

测量模型	χ^2	df	χ^2/df	GFI	CFI	TLI	RMSEA	SRMR
四因子模型（X、Y、M、Z）	146.709	84	1.747	0.934	0.966	0.957	0.057	0.046
三因子模型（X+M、Y、Z）	372.160	87	4.301	0.801	0.844	0.812	0.120	0.099
二因子模型（X+Y+M、Z）	968.663	89	10.884	0.611	0.522	0.436	0.208	0.158
单因子模型（X+Y+M+Z）	1256.737	90	13.964	0.547	0.366	0.260	0.238	0.204

注：X表示谦卑型领导；Y表示情感承诺；M表示领导—成员交换关系；Z表示传统性，+表示将因子合并为一个因子。

三、描述性统计分析

本书运用了SPSS23.0来统计分析谦卑型领导、领导—成员交换关系、传统性以及情感承诺这四个变量的均值、标准差以及各变量之间的相关系数,如表14-4所示。从表14-4可以看出,谦卑型领导与领导—成员交换关系显著正相关($r=0.321$,$p<0.01$),与情感承诺呈显著正相关($r=0.217$,$p<0.01$);领导—成员交换关系与情感承诺呈显著正相关($r=0.312$,$p<0.01$)。由此,本书变量间的关系符合预期,可以进一步进行相关假设检验。

表14-4 各变量的均值、标准差和相关系数

变量	M	SD	1	2	3	4	5	6	7	8
1. 性别	1.51	0.50	1							
2. 年龄	2.9	1.01	-0.158*	1						
3. 受教育程度	3.24	1.22	0.026	-0.003	1					
4. 单位人数	2.97	1.22	0.008	0.029	0.05	1				
5. 谦卑型领导	3.06	1.13	0.079	0.144*	0.11	-0.113	1			
6. 情感承诺	3.03	1.14	0.084	0.193**	0.140*	-0.09	0.217**	1		
7. LMX	3.16	1.11	0.048	0.163*	0.135	-0.11	0.321**	0.312**	1	
8. 传统性	3.46	0.93	0.002	0.106	0.063	-0.078	0.438**	0.403**	0.526**	1

注:*表示$p<0.05$;**表示$p<0.01$。

四、研究假设检验

本书运用SPSS23.0进行层级回归检验研究假设,具体回归分析结果见表14-5和表14-6。首先,进行主效应分析,检验谦卑型领导对员工情感承诺的影响;其次,进行中介效应检验,即领导—成员交换关系在谦卑型领导与员工情感承诺关系中的中介作用;最后进行调节效应检验,即员工的传统性在谦卑型领导与领导—成员交换关系中的调节影响。

1. 主效应分析

假设1提出谦卑型领导与员工的情感承诺显著正向相关。为了检验假设H1,将员工情感承诺作为因变量,依次将控制变量(性别、年龄、受教育程度和单位人数)、自变量(谦卑型领导)加入到回归方程中。由表14-5中模型4可知,谦卑型领导对情感承诺存在显著正向影响($\beta=0.306$,$p<0.001$),H1得到进一步支持。由此,假设1得到了支持。

2. 中介效应分析

本书采用Baron和Kenny(1986)推荐的步骤方法,检验领导—成员交换关

第十四章 谦卑型领导对员工情感承诺的影响机制研究

系对谦卑型领导与员工情感承诺影响的中介作用。首先,由表14-5中模型4可知,谦卑型领导对情感承诺存在显著正向影响($\beta=0.306$,$p<0.001$)。其次,在表14-5中,由模型2可知,谦卑型领导对领导—成员交换关系有显著正向影响($\beta=0.213$,$p<0.001$)。再次,在模型5中,领导—成员交换关系对员工情感承诺有显著正向影响($\beta=0.313$,$p<0.001$)。最后,由模型4和模型5可知,当引入领导—成员交换关系后,谦卑型领导对员工情感承诺的作用从0.306下降为0.129($p<0.001$),表明领导—成员交换关系能够部分中介谦卑型领导对员工情感承诺的影响。由此,假设2、假设3得到支持,假设4得到了部分支持。

表14-5 领导—成员交换关系在谦卑型领导与员工情感承诺间的中介作用

变量名称	领导—成员交换关系			员工情感承诺	
	Model1	Model2	Model3	Model4	Model5
控制变量					
性别	0.074	-0.02	0.115	0.022	0.03
年龄	0.179**	0.029	0.215*	0.066*	0.054*
受教育程度	0.139	0.035	0.142*	0.039	0.025
单位人数	-0.123	-0.01	-0.104	0.008	0.012
自变量					
谦卑型领导		0.213***		0.306***	0.129***
中介变量					
LMX					0.313***
R^2	0.065	0.350	0.08	0.353	0.479
ΔR^2	0.065	0.285	0.08	0.273	0.206

注:*表示$p<0.05$;**表示$p<0.01$;***表示$p<0.001$。

3. 调节效应分析

采用层级回归方法检验传统性是否调节谦卑型领导与员工情感承诺之间的关系,结果如表14-6所示。为了验证调节效应,将领导—成员交换关系作为因变量,控制变量(如性别、年龄、受教育程度和单位人数)、自变量(谦卑型领导)、调节变量(传统性)及自变量(谦卑型领导)和调节变量(传统性)的交互项加入回归方程,以检验传统性对谦卑型领导与员工情感承诺之间关系的调节效应。为了避免加入交互项后带来的多重共线性问题,分别对自变量、中介变量和调节变量做了标准化处理,然后再计算其交互项并代入回归方程之中。表14-6中,由模型8可知,谦卑型领导与传统性之间的交互作用负向影响领导—成员交换关系($\beta=-0.094$,$p<0.01$)。这也说明传统性越低,谦卑型领导与领导—成员交换关系之间的正向关系越强。

表14-6 传统性在谦卑型领导与领导—成员交换关系间的调节作用

变量名称	领导—成员交换关系		
	Model6	Model7	Model8
控制变量			
性别	0.074	0.007	-0.008
年龄	0.179**	0.034	0.033
受教育程度	0.139*	0.041	0.023
单位人数	-0.123	-0.014	-0.006
自变量			
谦卑型领导		0.254***	0.375***
调节变量			
传统性		-0.187***	-0.272***
交互项			
谦卑型领导×传统性			-0.094**
R^2	0.065	0.36	0.466
ΔR^2	0.065	0.295	0.171

注：*表示 $p<0.05$；**表示 $p<0.01$；***表示 $p<0.001$。

为了进一步检验传统性在谦卑型领导与领导—成员交换关系间的调节作用，依照Aiken和West（1991）的建议，绘制了调节作用图，如图14-2所示。分别检验了在传统性高和传统性低的情况下，谦卑型领导对领导—成员交换关系的作用。检验结果显示：当传统性较高时，谦卑型领导对领导—成员交换关系的影响较小；当传统性较低时，谦卑型领导对领导—成员交换关系的影响较大。据此，假设5也得到了验证。

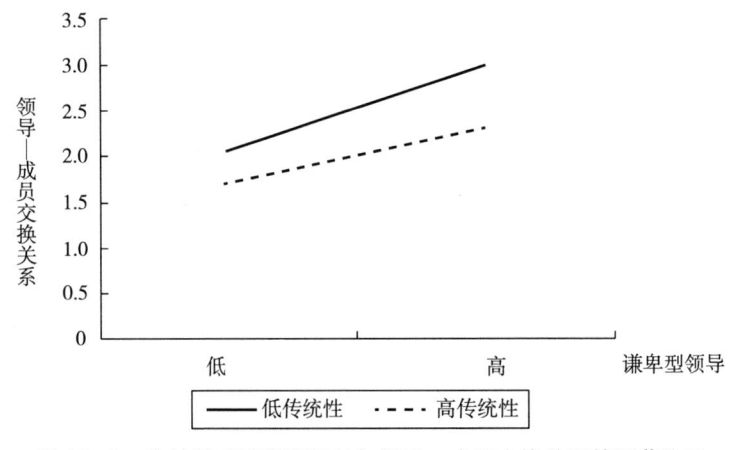

图14-2 传统性对谦卑型领导与领导—成员交换关系的调节作用

第五节 讨论与分析

近年来，越来越多的研究者开始关注谦卑型管理方式及其影响。然而这一领域以往的研究主要聚焦于对员工态度和行为的影响，很少关注员工的情感方面（Wang et al.，2018）。本书从情感的视角出发，基于社会交换理论，假设并检验了谦卑型领导如何影响员工情感承诺，包括谦卑型领导与员工情感承诺的主效应关系、领导—成员交换关系在其间的中介作用及员工传统性的调节影响。结果表明：第一，谦卑型领导对员工情感承诺具有显著的正向影响，即领导在与员工互动过程中越谦卑，员工对组织的情感承诺越强。第二，领导—成员交换关系在谦卑型领导与员工情感承诺的关系中起部分中介作用，一方面，谦卑型领导可以直接影响员工的情感承诺；另一方面，也可以通过建立高质量的领导—成员交换关系去影响员工情感承诺。第三，员工的传统性价值观在谦卑型领导与领导—成员交换关系之间起负向调节作用，即对低传统性价值观的员工来说，谦卑型领导对领导—成员交换关系的影响较强；反之，当员工的传统性价值观较高时，上述关系则较弱。

一、理论贡献

首先，基于社会交换理论，检验了谦卑型领导与员工情感承诺的正向相关关系。以往，尽管学者们普遍认同在组织中谦卑领导是非常重要的（Ou et al.，2014；Owens et al.，2013；Owens et al.，2015），但该领域研究的重点在于对员工态度和行为的影响。而本书主要从情感的视角出发，研究谦卑型领导者对追随者情感因素的影响。具体来说，谦卑的领导者通过准确地看待自己、欣赏他人的优势和贡献及对新思想的开放性等行为，使员工感受到组织的重视，从而加强了其对组织的依恋，提高员工的情感承诺。这不仅拓宽了谦卑型领导研究视角，也有利于丰富谦卑型领导理论。

其次，发现领导—成员交换关系在谦卑型领导与员工情感承诺的关系中起部分中介作用，即谦卑型领导不仅能够直接影响员工情感承诺，还可以通过建立高质量的领导—成员交换关系去影响员工情感承诺。从关系的视角出发，谦卑型领导者自我披露的特性，能够增加领导与员工之间的信任，建立高质量的领导—成员交换关系，从而使员工对组织产生归属感与依恋感。这一发现既对员工情感承诺和领导—成员交换关系的研究具有重要意义，又有助于拓展谦卑型领导影响效应机制的研究视角。

最后,引入并证实了传统性在谦卑型领导与领导—成员交换关系的关系中起负向调节作用,即对低传统性的员工来说,谦卑型领导对领导—成员交换关系的影响较强;反之,当传统性较高时,上述关系则较弱。传统性作为反映个体价值观差异的个体特征变量可能影响谦卑型领导的影响结果,具体来说,谦卑型领导对领导—成员交换关系的影响大小因员工的传统性而异。高传统性员工会表现出对领导的逆来顺受,认同领导与下属的层级性,无条件服从权威。这一特性使谦卑型领导者对领导—成员交换关系的影响效果被削弱;反之,低传统性则会加强谦卑型领导的影响效果。因此,当感受到领导对自己的尊重和关心时,低传统性的员工更愿意与领导建立高质量的关系。这一研究不仅有利于对谦卑型领导的边界条件探索,还有利于研究剖析不同于西方文化的中国本土化文化情境下,谦卑型领导的作用效果是否会产生变化。

二、实践意义

首先,为成功地应对21世纪独特而快速变化的需求,越来越多的学者和实践者认为,现在(尤其是未来)的领导人需要更加谦卑地对待自己的角色(Hekman,2012)。由此,领导者应该更加重视谦卑的美德,多一点谦卑,少一点傲慢(Weick,2000;Doty & Gerdes,2000;Hughes,2010;Ruggero,2009),这点对于企业来说尤为重要。同时,谦卑型领导者所展现的可教性、开放性,使员工觉得自身受到了重视,从而对组织产生更高的情感依赖,表现出积极的态度、行为(Meyer & Allen,1997)。员工对组织的情感承诺越高,与组织的情感纽带就越紧密。高情感承诺员工,不仅愿意为组织持续地工作,而且也愿意付出额外的努力,有利于组织绩效的提高和企业的长远发展(Spreitzer,1995)。因此,当组织在选拔领导者时,要特别注重其道德修养的培养,推举谦卑、自省的领导者。

其次,应该注重与下属建立高质量的关系。中国的传统文化历来重视以人为本,关系在员工对其上级的忠诚、义务和互惠及他们对组织的行为和态度中扮演着重要角色(Wong et al.,2001;Vanhonacker,2004)。高质量的领导—成员交换,使员工以较高的情感承诺作为回馈,这有利于降低员工离职倾向。因此,谦卑型领导者应该主动地与员工进行交流,尤其是非正式的交流,以期建立一个高质量的领导—成员交换关系,从而促进员工表现出更多的积极态度与行为。

最后,领导者要注意文化因素的影响。正如本书所发现的,员工的传统性文化价值观不同可能导致谦卑型领导的不同影响结果。今天的跨国商业性质带来了多元文化和异质劳动力。尽管新一代中国管理者正在接受西方的管理风格,但现代化的推动与不同的管理和领导风格相结合,会使中国许多组织面临发展高质量的工作关系、员工承诺和工作绩效的挑战。中西方员工在文化价值观和工作态度上的固有差异给跨文化管理者带来了进一步的挑战。例如,在中国,传统性较高的管理者希望下属懂得尊重和服从(Westwood et al.,2004)。由此,领导者在管理工作中要考虑文化的差异所带来的实际影响。

三、未来研究展望

本书也存在一定的局限性。首先,采用横截面研究设计,这对变量间因果关系的解释力不足,未来研究可设计纵向研究或实验法去检验。其次,根据社会交换理论,领导者的谦卑会影响员工的情感承诺。但都是基于积极的角度去研究(Board & Fritzon,2005;Chatterjee & Hambrick,2011;Park,Westphal & Stern,2011),而有学者提出,一些追随者认为谦卑型领导是一种社会需要的行为,并不是真正的谦卑(高日光和李胜兰,2018)。因此,未来的研究可以从真谦卑还是假谦卑的角度出发去探索。最后,尽管谦卑是一种重要的美德,有助于领导者的道德和职业发展,但无论是在商业界还是在伦理文献中,谦卑都没有被公认为一种关键美德(Argandona,2015)。在动态的商业环境中,促进谦卑不仅可能产生有益的结果,而且也可能导致矛盾的结果。Bharanitharan 等(2018)研究发现,领导者的谦卑态度会对追随者的行为产生矛盾的结果。由此,未来可以从"矛盾"的角度出发,去更全面地探索谦卑型领导对追随者的影响。

第十五章 组织中的情感氛围及其影响研究

第一节 引言

情感会对个人和组织层面的结果产生重大影响（Ashkanasy & Humphrey, 2011；Barsade & Knight, 2015；Elfenbein, 2007）。在传统的管理研究中，情感通常被认为是理性的对立面（Seo & Barrett, 2007）。从现有研究来看，大量学者探讨了个体层面的员工情感影响效应和员工对特定情感的需求（Grandey & Gabriel, 2015），以及小团队通过情绪传染机制共享情绪产生的影响（Menges & Kilduff, 2015）。此外，现存研究也广泛验证了组织中个体情感（如领导者情感、下属情感）对个体自身及其绩效的重要性（如基于扩展与构建理论）。Sekerka 等（2012）的研究表明，积极情感可以促进个体意识的扩展，从而帮助个体建立社会资源。

然而，现有研究对于解释大型集体（如整个组织）的情感特征的相关理论和实践研究还是相当有限的。群体和团队的成员由于密切的相互作用过程，可能发生情绪传染，并因而形成相似的情感状态和集体情感氛围（Barsade & Knight, 2015；Barsade, 2002）。研究表明，组织具有总体的情感特征，即一致的情感状态、关于情感的共同感知和价值观以及对情感的一致期望（O'Neill & Rothbard, 2017；Parke & Seo, 2017）。大量情感的研究学者提出，即使是在大型组织中，情感也能汇合在一起（Barsade & O'Neill, 2014；Menges & Kilduff, 2015），形成统一的组织情感氛围。然而，关于组织中的情感氛围的内涵及其如何系统影响个体和组织结果的研究还很少，随着时间的推移也未能解释组织层面的情感在成员之间共享和重复的过程。Knight 和 Eisenkraft（2015）指出，对组织中情感氛围的探讨有助于区分情感氛围和个体、群体情绪的差异。若组织确实能够形成一致的组织层面的情感氛围,将会对组织成果产生重要的影响(Parke & Seo,2017)。如果没有理论解释这些关系,组织就不能系统地利用员工之间存在的强大情感资源来帮助实现重要的组织成果,甚至会因为对情感氛围的忽视而造成组织目标无法实现。有鉴于此,本书将系统梳理组织中情感氛围的内涵、分类、影响因素和影响效应。这不仅提供了对特定情感氛围类型的认识,而且有助于解释为何情感氛围可能是组织绩效差异的一个关键影响因素。此外,还能够通过阐明相比个体和小团体更高层次的组织情感过程以推进对组织情感的研究,同时更好地指导组织情感管理实践。

第二节　组织情感氛围的界定与分类

一、组织情感氛围的界定

组织氛围(Affect Climate)是指组织成员对组织在实践、政策、程序、期望等方面的共同看法(Bowen & Ostroff,2004)。组织氛围长期以来被视为组织效能的关键决定因素(Ostroff,Kinicki & Muhammad,2013;Schneider,Ehrhart & Macey,2013)。随着组织行为学者对于情感的研究日益加深,情感氛围作为组织氛围的重要方面,越来越受到研究者和实践人员的重视。

早期的研究者将情感氛围定义为组织或团队成员形成的一致情感反应(Geoge,1990)。由此来看,情感氛围是指对于组织或团队的一种情感一致性的反应。其中,组织成员之间的社会互动能有效促成个体层面的情感状态向组织层面情感状态转化,进而促进组织成员情感一致性的形成。Simons Pelled 和 Smith(1999)将情感氛围定义为组织成员将组织视为一个整体时所共享的一种"感受"。在 Geoge(1990)研究的基础上,有学者提出,组织情感氛围是个体层次的情感历程、规范、情感渲染以及同步交互等过程聚合而成的组织层面的情感(Barsade,2002;Elfenbein,2014)。刘小禹、刘军和关浩光(2012)将团队中的情感氛围定义为成员对情感及情感交换的同质感知,这一感知是团队特征的反映,会显著影响个体甚至整个团队。基于此观点,组织的情感氛围也是对组织特征的一种反映,体现了组织成员对情感及情感交换的共同感知。

总的来说,基于组织层面而言,情感氛围作为组织氛围的重要方面,学者对其概念和界定已经形成了一定共识,即认为组织情感氛围是个体层面的情感向组

工作场所中的情感研究

织层面的过渡,从而在整个组织形成的一致性和共享的情感体验。

二、组织情感氛围的分类

随着对情感氛围研究的进一步推进,学者开始对组织情感氛围的维度进行细分。探讨组织情感氛围的分类,可以进一步为细化探讨组织情感氛围的影响效应奠定理论基础。文献梳理发现,不同学者对情感氛围的表现形式和维度划分有不同的观点。例如,传统研究者依据情感效价(积极或消极),将情感氛围划分为两大维度,即积极情感氛围和消极情感氛围。部分学者依据情感发展进程,将情感氛围区分为情感期望(Affect Expectations)、情感利用(Affect Utilization)和情感调节(Affect Regulation)三个方面。基于情感效价和情感真实性,还有学者更细分地探讨组织情感的构成而将情感氛围区分为更细化的六个原型,具体如表15-1所示。

表15-1 组织情感氛围的分类

分类依据	分类	具体表现
情感效价	积极情感氛围	热情、兴奋或快乐等正面的情感氛围
	消极情感氛围	焦虑、紧张或沮丧等负面的情感氛围
情感进程	情感期望	员工对组织支持、奖励或期望的情感表现或体验的共同看法
	情感利用	使用哪种组织支持、奖励或期望情感和如何使用它们
	情感调节	管理不受欢迎的情感表现或体验的过程和策略
情感效价+情感真实性	积极情感展示氛围	正面情感且情感真实性较低
	消极情感展示氛围	负面情感且情感真实性较低
	中性情感展示氛围	效价中性且情感真实性较低
	积极情感体验氛围	正面情感且情感真实性较高
	消极情感体验氛围	负面情感且情感真实性较高
	真实情感体验氛围	效价中性且情感真实性最高

1. 依据情感效价分类的组织情感氛围

依据情感效价的不同,研究人员通常会将情感氛围区分为积极情感氛围和消极情感氛围两大维度(Barsade & Gibson, 2007; Knight & Eisenkraft, 2015)。具体阐述如下:

(1)积极情感氛围。个体层面的积极情感反映的是个体感到热情、积极或愉快的情感的程度。在组织层面上,积极情感氛围是指组织成员形成的一致积极情感体验(Parke & Seo, 2017),它强调的是组织成员积极情感的平均水平。在处于积极情感氛围的组织中,成员能普遍体验到快乐、兴奋、热情、满意、自豪、感激和爱等情感(Tsai et al.,2012;Shin,Kim & Lee,2014;Collins et al.,2013)。

根据 George(1990)对积极情感氛围的定义和操作,组织层面的积极情感氛围可通过平均组织内所有成员的积极情感计算获得(Zhang,Zhang & Qiu,2017)。而组织成员个体的积极情感的测量工具方面,主流研究使用 watson、Clark 和 Tellegens(1988)开发的积极情感量表来衡量员工在个人层面上的积极情感,让被试评价 10 个积极情感词汇(例如,"兴奋""自豪""热情")符合自身情感体验的程度,使用 Likert 5 点计分法,1 表示"完全不符合",5 表示"完全符合"。

组织中的积极情感氛围已经受到广泛关注和重视。在现有研究中,学者普遍认为,积极情感氛围能够给组织带来积极的影响。Gibson(2003)指出,积极情感氛围可以激发成员产生乐观的、积极的认知,从而增强成员之间的凝聚力。还有研究表明,处于积极情感氛围组织中的员工合作精神和工作投入水平往往更高(Barsade,2002;Sy,Côté & Saavedra,2005)。

(2)消极情感氛围。消极情感反映个体感到愤怒、蔑视、厌恶、恐惧或紧张的程度。在组织层面上,消极情感氛围是指组织成员形成的一致消极情感体验(Parke & Seo,2017),它强调的是组织成员消极情感的平均水平。在高度消极情感氛围中,组织成员会普遍体验到紧张、危险和不被支持的情感(Xu,Loi & Chow,2019)。

由于消极情感氛围是反映组织成员在消极情绪方面的共识(George,1990)。根据 George(1990)对消极情感氛围的定义和操作,组织层面的消极情感氛围可通过平均组织内所有成员的消极情感计算获得(Xu et al.,2019)。在消极情感的测量方面,主流研究使用 Watson、Clark 和 Tellegens(1988)开发的消极情感量表来衡量员工在个人层面上的积极情感,让被试评价 10 个词汇(例如,"敌意""易怒""害怕""紧张")符合自身情感体验的程度,使用 Likert 5 点方式计分,1 表示"完全不符合",5 表示"完全符合"。

在现有研究中,学者对消极情感氛围多持负面态度。研究表明,在高负面情感氛围下,组织成员更倾向于从事短期和结果导向的工作,不愿意承担风险,甚至会抵抗变化(Cole,Walter & Bruch,2008;George & King,2007)。Choi 和 Cho(2011)指出,消极情感氛围容易导致更多人际关系冲突和任务冲突,不利于组织成员的团结协作。此外,当组织中普遍存在负面情感氛围时,成员会优先考虑防止资源损失,而不是创造新的资源(Ashforth & Humphrey,1995;Hareli & Rafaeli,2008)。

2. 依据情感进程分类的组织情感氛围

大量关于情感的研究表明，人类情感包括三个过程：一是体验和表达情感；二是将情感用于功能性目的；三是调节情绪防止功能失调（Elfenbein，2007）。而且，这些过程本质上是社会性的（Niedenthal & Brauer，2012），即个体能够感知他人的情感期望以及使用、调节自己的情感来实现社会目标。据此，相应地区分出了情感期望、情感利用及情感调节。

（1）情感期望。情感期望是指员工对组织支持、奖励或期望的情感表现或体验的共同看法（Parke & Seo，2017）。情感期望反映了组织对特定情感表现或体验的重视，无论是被期望从而促进和提升的情感，还是被抑制从而防止或减少的情感。员工通过直接或间接的方式感知组织的情感期望。例如，服务型组织倾向于直接告知员工组织期望的情感类型（Ashkanasy & Daus，2002；Morris & Feldman，1996），如情绪劳动规范。相反，非服务组织则倾向于以间接的方式传达情感期望，如通过领导者情感和情感表现、重复互动中的情感类型以及对组织文化价值的解读传递出组织的情感期望（Ashkanasy & Hartel，2014；Humphrey et al.，2008；Pescosolido，2002）。

（2）情感利用。情感利用表示员工对被组织支持、奖励或期望的情感的展示或使用的共同看法，即应该使用哪种情感和如何使用它们。组织可以通过奖励不同用途的期望情感，从而促使组织成员发展出不同的情感利用氛围。如为让顾客满意对顾客微笑，或对老板微笑以示顺从（Bryant & Cox，2006）。情感利用不仅关注特定情感的展示或体验，而且还关注如何以及何时使用它们。例如，两个组织可能有相同的使用感知，认为分享真实的情感体验对于发展更紧密的关系非常重要，但它们可能以不同的方式实施。在医院，员工认为通过拥抱等身体接触来分享真实的情感是被提倡的（Barsade & O'Neill，2014）。在投资公司中，员工认为需要通过对话和沟通来真实地表达自己的情感，以便建立良好关系（Polzer & Gardner，2013）。

（3）情感调节。情感调节是指员工对不受欢迎或不符合组织期望的情感展示或体验的管理和监控的共同看法。一般而言，情感调节主要针对负面情感。Bryant和Cox（2006）在研究中发现，无论在服务还是非服务情境中，员工消极情感的展示都会受到组织的监控和责备。一些公司甚至通过专门培训来培养员工管理负面情感的能力（Kelly，2012）。研究表明，领导人在监控和发展情感氛围方面发挥着至关重要的作用（Humphrey，2008；Pescosolido，2002；Toegel，Kilduff & Anand，2013）。领导者愿意帮助下属解决情绪问题，并通过积极的监管处理不受欢迎的情感会创造一种有益的情感调节氛围（Geddes & Callister，2007；Toegel et al.，2013）。

然而，研究者对于个人情感或一个整体的情感氛围是否可调节有不同的信念。一些学者认为：人们对自己的情绪体验（Emotional Experiences）几乎没有控制力；而早期的学者，如老子，则提出"胜人者有力，自胜者强"，即人们可以对自己的情绪（Feelings）有相当大的控制力。在这一议题的争论上，Ronnel等（2019）在其近期的研究中提出，人们对情感是否可控的信念与其所持有的情绪内隐理论相关。具体而言，人们对情绪调节的内隐理论存在系统性差异，就像智力一样，持实体理论（Entity Theory）的人更倾向于把情绪看作是固定的，认为尝试对情绪进行调节的努力是徒劳的，即认为情绪或情绪氛围是不可调节的；而持增量理论（Incremental Theory）的人则认为情绪更具可塑性，即认为情绪或情绪氛围具有调节的可能性。此外，Ronnel等（2019）还发现，人们对调节积极情感的信心普遍高于对调节消极情感的信心。随着组织对情感及其影响的重视，组织已经从被动转向主动促进和奖励不同的情感调节行为转化（Ashforth & Humphrey，1995）。基于此，情绪或组织情感氛围应该成为个体或组织关注和调节的一个重要因素，即组织及其成员应该发挥一定的主动性，引导情绪或组织情感氛围向预期的方向发展。

总的来说，当情感期望、情感利用和情感调节作为组织情感氛围的三个重要方面，三者发出一致的信号，告知员工组织期望的和不受欢迎的情感体验和表达时，一种主要的情感氛围类型可能会出现并形成。并且三者共同一致可以更好地发挥组织及其成员引导情感氛围向良性发展，从而更有力地发挥组织情感氛围对于组织及其成员应有的积极价值。

3. 依据情感效价和情感真实性分类的组织情感氛围

在现有研究中，研究者将情感价效和情感真实性作为情感氛围的两个大的基本维度，并在此基础上演化六个情感氛围原型。情感效价维度包括正面价态（如快乐、热情、兴奋等积极情感）、负面价态（如愤怒、刺激、焦虑等消极情感）和中性价态（不包含任何情感）（Ashkanasy & Hartel，2014）。积极的、消极的和中性的情感是人类情感体验中最基本和最普遍的维度（Barrett，Mesquita，Ochsner & Gross，2007；Russell，2003；Russell & Barrett，1999）。研究表明，组织在关注积极的、消极的和中性的情感体验方面有所不同，并表现在组织的情感期望、情感利用和情感调节的具体要求上。情感真实性反映组织关注真实的情感体验，而不是情感展示的程度。情感效价与情感真实性的组合演化出组织情感氛围的六个基本原型，即积极情感展示氛围、消极情感展示氛围、中性情感展示氛围、积极情感体验氛围、消极情感体验氛围及真实情感体验氛围。具体阐述如下：

（1）积极情感展示氛围（Positive Display Climate）。积极情感展示氛围发生在有积极情感期望但情感真实性较低的组织中。在这种环境下，员工会不断接收到他们应该彼此或与顾客一起表达他们的快乐、热情或兴奋的组织暗示或信息。积极情感展示能够产生善意、和谐或统一（Wharton & Erickson，1993），进而可以更好地利用情感实现特定目标。在积极情感展示的组织氛围中，组织会有意识地抑制员工表现中性或负面的情感，以保持积极情感体验或情感表达（Bryant & Cox，2006）。如领导者会斥责员工表现出的挫折、愤怒或恐惧情感，并且会采取多种措施努力强化积极情感而抑制负面情感。总之，当情感期望、利用和调节结合在积极情感的表达上时，就创造了一种积极情感展示气氛，其情感特征是高积极效价、低情感真实性。

（2）消极情感展示氛围（Negative Display Climate）。消极情感展示氛围发生在有消极情感期望且情感真实性较低的组织中（Parke & Seo，2017）。在消极情感展示氛围的组织中，个体可能自己并非真正处于消极的情感状态之中，而只是故意表现出消极情感以达到一定的目的。消极情感展示传达或灌输的消极情感，能够激发紧迫感、改变、应对或屈服。如管理者故意向员工展示愤怒，以促使员工努力工作（Vuori & Huy，2016）。或在辩论赛中故意表达愤怒以赢得辩论。在消极情感展示的组织氛围中，组织会有意识地抑制员工表现中性或正面的情感，以尽力保持组织特定消极情感氛围。因此，当组织情感期望、利用和调节暗示员工消极情感展示是可取时，组织就形成了一种高消极效价、低情感真实性的消极情感展示氛围。

（3）中性情感展示氛围（Neutral Display Climate）。中性情感展示氛围代表无情感和低情感真实性的组织情感氛围。在中性情感展示的组织氛围中，员工的情绪表现被认为是温和的，在组织中任何一种激烈的情感都是不被鼓励的（Wharton & Erickson，1993）。例如，在医疗组织中工作的员工在工作时往往会隐藏自己的情感，使自己的情绪表现得自然而平静（Meyerson，1994；Smith & Kleinman，1989）。当员工一致性地认为情感展示被提倡、正面和负面的情感被抑制时，就是一种中性的情感展示氛围。

（4）积极情感体验氛围（Positive Experiential Climate）。积极情感体验氛围的特点是强调积极且真实的情感体验（Hartel & Ashkanasy，2011）。例如，长期护理机构使用真实的积极情感为病人和同事服务（Barsade & O'Neill，2014）。在情感调节方面，积极情感体验氛围以提升和维持高水平的真实和正面情感而为人所知。此外，由于积极情感体验氛围的高度情感真实性，意味着在积极情感体验氛围中，并不会抑制或回避消极的和中性的情感体验。相反，处于积极情感体验氛围的组织提倡承认、接受和主动管理消极和中性情感，倡导自然的情感流露（Kelly，2012）。例如，一些公司会在工作场所提供现场瑜伽课程和安静的房间，帮助员工从负面情感中恢复（Hauser & Takeda，2012），为有效管理员工的负面情感提供支持或培训。总之，当组织促进真实的积极情感体验、鼓励积极调节负面的情感氛围时，高积极效价和高情感真实性的积极情感体验氛围就形成了。

（5）消极情感体验氛围（Negative Experiential Climate）。消极情感体验氛围的特点是强调消极且真实的情感体验（Hartel & Ashkanasy，2011）。消极情感体验氛围源于对负面情绪和情感真实性的关注。组织认识到并利用消极情感体验的价值，以达到传达信息和动机的目的（Parke & Seo，2017）。处于消极情感体验氛围的组织会有意识地促进员工消极情绪的主动生成。例如，组织通过反复强调失败可能在任何时候发生，从而强化员工对失败的恐惧（Weick et al.，1999）以及对可能出现的危机的关注，以此达到提高员工努力，避免失败的目的。此外，有学者提出，尽管消极情感体验氛围不会促进积极情感的产生，但处在消极情感体验氛围的组织并不排除积极情感的产生，相反，该组织允许成员表达自然产生的积极情绪（Kantor & Streitfeld，2015）。因此，当情感期望、利用和调节结合在一起促进真实的消极心境、情绪或情感时，以消极效价和高情感真实性为特征的消极情感体验氛围就形成了。

（6）真实情感体验氛围（Authentic Experiential Climate）。真实情感体验氛围有很高的情感真实性，并且在价态上是中性的，对积极或消极的情感没有特别的偏好（Parke & Seo，2017）。探究真实情感体验氛围的学者认为，情感体验是工作的一个自然部分，应该被接受和利用，只有当它们变得具有破坏性时，才需要积极地加以控制（George，2011；Mumby & Putnam，1992）。在真实情感体验氛围下，组织鼓励员工以积极、中性或消极情绪的形式产生真实的情感体验。Meyerson（1994）提出，真实情感体验氛围能够有效促进员工对情感的积极管理。例如，组织将工作焦虑视为工作的自然部分，但也会主动采取措施（如休息和休假）调节员工的焦虑情绪，以维持员工健康水平，使其能够继续提高工作效率。因此，当组织接纳甚至倡导员工积极或消极的真实情感体验，利用其积极意义同时又针对其可能的有害影响进行调节和引导时，中性效价且情感真实性最高的真实情感体验氛围就形成了。

概括而言，对组织中情感氛围的研究日益细化，不同的学者对情感氛围提出了不同的分类方式，包括依据情感效价将情感氛围划分积极情感氛围和消极情感氛围，依据情感进程将其划分为情感期望、情感利用和情感调节三方面，以及依据情感效价和情感真实性将其划分为积极情感展示氛围、消极情感展示氛围、中性情感展示氛围、积极情感体验氛围、消极情感体验氛围及真实情感体验氛围六类。基于不同划分对情感氛围的划分与阐释具有一定的差异，但值得肯定的是，无论是将情感氛围划分为积极或消极情感氛围还是情感期望等方面，都有助于更清晰和全面地了解组织情感氛围的内涵。同时,由此也能看出确实有必要对具有不同特点的组织情感氛围进行区分以更好地进一步挖掘导致不同组织情感氛围的影响因素及影响作用。可以说,组织情感氛围的细分研究是当前情感氛围研究的主要趋势,对于进一步细化探讨组织情感氛围的驱动机制以及影响效应也有重要意义。

第三节 组织情感氛围的影响因素

现有对组织情感氛围影响因素的研究已经取得了一定的研究成果,概括而言可以分为以下四个方面,即组织所在的行业性质、组织人力资源管理实践、组织正规化和集权化设计和组织情感文化。由此来看,当前对于组织情感氛围的影响因素探讨主要集中于较宏观的行业或组织因素。

一、行业性质

以往的研究强调"人的工作"本质上决定了情感的表达规则,许多工作要求员工控制他们的情感表达方式,包括调节他们的情感表达,展示积极或消极的情感(Grandey,Diefendorff & Rupp,2013;Mann,1999)。由此来看,不同行业所主要体现的工作要求会影响组织情感氛围。

研究表明,组织以消费者为中心的活动程度对其总体情感氛围有重要的影响。基于开放性系统的视角,Knight、Menges 和 Bruch(2018)对以消费者为中心的行业研究发现,一个组织所在的领域包含越多以消费者为中心的活动,该组织的情感氛围就越积极。开放性系统理论(Katz & Kahn,1978;Thompson,1967)将组织视为通过某种转变过程将投入转化为有价值的产出的系统。其核心原则是企业所在行业性质决定其创造价值的方式。在以消费者为中心的行业中,个体消费者是转变过程中的重要参与者,促进组织投入转化为产出。基于此,Lovelock(2001)和 Verma(2003)提出,价值是通过消费者或最终用户在与组织进行交互时所具有的体验来创造的。在绝大多数以消费者为中心的行业中,组织通过为消费者创造积极的情感体验(例如,愉悦)和避免或消除消极的情感体验(例如,愤怒)来寻求在转换过程实现组织价值的增长(Grandey,2000;Oliver,Rust & Varki,1997;Schneider & Bowen,1999;Verma,2003)。积极的情感体验,特别是由组织激活的情感体验,能够增强消费者与组织高互动质量的感知,并为提高客户忠诚度做出重要贡献(Pugh,2001;Schneider & Bowen,

1999)。相反，消极的情感体验不仅会对消费者与组织的关系产生不利的影响，而且还会导致消费者对组织较低的口碑和忠诚度（Schneider & Bowen，1999；Verma，2003）。即当一个组织从事的领域主要由以消费者为中心的活动组成时，其创造价值的主要模式是创造积极的情感体验，避免负面的情感体验。

总的来说，当组织从事的领域包含越多以消费者为中心的活动时，组织情感氛围越积极（Knight，Menges & Bruch，2018）。根据情感进程来看，情感期望、情感利用和情感调节均是关注积极情感氛围的形成与利用，从而在以消费者为中心的行业中组织更加会通过积极情感期望和积极情感利用创造更高的组织价值，并且加强负面情感调节以尽力避免消极情感氛围可能对组织绩效所带来的不利影响。

二、人力资源管理实践

研究表明，组织的人力资源管理实践（如招聘政策、奖励政策）在塑造情感传播规范方面发挥着重要作用，并与组织的情感氛围密切相关（Schein，2010；Schneider，Ehrhart & Macey，2013）。人力资源管理实践可以通过确定哪些人被录用、晋升来影响组织情感氛围（George，1990；Schneider，1987）。组织管理者通过人力资源管理实践，通过招募和挑选具有适当情感倾向和技能的员工，使员工最大限度地适应特定工作的需求及组织的规范和价值观（Chatman，1991），这可以有效降低组织在调节员工情感方面的负担，同时有助于更好地监控和管理组织整体情感氛围。

此外，组织还可以通过制定特定的人力资源管理政策，如对积极情感展示的期望、奖励或对消极情感展示的惩罚、抑制，可以促进对员工特定情感展示的掌控，进而影响组织整体情感氛围的形成。可以说，组织人力资源管理实践针对情感进程的情感期望、情感利用及情感调节三个环节进行恰当性的引导，可以促进组织所期望的情感氛围的形成，并借此对组织发展与绩效提升发挥积极作用。

三、组织设计

组织设计中的正规化和集权化程度可能对组织情感氛围产生一定的影响。正规化（Formalization）是指组织中的工作实行标准化的程度，即组织通过规章制度明确规定员工应进行、可进行和禁止行为的程度（Hage & Aiken，1967；Pugh et al.，1968）。正规化程度越高，意味着做这项工作的员工对工作内容、工作时间、工作手段的自主权越低。研究表明，正规化可能因为在一定程度上约束了员工的工作自主性，与消极情感氛围相关（Knight，Menges & Bruch，2018）。另外，集权化反映决策权集中在一个组织高层中的程度（Hage & Aiken，1967；

Pugh et al., 1968)。在高度集权的组织中,下属在决策时必须寻求上级的认可并服从上级。组织使用正规化和集权化的组织设计有助于保证组织实现目标(Katz & Kahn, 1978)。然而,当今组织活动具有高度的异质性和不可分离性特点(Schneider & White, 2004),正规化和集权的组织设计可能会对组织积极情感氛围造成负面影响。

首先,根据IPO(输入—过程—输出)理论模型,异质性是指在转换过程中输入具有的高度变异性。如以客户为中心的活动本质上是员工与客户之间的互动过程(Katz & Kahn, 1978),有效的输出不仅取决于员工的行为,还取决于客户的行为以及员工对这些客户行为的反应,其中,任何一个环节的变异都会导致最终输出结果(如任务绩效)的变化(Cote, 2005)。不可分离性反映组织输入与价值输出的同步和不可分割的特点(Schneider & White, 2004)。由于输入有很大的变异性,因此,正规化的工作设计会对工作的灵活执行形成挑战,降低员工积极的工作体验。此外,随着价值的消耗与价值的生产交织在一起,花时间去寻找和服从上级的偏好会降低工作效率,损害员工以及客户积极情感体验。

其次,正规化和集权化将控制权集中在相对较少的人身上,以效率和追求组织目标为中心,这会在一定程度上损害员工的积极情感体验(Knight, Menges & Bruch, 2018)。因为高度集权和标准化剥夺了员工的自主权,导致员工对工作场所更多消极的看法和反应,从而形成消极的情感体验氛围。

不过与上述观点有所不同的是,也有研究发现,组织设计的正规化和集权化并不总是会导致消极情感体验氛围。实证研究表明,角色模糊和角色冲突与员工对自己工作的良好态度呈负相关,与焦虑、愤怒等消极情感呈正相关(Rodell & Judge, 2009)。正规化和集权化明确规定一个角色(如组织员工)应如何发挥作用,以及一个人必须服从谁,使组织工作环境非人格化(Jansen, Van Den Bosch & Volberda, 2006),这有效降低了员工的个人特质对组织运作的干扰,减少了员工的角色歧义和角色冲突,提高角色预期行为清晰性(Katz & Kahn, 1978),从而能够促进相对较积极情感体验氛围。可见,正规化和集权化可能通过提高角色规范明确化来促进员工积极工作体验,从而可以对组织积极情感氛围产生正向影响。

四、组织情感文化

Ostroff等(2013)提出,情感氛围的一个重要影响因素是组织文化特征,即组织情感文化的"底层价值的表层实现"。情感文化代表着组织中关于情感和情感相关行为所共有的、根深蒂固的信念、价值观和基本假想(Ashkanasy & Hartel, 2014; Barsade & O'Neill, 2014)。共同的情感信念,包括情感展示规则和情感体验规则,均可能对组织情感氛围的形成产生重要影响。其中,情感展示规则是指关于适当情感表达的信念及如何在特定情况下表达这些信念。而情感体验规则则是引导人们如何体验情感的信念。情感展示规则和情感体验规则均体现出了组织对于其成员情感的一种预期,也对于如何利用情感和调节情感提供了一种参照与指导。组织情感展示规则和情感体验规则是构成一个组织的情感文化重要组成部分。组织情感文化中的这些展示规则和体验规则随着时间的推移将对组织情感氛围产生弥漫性的深层影响(Ashkanasy & Hartel,2014)。

总体而言,目前对组织情感氛围的影响因素的研究已经取得了比较丰富的研究成果,组织行业性质、以情感为中心的人力资源管理实践、组织设计以及组织情感文化是影响组织情感氛围形成的主要因素。但相对其影响效应而言,现有研究对组织情感氛围影响因素的探讨相对较少,并且组织设计对情感氛围的影响尚未形成一致的结论,未来仍需进一步补充和完善。此外,已有的相关影响因素探讨均是聚焦于宏观的行业和组织层面,在此之后,组织成员可能如何影响组织情感氛围及通过什么方式影响等仍然不明确,还需要深入探讨。

第四节 组织情感氛围的影响效应

通过对现有研究成果的梳理发现,关于情感氛围影响效应研究主要包括对人际关系发展、创新绩效、生产绩效及职场压力方面。由于不同类型的组织情感氛围的影响效应及其内在机制有着显著不同,因此,以下对组织情感氛围的影响效应阐述将针对不同类型的情感氛围分别介绍,包括消极情感氛围、积极情感氛围、中性情感氛围和真实情感氛围的差异性影响机制。

一、组织情感氛围与人际关系发展

个体有归属需求(Deci & Ryan,2000;DeShon & Gillespie,2005)。组织通过高水平的互动质量(例如,愉快的互动)和关系质量(例如,亲密和信任)来满足组织成员的归属需求。情感过程影响关系机制(Barsade & Knight,2015;Elfenbein,2007;Niedenthal & Brauer,2012)。组织中的不同情感氛围会对人际关系发展产生差异性影响。

1. 消极情感氛围的影响

研究表明,消极情感展示氛围与人际关系负相关(Knight,Menges & Bruch,2018)。具体而言,消极情感展示氛围会向他人传达负面的人际交往信号,例如,冷漠、拒绝，这会导致人际交往压力，使社会交往变得不愉快（Sutton，1991）。反复对彼此表现出负面情感的成员会增加紧张、不适或社交距离等感受。此外，持续的负面情感展示还会直接损害成员之间的亲密关系，降低关系质量（Kopelman, Rosette & Thompson，2006），从而对人际关系发展造成直接的负面影响。Butler 等（2003）提出，虽然消极情感的展示有时能促进理解或有助于寻求帮助，但消极情感展示氛围并不总能产生这些积极的效果，相反，员工可能会由于同事的消极情感展示而避免帮助寻求或提供帮助，甚至以更防御性或侵略性的方式做出反应（Ely & Meyerson，2006），不利于双方关系的维持和发展。此外，消极情感展示氛围会抑制形成和维持高质量关系的积极情感的产生（Knight & Eisenkraft，2015；Niedenthal & Brauer，2012），从而对人际关系发展产生间接负面影响。

2. 积极情感氛围的影响

Hartel 和 Ashkanasy（2011）的研究表明，积极情感体验氛围通过培养内外部成员之间健康和亲密的关系能促进较高质量的关系产生。此外，积极情感体验氛围能营造一种环境，让员工分享并积极管理他们可能因工作而产生的负面情感体验，避免消极情感可能给组织人际交往带来的负面影响（Aaker, Poses & Schifrin，2013）。许多学者也指出，积极情感体验氛围表达和体验真实的积极情感能有效促进人际关系质量的提高（Barsade & O'Neill，2014；Humphrey，2008；Lyubomirsky, King & Diener，2005）。基于情感相似性吸引的视角，Walter 和 Bruch（2008）发现，情感的相似会有助于促进组织成员之间的相互吸引，进而增加促进人际关系发展的良性互动行为。Sy 等（2005）的实证研究证实，积极情感氛围能显著提高人际信任，进而有利于成员关系的改善，提高成员之间的沟通与合作，降低人际冲突。

3. 中性情感氛围的影响

中性情感展示氛围也会导致较低质量的人际关系发展。中性情感展示氛围不仅抑制积极情感的产生，而且使用中立的表现来保持权威、客观性或控制力。这种缺乏情感表现力的现象会让个体做出"专业""不近人情"的判断，即中性情感展示氛围的组织专注于团队成员之间的任务而非社会关系（Wharton & Erickson，1993）。此外，Trougakos 等（2011）的研究表明，中性情感展示氛围通过产生排斥感来增加成员之间的社会距离感，并阻止内部和外部成员满足他们的从属需求。

4. 真实情感氛围的影响

研究表明，真实情感体验氛围与人际关系正相关，能有效促进关系的提升（Knight & Eisenkraft，2015；Parker，2008；Stewart，2013）。处于真实情感体验氛围的组织提倡在人际交往中使用真实的情感,鼓励相互关联和相互理解(Mumby & Putnam,1992),这能有效促进关系的发展。在真实情感体验氛围中,员工不仅能够展现和利用建立关系、增强关系质量的真实积极情感,而且也能够展现和利用加深理解和加强管理关系的真实负面情感(Knight & Eisenkraft,2015),这些高水平的真实性情感被利用和积极管理,使成员能够体验到高质量的互动和关系。

二、组织情感氛围与创新绩效

组织情感氛围对组织创新绩效也可能产生重要影响。只是中性情感氛围、积极情感氛围和消极情感氛围的影响效应与作用机制可能有显著的不同。在此,分别对不同情感氛围与创新绩效的关系机制进行阐释。

1. 消极情感氛围的影响

消极情感展示氛围也会导致较低的创新绩效,因为它们抑制了组织创造力的推进过程(Niedenthal & Brauer,2012)。消极情感展示氛围会抑制与创造力推进过程密切相关的积极情感(Ely & Meyerson,2006;Harvey,2014),积极情感的降低将抑制创造力的发展进程,从而不利于创新绩效的提升。此外,消极情感展示氛围会进一步限制创造性的发散过程。例如,大量的负面情感表现会降低员工的心理安全感,并缩小他们对当前问题的关注范围,抑制员工寻找解决问题的新方法的动机(Vuori & Huy,2016),从而对创新绩效产生负面影响。另外,消极情感体验氛围促进了员工的负面情感,以达到传递信息的目的。然而,处于消极情感体验氛围的组织允许员工展示自然产生的积极情绪,会比消极情感展示氛围中的员工有更高的心理安全感去表达不同的意见,有利于员工获得新的问题解决方法(Elfenbein,2007)。然而,负面情感的普遍存在和在此氛围中积极情感的数量有限,可能会通过缩小信息处理范围,日益依赖现有知识或限制对新信息的探索,因此,在一定程度上会削弱创作过程。综合而言,处于消极情感体验氛围的组织更有可能产生中等水平的创新绩效。

2. 积极情感氛围的影响

积极情感展示氛围与创造力水平呈负相关。在积极情感展示氛围中,员工利用积极的情感展示,在一定程度上组织营造积极愉悦的环境,有利于维持组织和谐(Elfenbein,2007)。但这种"表面和谐"意味着共享环境中没有冲突目标的刺激,不利于员工思维发散,可能导致浅薄、简单化或狭隘的问题解决方案,从而阻碍创新绩的提高。另外,在积极情感展示氛围中,员工即使感到不舒服或沮丧,也无法表达或宣泄负面的情感,长此以往并不利于其身心健康(Mathieu & Schulze,2006),这可能进一步限制组织创造力。此外,已有研究证实,积极情感体验氛围与创新绩效正相关,能显著提高创新绩效(Baas et al.,2008;Trougakos, Zweig & Tangirala, 2010; George & Zhou, 2007)。因为积极情感体验氛围促进了积极情感的真实体验,并将其用于创造性的目的。这有助于员工充分利用积极情感的创造性效果,探索新的想法和替代方案(Seo et al.,2004)及分享和吸收更多新想法(Amabile, Barsade, Mueller & Staw, 2005; Hennessey & Amabile, 2010)。因此,在积极情感体验氛围的组织中,员工体验和使用积极情感来探索、阐述和分享想法,可能出现更多的建言和问题见解,有助于提高创新绩效。此外,积极情感体验氛围进一步加强创造性的合成,因为真实的积极情感增加了信息的共享和团队合作(Harker & Keltner, 2001),这为创新绩效的提高提供了有利条件。

3. 中性情感氛围的影响

研究表明,中性情感展示氛围会导致较低水平的创新绩效,与创新绩效负相关(Harvey, 2014; Bryant & Cox, 2006)。首先,中性情感展示氛围会向员工传递出权威、专业和所有事情都在控制之下的信号(Jackall, 1988),使员工很难质疑或不敢质疑现有的工作程序(Smith & Kleinman, 1989; Wharton & Erickson, 1993),这会抑制创造性加工的意愿与行动,使组织创造力水平最低。其次,中性情感展示氛围提高了社会距离感,员工无法在心理上感到安全(即相信承担人际风险是安全的),从而减少产生更高的组织创造力的想法和建议(Zhou & George, 2001)。最后,由于知识融合与积极情感相关(Harvey, 2014),中性情感展示氛围抑制了积极的情感,这可能会阻止有效的知识融合过程,对创造力的提升造成负面影响。总的来说,中性情感展示氛围通过降低员工革新工作程序和提出建言的勇气、心理安全感,抑制组织知识的融合,会降低组织创造力,最终对创新绩效产生消极影响。

4. 真实情感氛围的影响

真实情感体验氛围可以充分利用积极和消极的情感的激励性和刺激性,从而提高组织创造力。研究表明,当员工能够在工作中真实地体验和表达积极或消极的情感时,创造力会得到有效提升(Bledow, Rosing & Frese, 2013; Fong, 2006; George, 2011)。此外,处于真实情感体验氛围的组织可以通过积极主动地管理积极情感或消极情感,从而进一步提高创造力(Kegan et al., 2014)。在这当中,真实情感体验氛围的真实性与包容性能够促使员工通过有效的情绪管理,主动调整负面情绪对创造力的潜在消极影响,能够减少情绪波动带来的工作干扰,有助于员工进行日常工作分析和反省,帮助其规范和修正错误,进而提高其后续工作效率,为更有创造性地解决工作问题、提高创新绩效奠定基础。

三、组织情感氛围与生产绩效

1. 消极情感氛围的影响

有学者认为,消极情感体验氛围的组织可以将消极情感用于激励目的,可以激发人的积极性,因此,有助于组织实现更高层次的工作投入,提高生产绩效(Barrett,1996)。例如,军事组织会有意识地刺激成员产生愤怒情绪,以增加打击和采取迅速行动的动机,取得战争胜利。不过,在消极情感展示氛围中,消极情感传达的紧迫感能够在一定程度上促进工作投入增长(Martin & Meyerson,1998;Vuori & Huy,2016)。然而,这一效应会为抑制积极情绪导致的低参与度和表达负面情绪时缺乏人际合作所抵消(Melwani & Barsade,2011),因此,并不会真正提升生产绩效。如有研究表明,由于组织中成员之间消极情感体验氛围的弥漫,在一定程度上会降低组织成员的信心,导致其降低绩效目标或抑制成员之间的合作,从而破坏集体投入,导致较低的生产绩效(Seo et al.,2004)。Lazarus(1991)指出,消极情感展示氛围促进负面情绪的表达,负面情绪带来的忧虑、迫切感使员工意识到问题和威胁的存在,从而促进其发现可能的错误并改正错误(Elfenbein,2007;Taylor,1991)。同时,消极情感展示氛围有利于产生集体动机,集中精力解决错误,并预测和解决未来可能出现的问题(Dane & George,2014)。然而,Ely 和 Meyerson(2008)及 Vuori 和 Huy(2016)认为,消极情感展示氛围可能会降低员工的心理安全感,从而阻碍员工提出可能出现的威胁或问题。另外,由于消极情感展示氛围中经常出现恐惧情绪,使员工即使发现了错误,可能也无法以建设性或合作的方式解决这些错误(Ely & Meyerson,2006;Martin & Meyerson,1998),从而可能降低绩效。

2. 积极情感氛围的影响

Barsade(2002)表明,积极情感展示氛围的情感真实性较低,它只关注情感的展示,而不注重真实的情感体验,这会导致组织中出现大量的表面行为,对于提高生产绩效并无益处。Chafkin(2009)提出,在所有情感氛围中,积极情感体验氛围能带来最高的生产效率,与生产绩效的正相关性最显著。研究表明,积极情感体验氛围能极大地推动工作投入和生产效率的提高(Ashkanasy & Hartel,2014;Vacharkulksemsuk,Sekerka & Fredrickson,2011)。积极情感体验氛围能有效提高员工的积极性和幸福感,从而促进合作和工作效率(Heskett,Jones,Loveman,Sasser & Schlesinger 2008;Stewart,2013)。在积极情感体验氛围中,积极的情感体验为成员注入积极的情感,并有效地调节负面情感(Hartel & Ashkanasy,2011),员工能够迅速从可能破坏工作投入的情绪挫折中恢复过来,从而促进工作投入,显著提高生产绩效。

3. 中性情感氛围的影响

有不少学者指出，中性情感展示氛围与生产绩效负相关（Brotheridge & Lee, 2003; Hulsheger & Schewe, 2011）。Trougakos 等（2011）指出，中性情感展示氛围不断抑制或改变员工的情感体验而导致员工产生强烈的情感需求，从而降低了员工的工作效率。研究表明，为保持中性情感展示氛围而有意压制积极或消极情感体验会增加情绪耗竭和工作倦怠，从而降低工作投入，不利于生产绩效的提高（Cote, 2005; Diefendorff, Erickson, Grandey & Dahling, 2011; Scott & Barnes, 2011）。中性情感展示氛围鼓励员工抑制积极或消极的情感，以避免情绪干扰工作过程，这容易导致偏见，降低决策质量（Mumby & Putnam, 1992; Seo & Barrett, 2007）。在强烈的中立氛围下，相互保持中立会给员工施加压力，要求他们认真对待自己的工作，保持并提高警惕（Trougakos et al., 2011）。这有助于减少因粗心大意或情感影响而产生的错误，从而提高绩效（Seo & Barrett, 2007）。然而，Rees（2015）发现，在中性情感展示氛围下，员工很难质疑现有的工作程序或系统，以修复错误，从而导致较低的绩效。因为中性情感展示氛围使个体之间的社会距离感增强，降低了建言所需的心理安全感，使员工即使发现了错误也会保持沉默，而不是积极行动改正错误，从而可能降低绩效。

4. 真实情感氛围的影响

真实情感体验氛围通过促进并利用员工之间自然产生的积极情感和消极情感具有的激励因素，能够有效促进生产绩效的提高（Humphrey, 2008; Kegan et al., 2014）。Grandey 等（2012）表明，真实情感体验氛围使员工能够表达他们真实的情感，减少情感表达和宣泄的压制，这能显著提高员工的工作投入。此外，在真实情感体验氛围的组织中，员工可以主动调节（而不是抑制或避免）积极或消极的情绪体验，这能够有效避免情绪失调带来的工作干扰，使员工专注于工作，进而显著提高其生产绩效（Cable, Gino & Staats, 2013; Hartel & Ashkanasy, 2011）。真实情感体验氛围使员工不仅能够真实地体验和表达消极的情感，有利于识别、表达和修正错误。同时真实情感体验氛围也有助于利用真实的积极情感，为员工创造必要的心理安全，提高员工发现错误和解决错误的能力。不过，当员工真实的情感体验受到压制时，其工作自主性会降低，而自主性是工作投入的重要组成部分（Brotheridge & Lee, 2002; Gardner et al., 2009），因而可能会损害生产绩效。

四、组织情感氛围与职场压力

职场压力导致的员工精疲力竭和缺勤等行为会对组织产生消极的影响（Cote, 2005）。近年来，职场压力的影响因素受到了广泛关注。Knight 等

(2018)证实,压力水平是由于员工面临类似的工作要求(例如,工作量、时间压力、物理约束),并具有与其同事相似的资源(例如,培训、支持计划、工作安全)决定的。除个体特质以外,个体接触的相同的情境因素,造就了个体相似和系统的压力。基于工作要求—资源模型,Demerouti 等(2001)的研究也表明,由于同一组织情境下(如相同的组织情感氛围)工作的个体在工作过程中遇到了相似的工作需求和资源,因此,在同一组织情境下工作的个体往往表现出相似程度的职场压力。

以往的研究显示,组织情感氛围对员工压力有显著的影响(Barsade & O'Neill,2014;George,1990;Mason & Griffin,2003)。大量研究表明,组织情感氛围作为重要的情境因素,可以增加或减轻员工的压力(Barsade & Knight,2015;Barsade & O'Neill,2014;O'Neill & Rothbard,2017)。

现有关于组织情感氛围与职场压力关系的研究主要依据情感效价,将组织情感氛围分为积极情感氛围和消极情感氛围进行细分探讨。从现有的研究成果来看,学者普遍认为,积极情感氛围有利于降低职场压力,而消极情感氛围则会导致职场压力的提高。具体而言,积极的情感氛围可以作为一种资源,缓冲典型的工作压力源(Fredrickson,1998;Lyubomirsky,King & Diener,2005),进而降低职场压力。相反,消极的情感氛围可能是一种需求,加剧工作压力源的影响,增加员工的压力(Bono,Glomb,Shen,Kim & Koch,2013;Cote,2005)。正如Barsade 和 O'Neill(2014)所指出的,员工之间一致的积极情感氛围是一种能够缓解压力的组织情境资源,而持续的负面情感则可能是一种加剧压力的情境需求。O'Neill 和 Rothbard(2017)也明确强调,组织积极情感氛围作为一种情境资源,能及时补充紧张的工作所消耗的资源,进而降低职场压力;而消极情感氛围作为一种情境需求,会加剧组织资源的消耗,从而导致更高的职场压力。

此外,Grandey(2002)发现,员工满足组织情感期望的有效方式是调节或改变他们负面的情感状态,即从事深层情绪劳动。久而久之,深层情绪劳动会消耗员工大量情感资源进行情绪调节,从而导致其筋疲力尽,产生较大的职场压力。Grandey 和 Gabriel(2015)关于情绪劳动的研究也表明,员工的外部情绪表达往往偏离了他们的内部体验,处理这种不和谐现象会增加员工的工作压力。

综上,以情感效价(积极或消极)为分类依据的组织情感氛围会显著影响职场压力。组织的情绪劳动要求也可能导致外部情绪表达的压力源而引发员工的职场压力。一般而言,积极情感氛围作为一种组织情境资源可有效降低职场压力,而消极情感氛围作为一种情境要求,会造成资源损耗,并导致情绪劳动,从而提高职场压力。组织情绪劳动要求导致的情绪氛围表达也可能导致职场压力。不过,总体来看,现有研究主要还是依据情感效价的组织情感氛围分类进行情感氛围与职场压力关系的探讨，基于情感进程或情感真实性分类的情感氛围与职场压力的研究还存在大量空白。如组织情感期望中对某类情感的监控和抑制是否会增强职场压力？低情感真实性的组织情感氛围（如积极情感展示氛围）是否会导致"面具效应"，使员工在日常情感表达中承受更大的压力？为此，未来研究有必要探讨在其他分类依据下的组织情感氛围与职场压力的关系，以便更全面深入地理解组织情感氛围差异究竟是如何引发组织工作相关结果的不同的。

第五节 组织情感氛围及其影响研究的管理启迪

情感氛围作为一个组织层面的概念，研究者可以对其与组织过程和产出的关系进行考察，从而拓展情感理论的解释范围。鉴于情感和情感氛围对于个体和组织的重要影响作用，组织管理者需要高度重视不同分类依据下的组织情感氛围及其发展演化，并予以针对性的管理。基于已有相关文献的系统梳理，本书系统阐释了组织情感氛围的界定、分类、影响因素和影响效应，并构建了组织情感氛围发展与影响效应综合模型，如图 15-1 所示，以期对组织情感氛围的管理实践有所借鉴。

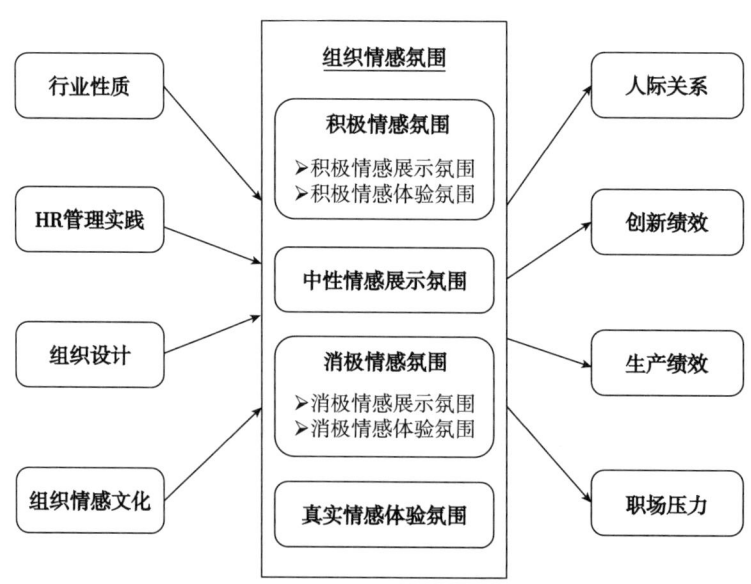

图 15-1 组织情感氛围的发展与影响效应模型

首先，除行业性质以外，组织的人力资源管理实践、组织设计和组织情感文化均是组织情感氛围形成的重要影响因素（Schein，2010；Katz & Kahn，1978）。组织中的人力资源管理实践并非固定不变的。因此，领导者可通过制定特定的人力资源管理政策，如对积极情感展示的鼓励或对消极情感展示的惩罚、抑制，从而增强对组织特定情感氛围的掌控，促进有助于组织发展的情感氛围的形成。此外，虽然正规化和集权化的组织设计已被证实与消极情感氛围相关（Katz & Kahn，1978）。但也有研究证实，正规化和集权化并不总会导致消极情感氛围，相反，可以促进角色清晰度，较少角色冲突，促进相对积极的情感体验氛围（Jansen et al.，2006）。鉴于此，组织领导者应尽量避免正规化和集权化组织设计可能对情感氛围带来的消极影响，利用其积极的一面，或设计更为灵活的组织结构。

其次，Parke 和 Seo（2017）的研究表明，组织实践中普遍存在不同类型的组织情感氛围，领导者确实需要区分不同情感氛围与组织绩效的关系差异。依据情感效价和情感真实性的分类依据，当组织处于情感真实性较高的积极情感体验氛围和真实情感体验氛围，甚至是消极情感体验氛围时，组织的人际关系发展、创新绩效和生产绩效均普遍较高。领导者作为组织中重要的情感传播来源和有力影响者（Sy et al.，2005；Van Kleef et al.，2009），极有可能主动影响并帮助组织情感氛围奠定良好基调。因此，组织领导者应关注组织情感氛围的形成和发展，帮助成员真实地表露和调节情感，并进行必要的监控，以促进组织积极情感体验氛围和真实情感体验氛围或消极情感体验氛围的形成，提高组织绩效。

最后，情感氛围显著影响职场压力（Barsade & O'Neill，2014）。大量研究表明，积极情感氛围有助于降低职场压力，而消极情感氛围则可能与职场压力显著正相关。例如，Knight 等（2018）的研究就证实，积极情感氛围作为一种情境资源，能有效降低职场压力，而消极情感氛围如情境要求则会增加职场压力。此外，还有研究证实，积极情感氛围为他人传递了友善的信号和加入或继续当前互动的愿望（Barger & Grandey，2006；Elfenbein，2007），有助于促进人际关系的改善。而消极情感氛围则会带来人际冲突和较高的缺勤率等负面结果。由此来看，由于组织消极情感氛围存在诸多负面影响，组织领导者更应对其进行有效管理和调节。例如，增加组织的目标监控能力，促进组织成员进行良好的沟通和互动，以避免组织消极情感氛围的形成和扩散，同时尽力引导积极情感氛围的建立。

第六节　结论与未来研究展望

一、研究结论

　　研究者已经越来越意识到工作中情感的重要性（Ashkanasy & Humphrey, 2011；Barsade & Knight, 2015）。但现有的大多数的理论和实证研究仍然聚焦于个体层面的情感及其影响效应，并认为其在组织层面上会有相同的效果。然而这是存在争议的，因为将个体层面的理论直接应用于组织层面可能会产生"水土不服"，致使组织层面的情感过程如何影响组织的运作和结果尚不清楚（Menges & Kilduff, 2015），同时也不利于对情感的影响进行必要的调控和引导。鉴于此，国内外研究者开始基于组织层面视角对情感氛围及其对组织结果的重要影响展开研究（Schneider et al., 2013）。

　　首先，组织环境要素在塑造和改变组织情感氛围方面发挥着重要作用。一个组织的情感氛围在一定程度上是由员工的选拔和留用决定的，并随着人力资源管理政策的变化而波动（Schein, 2010）。对组织情感氛围影响前因的探讨将有助于更好地监控和调节组织情感氛围。以情感为中心的人力资源管理实践和组织设计均作为组织情感氛围的重要影响因素，通过阐明两者在组织情感氛围形成过程中的利与弊，能够推进对情感氛围的研究。

　　其次，除了传统的依据情感效价（积极或消极）将情感氛围分类为积极情感氛围和消极情感氛围之外，研究表明，依据情感进程还可将情感氛围作情感期望、情感利用和情感调节的分类；依据情感效价和情感真实性，还可将情感氛围经一步细分为积极情感展示氛围、消极情感展示氛围、中性情感展示氛围、积极情感体验氛围、消极情感体验氛围和真实情感体验氛围六类（Parke & Seo, 2017）。并且由不同效价和不同情感真实性所构成的具体组织情感氛围对组织人际关系、组织绩效、职场压力等组织结果产生差异性的影响。例如，积极情感体验氛围与人际关系、创新绩效等均正相关，而消极情感展示氛围则会导致较低的人际关系、创新绩效和生产绩效。总而言之，组织情感氛围会有不同的类型，并且不同类型的情感氛围对组织绩效和职场压力的影响不同。可以说，对组织情感氛围的细分的探讨是对情感氛围研究的拓展和深化，同时也有助于全面认识组织情感氛围的影响和价值。

　　最后，值得特别强调的是，组织管理研究者和实践者还需要辩证地看待不同类型的组织情感氛围的影响。就积极情感氛围而言，虽然积极情感展示氛围确保员工积极情感表达的连贯性和一致性，能够在人际交往中传达善意、开放的交往信号（Harker & Keltner，2001）。员工将频繁的积极情感表达理解为喜欢、彬彬有礼和愿意合作，因此，积极情感展示氛围能有效提高互动和社会交往的愉悦性，进而促进高质量人际关系的形成（Barger & Grandey，2006）。此外，积极的情感展示能通过情感传染机制使更多成员感受到积极的情感（Barsade，2002），这可以进一步增强关系质量（Lawler，Thye & Yoon，2000）。然而，积极的情感展示氛围可能会将组织的关系质量限制在中等水平，因为积极情感展示氛围具有较低程度的情感真实性，这增加了不真实的积极情感的表达。不真实的情感表达会让人感到"虚伪"，长此以往会降低成员之间的信任（Cote，2005；Gardner，Fischer & Hunt，2009）。大量研究表明，当积极情感的表达不真实时，会削弱积极情感对社会融合和满意度的积极影响（Groth，Hennig-Thurau & Walsh，2009；Hulsheger & Schewe，2011；Krannitz，Grandey Liu & Almeida，2015）。就消极情感氛围而言，消极情感体验氛围也会导致适度的关系质量。一方面，研究表明，表达真实的情感（不管是积极的还是消极的）比假装的情感表达更能培养出长期关系（Elfenbein，2007；Mumby & Putnam，1992）。此外，Knight 和 Eisenkraft（2015）的研究发现，处于对外消极情感体验氛围的组织能够利用对外部目标（例如，竞争对手）的负面情感来加强内部联结，正所谓"敌人"的"敌人"就是朋友。因此，通过展示和管理真实的负面情感，负面情感体验氛围将有助于关系的提升。另一方面，拥有负面情感体验的组织可能会减少员工之间愉快的互动次数（Barsade & Knight，2015），从而不利于关系的发展。持续性的负面情感体验还会通过增加竞争或促使个体退出社会互动而造成社会距离（Kantor & Streitfeld，2015；Seo，Barrett & Bartunek，2004），进一步降低互动，对人际关系产生负面影响。因此，总体而言，消极情感体验氛围就不会形成很高的关系质量。

二、未来研究展望

第一，组织情感氛围影响因素研究。组织会通过不同的氛围源为员工的情感氛围感知提供信息，促进员工三种情感过程的发展（包括情感期望、情感利用和情感调节）（Grandey & Gabriel，2015；Kegan et al.，2014）。但迄今为止，对组织情感氛围的影响因素的理论研究并不多，实证研究更是少之又少，并且多集中在宏观层面，对于组织微观层面因素对情感氛围的影响研究并不多见。研究表明，组织中可能还存在其他情感氛围的驱动因素。例如，研究发现，组织雇用和提升员工的特质情感（Knight & Menges，2015）、员工之间的反复互动或对事件的情感反应（Hartel & Ashkanasy，2011）以及领导行为（Humphrey et al.，

2008）均会对情感氛围产生直接或间接的影响。此外，具有共同目标的成员经常表露与其他成员类似的情感事件，也会进一步促进类似的情感体验，形成一致的情感氛围（Sy et al.，2005；Van Kleef et al.，2009）。因此，未来的研究可进一步对情感氛围影响因素进行探索，这是一个有趣的研究方向，有助于更全面系统地理解组织情感氛围的产生机制。

第二，组织情感氛围与文化特征的关系机制研究。已有研究表明，组织文化特征对情感氛围有重要的影响。但也有研究表明指出，情感文化是员工为什么应该从事特定的情感行为的信念，而情感氛围则反映了什么情感行为是重要的和有回报的（Ostroff et al.，2013；Hartel & Ashkanasy，2011）。基于此，情感氛围可能是员工判断和形成情感文化信仰和价值观的重要因素（Schneider et al.，2013）。由此可见，组织文化特征与情感氛围的因果关系似乎并不明朗。鉴于此，未来的研究可以进一步对两者的因果关系进行深入探讨或是更深入挖掘两者的相互关系机制。

第三，组织情感氛围测量方法研究。在现有关于情感氛围的研究中已经有学者尝试对其影响机制进行实证检验。但到目前为止，现有的实证研究多以个体层面的数据取均值聚合到组织层面作为组织层面情感氛围的测量方法，还未能开发出组织情感氛围的测量量表。因此，对情感氛围测量方法的研究将是未来组织情感氛围研究的重要方面，同时也能够为组织情感氛围实证研究的开展奠定基础。

总之，关于组织情感氛围的研究仍然还有不少空白之处等待我们去填补，这对于全面而深入地理解组织中的情感氛围及其影响具有十分重要的意义。未来对组织情感氛围领域的研究应该有更进一步的钻研，并将其科学而有效地应用到组织实践中去，不仅会增加组织情感氛围的理论价值，而且对组织实践也具有广泛的吸引力。

参考文献

[1] Adam H, Shirako A. Not All Anger is Created Equal: The Impact of the Expresser's Culture on the Social Effects of Anger in Negotiations [J]. Journal of Applied Psychology, 2013, 98 (5): 785-798.

[2] Adam H, Brett J M. Everything in Moderation: The Social Effects of Anger Depend on Its Perceived Intensity [J]. Journal of Experimental Social Psychology, 2018, 76 (11): 12-18.

[3] Albert S, Ashforth B E, Dutton J E. Organizational Identity and Identification: Charting New Waters and Building New Bridges [J]. Academy of Management Review, 2000, 25 (1): 13-17.

[4] Allan S, Gilbert P. Anger and Anger Expression in Relation to Perceptions of Social Rank, Entrapment and Depressive Symptoms [J]. Personality and Individual Differences, 2002, 32 (3): 551-565.

[5] Angelidis J, Ibrahim N A. The Impact of Emotional Intelligence on the Ethical Judgment of Managers [J]. Journal of Business Ethics, 2011, 99 (1): 111-119.

[6] Anicich E M, Fast N J, Halevy N, et al. When the Bases of Social Hierarchy Collide: Power Without Status Drives Interpersonal Conflict [J]. Organization Science, 2015, 27 (1): 123-140.

[7] Antonakis J, Ashkanasy N M, Dasborough M T. Does Leadership Need Emotional Intelligence? [J]. Leadership Quarterly, 2009, 20 (2): 247-261.

[8] Antonakis J, Bastardoz N, Jacquart P, et al. Charisma: An Ill-defined and Ill-measured gift [J]. Annual Review of Organizational Psychology and Organizational Behavior, 2016, 3 (6): 293-319.

[9] Aryee S, Chen B Z X. Trust As A Mediator of the Relationship Between Organizational Justice and Work Outcomes: Test of A Social Exchange Model [J]. Journal

of Organizational Behavior, 2002, 23 (3): 267 – 285.

[10] Avolio B J, Zhu W, Bhatia K P. Transformational Leadership and Organizational Commitment: Mediating Role of Psychological Empowerment and Moderating Role of Structural Distance [J]. Journal of Organizational Behavior, 2004, 25 (8): 951 – 968.

[11] Bakker S A B. Job Demands, Job Resources, and Their Relationship with Burnout and Engagement: A Multi – sample study [J]. Journal of Organizational Behavior, 2004, 25 (3): 293 – 315.

[12] Barley S R, Meyerson D E, Grodal S. E – mail As A Source and Symbol of Stress [J]. Organization Science, 2011, 22 (4): 887 – 906.

[13] Barrett L F, Mesquita B, Ochsner K N, et al. The Experience of Emotion [J]. Annual Review of Psychology, 2007, 58 (1): 373 – 403.

[14] Barrick M R, Mount M K, Li N. The Theory of Purposeful Work Behavior: The Role of Personality, Higher – order Goals, and Job Characteristics [J]. Academy of Management Review, 2013, 38 (1): 132 – 153.

[15] Barrio V, Aluja A, García L F. Relationship between Empathy and the Big Five Personality Traits in A Sample of Spanish Adolescents [J]. Social Behavior and Personality: An International Journal, 2004, 32 (7): 677 – 681.

[16] Barsade S G, Gibson D E. Group affect: Its Influence on Individual and Group Outcomes [J]. Current Directions in Psychological Science, 2012, 21 (2): 119 – 123.

[17] Barsade S G, O'Neill O A. What's Love Got to Do with It? A Longitudinal Study of the Culture of Companionate Love and Employee and Client Outcomes in A Long – term Care Setting [J]. Administrative Science Quarterly, 2014, 59 (4): 551 – 598.

[18] Batool B F. Emotional Intelligence and Effective Leadership [J]. Journal of Business Studies Quarterly, 2013, 4 (3): 84 – 107.

[19] Batson C D, Batson J G, Todd R M, et al. Empathy and the Collective Good: Caring for One of the Others in A Social Dilemma. [J]. Journal of Personality & Social Psychology, 1995, 68 (4): 619 – 631.

[20] Batson C D, Klein T R, Highberger L, et al. Immorality from Empathy – induced Altruism: When Compassion and Justice Conflict [J]. Journal of Personality and Social Psychology, 1995, 68 (6): 1042 – 1054.

[21] Baum J R, Locke E A. The Relationship of Entrepreneurial Traits, Skill,

And Motivation to Subsequent Venture Growth [J]. Journal of Applied Psychology, 2004, 89 (4): 587-598.

[22] Bekkers R. Traditional and Health-related Philanthropy: The Role of Resources and Personality [J]. Social Psychology Quarterly, 2006, 69 (4): 349-366.

[23] Bélanger, Jocelyn J, Pierro A, Kruglanski A W, et al. On Feeling Good at Work: the Role of Regulatory Mode and Passion in Psychological Adjustment [J]. Journal of Applied Social Psychology, 2015, 45 (6): 319-329.

[24] Blader S L, Chen Y R. Differentiating the Effects of Status and Power: A Justice Perspective. [J]. Journal of Personality and Social Psychology, 2012, 102 (5): 994-1014.

[25] Blader S L, Rothman N B. Paving the Road to Preferential Treatment with Good Intentions: Empathy, Accountability and Fairness [J]. Journal of Experimental Social Psychology, 2014 (50): 65-81.

[26] Blumer H. Mead, Blumer: The Convergent Methodological Perspectives of Social Behaviorism and Symbolic Interactionism [J]. American Sociological Review, 1980, 45 (3): 409-419.

[27] Bono J E, Ilies R. Charisma, Positive Emotions and Mood Contagion [J]. The Leadership Quarterly, 2006, 17 (4): 317-334.

[28] Bowen D E, Ostroff C. Understanding Hrm-firm Performance Linkages: The Role of the "strength" of the Hrm System [J]. Academy of Management Review, 2004, 29 (2): 203-221.

[29] Bowling N A, Beehr T A, Wagner S H, et al. Adaptation-level Theory, Opponent Process Theory, and Dispositions: An Integrated Approach to the Stability of Job Satisfaction [J]. Journal of Applied Psychology, 2005, 90 (6): 1044-1053.

[30] Boyatzis R E. Competencies As A Behavioral Approach to Emotional Intelligence [J]. Journal of Management Development, 2009, 28 (9): 749-770.

[31] Breevaart K, Bakker A B, Demerouti E, et al. Leader-member Exchange, Work Engagement, and Job Performance [J]. Journal of Managerial Psychology, 2015, 30 (7): 754-770.

[32] Brescoll V L, Uhlmann E L. Can An Angry Woman Get Ahead? Status Conferral, Gender, and Expression of Emotion in the Workplace [J]. Psychological Science, 2008, 19 (3): 268-275.

[33] Bretones F D, Gonzalez M J. Subjective and Occupational Well-being in A Sample of Mexican Workers [J]. Social Indicators Research, 2011, 100 (2):

273 - 285.

[34] Brown M E, Trevi O L K, Harrison D A. Ethical Leadership: A Social Learning Perspective for Construct Development and Testing [J]. Organizational Behavior & Human Decision Processes, 2005, 97 (2): 117 - 134.

[35] Burt R S, Kilduff M, Tasselli S. Social Network Analysis: Foundations and Frontiers on Advantage [J]. Annual Review of Psychology, 2013, 64 (8): 527 - 547.

[36] Butler P D, Swift M, Kothari S, et al. Integrating Cultural Competency and Humility Training Into Clinical Clerkships: Surgery As A Model [J]. Journal of Surgical Education, 2011, 68 (3): 0 - 230.

[37] Cameron K S, Caza A. Introduction: Contributions to the Discipline of Positive Organizational Scholarship [J]. American Behavioral Scientist, 2003, 47 (6): 731 - 739.

[38] Cameron K S. The Oxford Handbook of Positive Organizational Scholarship [J]. Management Decision, 2012, 50 (3): 539 - 544.

[39] Cardon M S, Wincent J, Singh J, et al. The Nature and Experience of Entrepreneurial Passion [J]. Academy of Management Review, 2009, 34 (3): 511 - 532.

[40] Casper W J, Harris C M. Work - life Benefits and Organizational Attachment: Self - interest Utility and Signaling Theory Models [J]. Journal of Vocational Behavior, 2008, 72 (1): 95 - 109.

[41] Caza A, Zhang G, Wang L, et al. How do you really feel? Effect of Leaders' Perceived Emotional Sincerity on Followers' Trust [J]. The Leadership Quarterly, 2015, 26 (4): 518 - 531.

[42] Céleste M. Brotheridge, Grandey A A. Emotional Labor and Burnout: Comparing Two Perspectives of "People Work" [J]. Journal of Vocational Behavior, 2002, 60 (1): 17 - 39.

[43] Chattopadhyay P, Finn C, Ashkanasy N M. Affective Responses to Professional Dissimilarity: A Matter of Status [J]. Academy of Management Journal, 2010, 53 (4): 808 - 826.

[44] Chen X, Yao X, Kotha S, et al. Entrepreneur Passion and Preparedness in Business Plan Presentations: A Persuasion Analysis of Venture Capitalists' Funding Decisions [J]. Academy of Management Journal, 2009, 52 (1): 199 - 214.

[45] Chen Z X, Tsui A S, Farh J L. Loyalty to Supervisor vs. Organizational

Commitment: Relationships to Employee Performance in China [J]. Journal of Occupational and Organizational Psychology, 2002, 75 (3): 339 – 356.

[46] Cherulnik P D, Donley K A, Wiewel T S R, et al. Charisma Is Contagious: The Effect of Leaders' Charisma on Observers' Affect [J]. Journal of Applied Social Psychology, 2001, 31 (10): 2149 – 2159.

[47] Chi N W, Ho T R. Understanding When Leader Negative Emotional Expression Enhances Follower Performance: The Moderating Roles of Follower Personality Traits and Perceived Leader Power [J]. Human Relations, 2014, 67 (9): 1051 – 1072.

[48] Chiu C M, Hsu M H, Wang E T G. Understanding Knowledge Sharing in Virtual Communities: An Integration of Social Capital and Social Cognitive Theories [J]. Decision Support Systems, 2006, 42 (3): 1872 – 1888.

[49] Clercq D, Honig B, Martin B. The Roles of Learning Orientation and Passion for Work in the Formation of Entrepreneurial Intention [J]. International Small Business Journal, 2011, 31 (6): 652 – 676.

[50] Cogliser C C, Schriesheim C A, Scandura T A, et al. Balance in Leader and Follower Perceptions of Leader – member Exchange: Relationships with Performance and Work Attitudes [J]. The Leadership Quarterly, 2009, 20 (3): 452 – 465.

[51] Cohen T R, Panter A T, Turan N, et al. Moral Character in the Workplace [J]. Journal of Personality and Social Psychology, 2014, 107 (5): 943 – 963.

[52] Cohen T R. Moral Emotions and Unethical Bargaining: The Differential Effects of Empathy and Perspective Taking in Deterring Deceitful Negotiation [J]. Journal of Business Ethics, 2010, 94 (4): 569 – 579.

[53] Cole M S, Walter F, Bruch H. Affective Mechanisms Linking Dysfunctional Behavior to Performance in Work Teams: A Moderated Mediation Study [J]. Journal of Applied Psychology, 2008, 93 (5): 945 – 958.

[54] Collewaert V, Anseel F, Crommelinck M, et al. When Passion Fades: Disentangling the Temporal Dynamics of Entrepreneurial Passion for Founding [J]. Journal of Management Studies, 2016, 53 (6): 966 – 995.

[55] Connelly S, Ruark G. Leadership Style and Activating Potential Moderators of the Relationships Among Leader Emotional Displays and Outcomes [J]. The Leadership Quarterly, 2010, 21 (5): 745 – 764.

[56] Cropanzano R, Bowen D E, Gilliland S W. The Management of Organizational Justice [J]. Academy of Management Perspectives, 2007, 21 (4): 34 – 48.

[57] Cropanzano R, Dasborough M T, Weiss H M. Affective Events and the

Development of Leader – member Exchange [J]. Academy of Management Review, 2017, 42 (2): 233 – 258.

[58] Damen F, Van Knippenberg B, Van Knippenberg D. Affective Match in Leadership: Leader Emotional Displays, Follower Positive Affect, and Follower Performance [J]. Journal of Applied Social Psychology, 2008, 38 (4): 868 – 902.

[59] Dasborough M T, Ashkanasy N M. Emotion and Attribution of Intentionality in Leader – member Relationships [J]. The Leadership Quarterly, 2002, 13 (5): 615 – 634.

[60] Davis M H. Measuring Individual Differences in Empathy: Evidence for A Multidimensional Approach [J]. Journal of Personality and Social Psychology, 1983, 44 (1): 113 – 126.

[61] Dawda D, Hart S D. Assessing Emotional Intelligence: Reliability and Validity of the Bar – On Emotional Quotient Inventory (EQ – i) in University Students [J]. Personality and Individual Differences, 2000, 28 (4): 797 – 812.

[62] De Dreu C K W, Nijstad B A, van Knippenberg D. Motivated Information Processing in Group Judgment and Decision Making [J]. Personality and Social Psychology Review, 2008, 12 (1): 22 – 49.

[63] Detert J R, Burris E R. Leadership Behavior and Employee Voice: Is the Door Really Open? [J]. Academy of Management Journal, 2007, 50 (4): 869 – 884.

[64] Devoldre I, Davis M H, Verhofstadt L L, et al. Empathy and Social Support Provision in Couples: Social Support and the Need to Study the Underlying Processes [J]. The Journal of Psychology, 2010, 144 (3): 259 – 284.

[65] Dickson M W, Hartog D N D, Mitchelson J K. Research on Leadership in a Cross – cultural Context: Making Progress, and Raising New Questions [J]. Leadership Quarterly, 2003, 14 (6): 729 – 768.

[66] Diefendorff J M, Croyle M H, Gosserand R H. The Dimensionality and Antecedents of Emotional Labor Strategies [J]. Journal of Vocational Behavior, 2005, 66 (2): 339 – 357.

[67] Diehl C, Glaser T, Bohner G. Face the Consequences: Learning About Victim's Suffering Reduces Sexual Harassment Myth Acceptance and Men's Likelihood to Sexually Harass [J]. Aggressive Behavior, 2014, 40 (6): 489 – 503.

[68] Diener E, Oishi S, Lucas R E. Personality, Culture, and Subjective Well – being: Emotional and Cognitive Evaluations of life. [J]. Annual Review of Psychology,

2003, 54 (1): 403-425.

[69] Dimberg U, Thunberg M, Elmehed K. Unconscious Facial Reactions to Emotional Facial Expressions [J]. Psychological Science, 2000, 11 (1): 86-89.

[70] Dodds P S, Watts D J. A Generalized Model of Social and Biological Contagion [J]. Journal of Theoretical Biology, 2005, 232 (4): 587-604.

[71] Doherty R W, Orimoto L, Singelis T M, et al. Emotional Contagion: Gender and Occupational Differences [J]. Psychology of Women Quarterly, 2010, 19 (3): 355-371.

[72] Doherty R W. The Emotional Contagion Scale: A Measure of Individual Differences [J]. Journal of Nonverbal Behavior, 1997, 21 (2): 131-154.

[73] Donner L, Schonfield J. Affect Contagion in Beginning Psychotherapists [J]. Journal of Clinical Psychology, 1975, 31 (2): 332-339.

[74] Drachzahavy A, Somech A. Translating Team Creativity to Innovation Implementation: The Role of Team Composition and Climate for Innovation [J]. Journal of Management, 2013, 39 (3): 684-708.

[75] Drnovsek M, Cardon M S, Patel P C. Direct and Indirect Effects of Passion on Growing Technology Ventures [J]. Strategic Entrepreneurship Journal, 2016, 10 (2): 194-213.

[76] Duan C, Hill C E. The Current State of Empathy Research. [J]. Journal of Counseling Psychology, 1996, 43 (3): 261-274.

[77] Dulebohn J H, Bommer W H, Liden R C, et al. A Meta-analysis of Antecedents and Consequences of Leader-member Exchange: Integrating the Past with an Eye Toward the Future [J]. Journal of Management, 2012, 38 (6): 1715-1759.

[78] Dutton J E, Roberts L M, Bednar J. Pathways for Positive Identity Construction at Work: Four Types of Positive Identity and the Building of Social Resources [J]. Academy of Management Review, 2010, 35 (2): 265-293.

[79] Dutton J E, Worline M C, Frost P J, et al. Explaining Compassion Organizing [J]. Administrative Science Quarterly, 2006, 51 (1): 59-96.

[80] Eberly M B, Fong C T. Leading Via the Heart and Mind: The Roles of Leader and Follower Emotions, Attributions and Interdependence [J]. The Leadership Quarterly, 2013, 24 (5): 696-711.

[81] Edmondson A. Psychological Safety and Learning Behavior in Work Teams [J]. Administrative Science Quarterly, 1999, 44 (2): 350-383.

[82] Edwards M R, Peccei R. Perceived Organizational Support, Organizational

Identification, and Employee Outcomes: Testing A Simultaneous Multifoci Model [J]. Journal of Personnel Psychology, 2015, 9 (1): 17 – 26.

[83] Egan T M, Yang B, Bartlett K R. The Effects of Organizational Learning Culture and Job Satisfaction on Motivation to Transfer Learning and Turnover Intention [J]. Human Resource Development Quarterly, 2004, 15 (3): 279 – 301.

[84] Einolf C J. Empathic Concern and Prosocial Behaviors: A Test of Experimental Results Using Survey Data [J]. Social Science Research, 2008, 37 (4): 1267 – 1279.

[85] Eisenberg N, Eggum N D, Di Giunta L. Empathy - related Responding: Associations with Prosocial Behavior, Aggression, and Intergroup Relations [J]. Social Issues and Policy Review, 2010, 4 (1): 143 – 180.

[86] Eisenberg N. Emotion, Regulation, and Moral Development [J]. Annual Review of Psychology, 2000, 51 (1): 665 – 697.

[87] Eisenkraft N, Elfenbein H A. The Way You Make Me Feel: Evidence for Individual Differences in Affective Presence [J]. Psychological Science, 2010, 21 (4): 505 – 510.

[88] Elefant, C. The "power" of Social Media: Legal Issues & Best Practices for Utilities Engaging Social Media [J]. Energy Law Journal, 2011, 32 (1): 4 – 56.

[89] Farh J L, Hackett R D, Liang J. Individual – level Cultural Values As Moderators of Perceived Organizational Support – employee Outcome Relationships in China: Comparing the Effects of Power Distance and Traditionality [J]. Academy of Management Journal, 2007, 50 (3): 715 – 729.

[90] Fei Z, Wu Y J. How Humble Leadership Fosters Employee Innovation Behavior [J]. Leadership & Organization Development Journal, 2018, 39 (1): 375 – 387.

[91] Fernet C , Lavigne, Geneviève L, Vallerand R J , et al. Fired up with Passion: Investigating How Job Autonomy and Passion Predict Burnout at Career Start in Teachers [J]. Work & Stress, 2014, 28 (3): 270 – 288.

[92] Ferris D L , Brown D J , Berry J W , et al. The Development and Validation of the Workplace Ostracism Scale [J]. Journal of Applied Psychology, 2008, 93 (6): 1348 – 1366.

[93] Ferris D L , Lian H , Brown D J , et al. Ostracism, Self – esteem, and Job Performance: When Do We Self – verify and When do We Self – enhance? [J]. Academy of Management Journal, 2015, 58 (1): 279 – 297.

[94] Fila M J, Paik L S, Griffeth R W, et al. Disaggregating Job Satisfaction: Effects of Perceived Demands, Control, and Support [J]. Journal of Business & Psychology, 2014, 29 (4): 639-649.

[95] Filipowicz A, Barsade S, Melwani S. Understanding Emotional Transitions: The Interpersonal Consequences of Changing Emotions in Negotiations. [J]. Journal of Personality & Social Psychology, 2011, 101 (3): 541-56.

[96] Fischer A H, Roseman I J. Beat Them or Ban Them: The Characteristics and Social Functions of Anger and Contempt [J]. Journal of Personality and Social Psychology, 2007, 93 (1): 103-115.

[97] Fisher C D, Minbashian A, Beckmann N, et al. Task Appraisals, Emotions, and Performance Goal Orientation. [J]. Journal of Applied Psychology, 2013, 98 (2): 364-373.

[98] Fitness J. Anger in the Workplace: An Emotion Script Approach to Anger Episodes Between Workers and Their Superiors, Co-workers and Subordinates [J]. Journal of Organizational Behavior, 2000, 21 (2): 147-162.

[99] Foreman P, Whetten D A. Members' Identification with Multiple-identity Organizations [J]. Organization Science, 2002, 13 (6): 618-635.

[100] Fredrickson B L. The Role of Positive Emotions in Positive Psychology, the Broaden-and-build Theory of Positive Emotions [J]. American Psychologist, 2004, 359 (1449): 1367-1377.

[101] Gaddis B, Connelly S, Mumford M D. Failure Feedback As An Affective Event: Influences of Leader Affect on Subordinate Attitudes and Performance [J]. Leadership Quarterly, 2004, 15 (5): 663-686.

[102] Galinsky A D, Maddux W W, White G J B. Why it Pays to Get Inside the Head of Your Opponent: The Differential Effects of Perspective Taking and Empathy in Negotiations [J]. Psychological Science, 2008, 19 (4): 378-384.

[103] Garrett R K. Echo chambers online? Politically Motivated Selective Exposure Among Internet News Users [J]. Journal of Computer-Mediated Communication, 2009, 14 (2): 265-285.

[104] Geddes D, Callister R R. Crossing the line (s): A Dual Threshold Model of Anger in Organizations [J]. Academy of Management Review, 2007, 32 (3): 721-746.

[105] Geer J H, Estupinan L A, Manguno-Mire G M. Empathy, Social Skills, and Other Relevant Cognitive Processes in Rapists and Child Molesters [J]. Aggression

and Violent Behavior, 2000, 5 (1): 99 – 126.

[106] Geneviève A. Mageau, Vallerand R J. The Moderating Effect of Passion on the Relation between Activity Engagement and Positive Affect [J]. Motivation & Emotion, 2007, 31 (4): 312 – 321.

[107] George J M. Leader Positive Mood and Group Performance: The Case of Customer Service [J]. Journal of Applied Social Psychology, 2006, 25 (9): 778 – 794.

[108] George J M, Zhou J. Dual Tuning in A Supportive Context: Joint Contributions of Positive Mood, Negative Mood, and Supervisory Behaviors to Employee Creativity [J]. Academy of Management Journal, 2007, 50 (3): 605 – 622.

[109] George J M. Dual Tuning: A Minimum Condition for Understanding Affect in Organizations [J]. Organizational Psychology Review, 2011, 1 (2): 147 – 164.

[110] George J M. Emotions and Leadership: The Role of Emotional Intelligence [J]. Human Relations, 2000, 53 (8): 1027 – 1055.

[111] Gerdes K E, Segal E A, Lietz C A. Conceptualising and Measuring Empathy [J]. British Journal of Social Work, 2010, 40 (7): 2326 – 2343.

[112] Gibson D E, Callister R R. Anger in Organizations: Review and Integration [J]. Journal of Management, 2010, 36 (1): 66 – 93.

[113] Glomb T M, Tews M J. Emotional Labor: A Conceptualization and Scale Development [J]. Journal of Vocational Behavior, 2004, 64 (1): 1 – 23.

[114] Glomb T M, Hulin C L. Anger and Gender Effects in Observed Supervisor – subordinate Dyadic Interactions [J]. Organizational Behavior and Human Decision Processes, 1997, 72 (3): 281 – 307.

[115] Goetz J L, Keltner D, Simon – Thomas E. Compassion: An Evolutionary Analysis and Empirical Review [J]. Psychological Bulletin, 2010, 136 (3): 351 – 374.

[116] Goldstein N J, Vezich I S, Shapiro J R. Perceived Perspective Taking: When Others Walk in Our Shoes [J]. Journal of Personality and Social Psychology, 2014, 106 (6): 941 – 960.

[117] Goleman D. Primal Leadership: Realizing the Power of Emotional Intelligence [J]. Journal of Organizational Change Management, 2002, 60 (1): 89 – 90.

[118] Gomez C, Rosen B. The Leader – member Exchange As A Link Between Managerial Trust and Employee Empowerment [J]. Group & Organization Management, 2001, 26 (1): 53 – 69.

[119] Gooty J, Connelly S, Griffith J, et al. Leadership, Affect and Emotions: A State of the Science Review [J]. The Leadership Quarterly, 2010, 21 (6): 979–1004.

[120] Gooty J, Serban A, Thomas J S, et al. Use and Misuse of Levels of Analysis in Leadership Research: An Illustrative Review of Leader–member Exchange [J]. The Leadership Quarterly, 2012, 23 (6): 1080–1103.

[121] Grandey A A, Gabriel A S. Emotional Labor At A Crossroads: Where Do We Go from Here? [J]. Annual Review of Organizational Psychology and Organizational Behavior, 2014, 2 (1): 323–349.

[122] Grandey A A. When "the show must go on": Surface Acting and Deep Acting as Determinants of Emotional Exhaustion and Peer–rated Service Delivery [J]. Academy of Management Journal, 2003, 46 (1): 86–96.

[123] Grant A M, Dutton J E, Rosso B D. Giving Commitment: Employee Support Programs and the Prosocial Sensemaking Process [J]. Academy of Management Journal, 2008, 51 (5): 898–918.

[124] Grant A M, Price C R H. Happiness, Health, or Relationships? Managerial Practices and Employee Well–being Tradeoffs [J]. Academy of Management Perspectives, 2007, 21 (3): 51–63.

[125] Greenwald A G, Banaji M R, Rudman L A, et al. A Unified Theory of Implicit Attitudes, Stereotypes, Self–esteem, and Self–concept. [J]. Psychological Review, 2002, 109 (1): 3–25.

[126] Griffin M A, Parker N S K. A New Model of Work Role Performance: Positive Behavior in Uncertain and Interdependent Contexts [J]. The Academy of Management Journal, 2007, 50 (2): 327–347.

[127] Halbesleben J R B, Wheeler A R. I Owe You One: Coworker Reciprocity As A Moderator of the Day–level Exhaustion–performance Relationship [J]. Journal of Organizational Behavior, 2011, 32 (4): 608–626.

[128] Harms P D, Credé M. Emotional Intelligence and Transformational and Transactional Leadership: A Meta–analysis [J]. Journal of Leadership & Organizational Studies, 2010, 17 (1): 5–17.

[129] Heilman M E. Description and Prescription: How Gender Stereotypes Prevent Women's Ascent up the Organizational Ladder [J]. Journal of Social Issues, 2001, 57 (4): 657–674.

[130] Heinke M S, Louis W R. Cultural Background and Individualistic–collec-

tivistic Values in Relation to Similarity, Perspective Taking, and Empathy [J]. Journal of Applied Social Psychology, 2009, 39 (11): 2570 - 2590.

[131] Hekman D R. Modeling How to Grow: An Inductive Examination of Humble Leader Behaviors, Outcomes, and Contingencies [J]. Academy of Management Journal, 2012, 55 (4): 787 - 818.

[132] Herman H M, Troth A C, Ashkanasy N M, et al. Affect and Leader - member Exchange in the New Millennium: A State - of - art Review and Guiding Framework [J]. The Leadership Quarterly, 2018, 29 (1): 135 - 149.

[133] Hess U , Senécal, Sacha, Kirouac G , et al. Emotional Expressivity in Men and Women: Stereotypes and Self - perceptions [J]. Cognition & Emotion, 2000, 14 (5): 609 - 642.

[134] Ho V T, Pollack J M. Passion Isn't Always A Good Thing: Examining Entrepreneurs' Network Centrality and Financial Performance with A Dualistic Model of Passion [J]. Journal of Management Studies, 2014, 51 (3): 433 - 459.

[135] Ho V T, Wong S S, Lee C H. A tale of passion: Linking Job Passion and Cognitive Engagement to Employee Work Performance [J]. Journal of Management Studies, 2011, 48 (1): 26 - 47.

[136] Hobfoll S E. The Influence of Culture, Community, and the Nested - self in the Stress Process: Advancing Conservation of Resources theory [J]. Applied Psychology, 2001, 50 (3): 337 - 421.

[137] Hobfoll S E. Conservation of Resource Caravans and Engaged Settings [J]. Journal of Occupational & Organizational Psychology, 2011, 84 (1): 116 - 122.

[138] Hodges S D, Kiel K J, Kramer A D I, et al. Giving Birth to Empathy: The Effects of Similar Experience on Empathic Accuracy, Empathic Concern, and Perceived Empathy [J]. Personality and Social Psychology Bulletin, 2010, 36 (3): 398 - 409.

[139] Hofstede G. The Interaction Between National and Organizational Value Systems [J]. Journal of Management Studies, 2010, 22 (4): 347 - 357.

[140] Horn J E, Taris T W, Schaufeli W B, et al. The Structure of Occupational Well - being: A Study Among Dutch Teachers [J]. Journal of Occupational & Organizational Psychology, 2004, 77 (3): 365 - 375.

[141] Huang X, Iun J, Liu A, et al. Does Participative Leadership Enhance Work Performance by Inducing Empowerment or Trust? The Differential Effects on Managerial and Non - managerial Subordinates. [J]. Journal of Organizational Behavior,

2010, 31 (1): 122-143.

[142] Humphrey R H, Pollack J M, Hawver T. Leading with Emotional Labor [J]. Journal of Managerial Psychology, 2008, 23 (2): 151-168.

[143] Humphrey R H. How Do Leaders Use Emotional Labor? [J]. Journal of Organizational Behavior, 2012, 33 (5): 105-123.

[144] Humphrey S E, Nahrgang J D, Morgeson F P. Integrating Motivational, Social, and Contextual Work Design Features: A Meta-analytic Summary and Theoretical Extension of the Work Design Literature [J]. Journal of Applied Psychology, 2007, 92 (5): 1332-1356.

[145] Huy Q N. Emotional Capability, Emotional Intelligence, and Radical Change [J]. Academy of Management Review, 1999, 24 (2): 325-345.

[146] Huy Q N. How Middle Managers' Group-focus Emotions and Social Identities Influence Strategy Implementation [J]. Strategic Management Journal, 2011, 32 (13): 1387-1410.

[147] Hwang, Yujong. Investigating the Role of Identity and Gender in Technology Mediated Learning [J]. Behaviour & Information Technology, 2010, 29 (3): 305-319.

[148] Ilies R, Judge S T A. The Interactive Effects of Personal Traits and Experienced States on Intraindividual Patterns of Citizenship Behavior [J]. The Academy of Management Journal, 2006, 49 (3): 561-575.

[149] Ilies R, Morgeson F P, Nahrgang J D. Authentic Leadership and Eudaemonic Well-being: Understanding leader-follower Outcomes [J]. Leadership Quarterly, 2005, 16 (3): 373-394.

[150] Inesi M E, Gruenfeld D H, Galinsky A D. How Power Corrupts Relationships: Cynical Attributions for Others' Generous Acts [J]. Journal of Experimental Social Psychology, 2012, 48 (4): 795-803.

[151] Jordan P J, Troth A. Emotional Intelligence and Leader Member Exchange: The Relationship with Employee Turnover Intentions and Job Satisfaction [J]. Leadership & Organization Development Journal, 2011, 32 (3): 260-280.

[152] Jowett S, Lafreniere M A K, Vallerand R J. Passion for Activities and Relationship Quality: A Dyadic Approach [J]. Journal of Social and Personal Relationships, 2013, 30 (6): 734-749.

[153] Judge T A, Bono J E. Relationship of Core Self-evaluations Traits—self—esteem, Generalized self-efficacy, Locus of Control, and Emotional Stability—

with Job Satisfaction and Job Performance: A Meta - analysis [J]. Journal of Applied Psychology, 2001, 86 (1): 80 -92.

[154] Judge T A, Colbert A E, Ilies R. Intelligence and Leadership: A Quantitative Review and Test of Theoretical Propositions [J]. Journal of Applied Psychology, 2004, 89 (3): 542 -562.

[155] Kaiser R. Fixing Identity by Denying Uniqueness: An Analysis of Professional Identity in Medicine [J]. Journal of Medical Humanities, 2002, 23 (2): 95 - 105.

[156] Karelaia N, Guillén, Laura. Me, A Woman and A Leader: Positive Social Identity and Identity Conflict [J]. Organizational Behavior and Human Decision Processes, 2014, 125 (2): 204 -219.

[157] Karim J. The Relationship Between Emotional Intelligence, Leader - member Exchange and Organizational Commitment [J]. Euro Asia Journal of Management, 2008, 18 (2): 153 -171.

[158] Kark R, Shamir B, Chen G. The Two Faces of Transformational Leadership: Empowerment and Dependency [J]. Journal of Applied Psychology, 2003, 88 (2): 246 -255.

[159] Kellett J B, Humphrey R H, Sleeth R G. Empathy and the Emergence of Task and Relations Leaders [J]. The Leadership Quarterly, 2006, 17 (2): 146 -162.

[160] Kelly J R, Barsade S G. Mood and Emotions in Small Groups and Work Teams [J]. Organizational Behavior and Human Decision Processes, 2001, 86 (1): 99 -130.

[161] Kerr R, Garvin J, Heaton N, et al. Emotional Intelligence and Leadership Effectiveness [J]. Leadership & Organization Development Journal, 2006, 27 (4): 265 -279.

[162] Kidd J M. Exploring the Components of Career Well - being and the Emotions Associated with Significant Career Experiences [J]. Journal of Career Development, 2008, 35 (2): 166 -186.

[163] Kim S. Participative Management and Job Satisfaction: Lessons for Management Leadership [J]. Public Administration Review, 2002, 62 (2): 231 -241.

[164] Kimberley B, Arnold B, Olav K. Daily Transactional and Transformational Leadership and Daily Employee Engagement [J]. Journal of Occupational and Organizational Psychology, 2014, 87 (1): 138 -157.

[165] Kirkman B L, Chen G, Farh J L, et al. Individual Power Distance Orien-

tation and Follower Reactions to Transformational Leaders: A Cross – level, Cross – cultural Examination [J]. Academy of Management Journal, 2009, 52 (4): 744 – 764.

[166] Kitayama S, Mesquita B, Karasawa M. Cultural Affordances and Emotional Experience: Socially Engaging and Disengaging Emotions in Japan and the United States [J]. Journal of Personality and Social Psychology, 2006, 91 (5): 890 – 903.

[167] Klandermans, P. G. Ldentity Politics and Politicized Identities: Identity Processes and the Dynamics of Protest [J]. Political Psychology, 2014, 35 (1): 1 – 22.

[168] Knight P, Knight I, Bruch. Organizational Affective Tone: A Meso Perspective on the Origins and Effects of Consistent Affect in Organizations [J]. Academy of Management Journal, 2018, 1 (61): 191 – 219.

[169] Koning L F, Kleef G A V. How Leaders 'Emotional Displays Shape Followers' Organizational Citizenship Behavior [J]. Leadership Quarterly, 2015, 26 (4): 489 – 501.

[170] Kreiner G E, Hollensbe E C, Sheep M L. On the Edge of Identity: Boundary Dynamics at the Interface of Individual and Organizational Identities [J]. Human Relations, 2006, 59 (10): 1315 – 1341.

[171] Kreiner G E, Hollensbe E C, Sheep M L. Where Is the "Me" Among the "We"? Identity Work and the Search for Optimal Balance [J]. The Academy of Management Journal, 2006, 49 (5): 1031 – 1057.

[172] Kwan H K, Zhang X, Liu J, et al. Workplace Ostracism and Employee Creativity: An Integrative Approach Incorporating Pragmatic and Engagement Roles [J]. Journal of Applied Psychology, 2018, 103 (12): 87 – 114.

[173] LanajK, Johnson R E, Barnes C M. Beginning the Workday Yet Already Depleted? Consequences of Late – night Smartphone use and Sleep [J]. Organizational Behavior and Human Decision Processes, 2014, 124 (1): 11 – 23.

[174] Lavigne G L, Crevier – Braud J F L. Passion At Work and Burnout: A Two – study test of the Mediating Role of Flow Experiences [J]. European Journal of Work & Organizational Psychology, 2012, 21 (4): 518 – 546.

[175] Law K S, Wong C S, Song L J. The Construct and Criterion Validity of Emotional Intelligence and Its Potential Utility for Management Studies [J]. Journal of Applied Psychology, 2004, 89 (3): 483 – 96.

[176] Leimeister J M, Ebner W, Krcmar H. Design, Implementation, and Evaluation of Trust – supporting Components in Virtual Communities for Patients [J].

Journal of Management Information Systems, 2005, 21 (4): 101 - 131.

[177] Lewis K M. When Leaders Display Emotion: How Followers Respond to Negative Emotional Expression of Male and Female Leaders [J]. Journal of Organizational Behavior, 2000, 21 (2): 221 - 234.

[178] Li J, Chen X, Kotha S, et al. Catching Fire and Spreading It: A Glimpse into Displayed Entrepreneurial Passion in Crowdfunding Campaigns [J]. Journal of Applied Psychology, 2017, 102 (7): 1075 - 1090.

[179] Li Y, Sun J M. Traditional Chinese Leadership and Employee Voice Behavior: A Cross - level Examination [J]. The Leadership Quarterly, 2015, 26 (2): 172 - 189.

[180] Lian H, Ferris D L, Brown D J. Does Power Distance Exacerbate or Mitigate the Effects of Abusive Supervision? It Depends on the Outcome. [J]. Journal of Applied Psychology, 2012, 97 (1): 107 - 123.

[181] Liden R C, Erdogan B, Wayne S J, et al. Leader - member Exchange, Differentiation, and Task Interdependence: Implications for Individual and Group Performance [J]. Journal of Organizational Behavior, 2006, 27 (6): 723 - 746.

[182] Lilius J M, Worline M C, Dutton J E, et al. Understanding Compassion Capability [J]. Human Relations, 2011, 64 (7): 873 - 899.

[183] Lilius J M. Recovery at Work: Understanding the Restorative Side of "Depleting" Client Interactions [J]. Academy of Management Review, 2012, 37 (4): 569 - 588.

[184] Lindebaum D, Fielden S. 'It's good to be angry': Enacting Anger in Construction Project Management to Achieve Perceived Leader Effectiveness [J]. Human Relations, 2011, 64 (3): 437 - 458.

[185] Lindebaum D, Geddes D. The Place and Role of (Moral) Anger in Organizational Behavior Studies [J]. Journal of Organizational Behavior, 2016, 37 (5): 738 - 757.

[186] Lindebaum D, Jordan P J, Morris L. Symmetrical and Asymmetrical Outcomes of Leader Anger Expression: A Qualitative Study of Army Personnel [J]. Human Relations, 2016, 69 (2): 277 - 300.

[187] Little L M, Gooty J, Williams M. The Role of Leader Emotion Management in Leader - member Exchange and Follower Outcomes [J]. The Leadership Quarterly, 2016, 27 (1): 85 - 97.

[188] Liu D, Liao H, Loi R. The Dark Side of Leadership: A Three - level In-

vestigation of the Cascading Effect of Abusive Supervision on Employee Creativity [J]. Academy of Management Journal, 2012, 55 (5): 1187–1212.

[189] Liu D, Chen X P. From Autonomy to Creativity: A Multilevel Investigation of the Mediating Role of Harm-onious Passion [J]. Journal of Applied Psychology, 2011, 96 (2): 294–309.

[190] Lord R G, Day D V, Zaccaro S J, et al. Leadership in Applied Psychology: Three Waves of Theory and Research. [J]. Journal of Applied Psychology, 2017, 102 (3): 434–451.

[191] Lorda R G, Brown D J. Leadership, Values, and Subordinate Self-concepts [J]. Leadership Quarterly, 2001, 12 (2): 133–152.

[192] Lu L, Kao S F, Siu O L, et al. Work Stress, Chinese Work Values, and Work Well-Being in the Greater China [J]. The Journal of Social Psychology, 2011, 151 (6): 767–783.

[193] Madera J M, Smith D B. The Effects of Leader Negative Emotions on Evaluations of Leadership in A Crisis Situation: The Role of Anger and Sadness [J]. The Leadership Quarterly, 2009, 20 (2): 103–114.

[194] Madrid H P, Totterdell P, Niven K, et al. Leader Affective Presence and Innovation in Teams [J]. Journal of Applied Psychology, 2016, 101 (5): 673–686.

[195] Maertz C P, Griffeth R W. Eight Motivational Forces and Voluntary Turnover: A Theoretical Synthesis with Implications for Research [J]. Journal of Management, 2004, 30 (5): 667–683.

[196] Mageau G A, Carpentier J, Vallerand R J. The Role of Self-esteem Contingencies in the Distinction Between Obsessive and Harmonious Passion [J]. European Journal of Social Psychology, 2011, 41 (6): 720–729.

[197] Mahsud R, Yukl G, Prussia G. Leader Empathy, Ethical Leadership, and Relations-Oriented Behaviors As Antecedents of Leader-member Exchange Quality [J]. Journal of Managerial Psychology, 2010, 25 (6): 561–577.

[198] Medler-Liraz H, Seger-Guttmann T. Authentic Emotional Displays, Leader-member Exchange, and Emotional Exhaustion [J]. Journal of Leadership & Organizational Studies, 2018, 25 (1): 76–84.

[199] Menges J I, Kilduff M. Group Emotions: Cutting the Gordian Knots Concerning Terms, Levels of Analysis, and Processes [J]. Academy of Management Annals, 2015, 9 (1): 845–928.

[200] Michael E, Brown, Linda K, David A. Ethical Leadership: A Social

Learning Perspective for Construct Development and Testing [J]. Organizational Behavior and Human Decision Processes, 2005, 97 (2): 117 – 134.

[201] Moore C, Detert J R, Klebe Treviño L, et al. Why Employees Do Bad Things: Moral Disengagement and Unethical Organizational Behavior [J]. Personnel Psychology, 2012, 65 (1): 1 – 48.

[202] Morris, J A. Bringing Humility to Leadership: Antecedents and Consequences of Leader Humility [J]. Human Relations, 2005, 58 (10): 1323 – 1350.

[203] Muller A R, Pfarrer M D, Little L M. A Theory of Collective Empathy in Corporate Philanthropy Decisions [J]. Academy of Management Review, 2014, 39 (1): 1 – 21.

[204] Nahapiet J, Ghoshal S. Social Capital, Intellectual Capital, and the Organizational Advantage [J]. Academy of Management Review, 1998, 23 (2): 242 – 266.

[205] Neubert M J, Kacmar K M, Carlson D S, et al. Regulatory Focus As A Mediator of the Influence of Initiating Structure and Servant Leadership on Employee Behavior. [J]. Journal of Applied Psychology, 2008, 93 (6): 1220 – 1233.

[206] Norman S, Luthans B, Luthans K. The Proposed Contagion Effect of Hopeful Leaders on the Resiliency of Employees and Organizations [J]. Journal of Leadership & Organizational Studies, 2005, 12 (2): 55 – 64.

[207] O'Neill O A, Rothbard N. Is Love All You Need? The Effects of Emotional Culture, Suppression, and Work – family Conflict on Firefighter Risk Taking and Health. Academy of Management Journal, 2017, 60 (7): 78 – 108.

[208] Owens B P, Johnson M D, Mitchell T R. Expressed Humility in Organizations: Implications for Performance, Teams, and Leadership [J]. Organization Science, 2013, 24 (5): 1517 – 1538.

[209] Oyserman D. High Power, Low Power, and Equality: Culture Beyond Individualism and Collectivism [J]. Journal of Consumer Psychology, 2006, 16 (4): 352 – 356.

[210] Paciello M, Fida R, Cerniglia L, et al. High Cost Helping Scenario: The Role of Empathy, Prosocial Reasoning and Moral Disengagement on Helping Behavior [J]. Personality and Individual Differences, 2013, 55 (1): 3 – 7.

[211] Page K M, Dianne A. Vella Brodrick. The "what", "why" and "how" of Employee Well – being: A New Model [J]. Social Indicators Research, 2009, 90 (3): 441 – 458.

[212] Palmer B, Walls M, Burgess Z, et al. Emotional Intelligence and Effective

Leadership [J]. Leadership & Organization Development Journal, 2001, 22 (1): 5 - 10.

[213] Park J, Kitayama S, Markus H R, et al. Social Status and Anger Expression: The Cultural Moderation Hypothesis [J]. Emotion, 2013, 13 (6): 1122 - 1131.

[214] Parke R, Seo M G. The Role of Affect Climate in Organizational Effectiveness [J]. Academy of Management Review, 2017, 2 (42): 334 - 360.

[215] Parker C P, Baltes B B, Young S A, et al. Relationships Between Psychological Climate Perceptions and Work Outcomes: A Meta - Analytic Review [J]. Journal of Organizational Behavior, 2003, 24 (4): 389 - 416.

[216] Parker S K, Atkins P W B, Axtell C M. Building Better Work Places Through Individual Perspective Taking: A Fresh Look At a Fundamental Human Process [J]. International Review of Industrial And Organizational Psychology, 2008, 23 (3): 15 - 24.

[217] Pellegrini E K, Scandura T A. Paternalistic Leadership: A Review and Agenda for Future Research [J]. Journal of Management, 2008, 34 (3): 566 - 593.

[218] Perrewe P L, Hochwarter W A, Ferris G R, et al. Developing A Passion for Work Passion: Future Directions on An Emerging Construct [J]. Journal of Organizational Behavior, 2014, 35 (1): 145 - 150.

[219] Pfeffer J. A Skimmer's Guide to Power: Why Some People Have It—and Others Don't [J]. Physical Review A: Atomic, Molecular, and Optical Physics, 2010, 82 (1): 25 - 44.

[220] Pierce J R, Kilduff G J, Galinsky A D, et al. From Glue to Gasoline: How Competition Turns Perspective Takers Unethical [J]. Psychological Science, 2013, 24 (10): 1986 - 1994.

[221] Poon K T, Chen Z, Dewall C N. Feeling Entitled to More: Ostracism Increases Dishonest Behavior [J]. Personality and Social Psychology Bulletin, 2013, 39 (9): 1227 - 1239.

[222] Positive Group Affective Tone and Team Creativity: Negative Group Affective Tone and Team Trust as Boundary Conditions [J]. Journal of Organizational Behavior, 2012, 33 (5): 638 - 656.

[223] Prasad P A. Stretching the Iron Cage: The Constitution and Implications of Routine Workplace Resistance [J]. Organization Science, 2000, 11 (4): 387 - 403.

[224] Pratt M G. The Good, the Bad, and the Ambivalent: Managing Identification Among Amway Distributors [J]. Administrative Science Quarterly, 2000, 45 (3): 456 - 493.

[225] Rafferty A E, Griffin M A. Perceptions of Organizational Change: A Stress and Coping Perspective. [J]. Journal of Applied Psychology, 2006, 91 (5): 1154 – 1162.

[226] Rajah R, Song Z, Arvey R D. Emotionality and Leadership: Taking Stock of the Past Decade of Research [J]. The Leadership Quarterly, 2011, 22 (6): 1107 – 1119.

[227] Ratelle C F, Vallerand R J, Geneviève A Mageau, et al. When Passion Leads to Problematic Outcomes: A Look at Gambling [J]. Journal of Gambling Studies, 2004, 20 (2): 105 – 119.

[228] Reed A I, Aquino K F. Moral Identity and the Expanding Circle of Moral Regard Toward Out – groups [J]. Journal of Personality and Social Psychology, 2003, 84 (6): 1270 – 1286.

[229] Rees L, Rothman N B, Lehavy R, et al. The Ambivalent Mind Can Be A Wise Mind: Emotional Ambivalence Increases Judgment Accuracy [J]. Journal of Experimental Social Psychology, 2013, 49 (3): 360 – 367.

[230] Riggio R E, Reichard R J. The Emotional and Social Intelligences of Effective Leadership: An Emotional and Social Skill Approach [J]. Journal of Managerial Psychology, 2008, 23 (2): 169 – 185.

[231] Russell J A, Barrett L F. Core Affect, Prototypical Emotional Episodes, and Other Things Called Emotion: Dissecting the Elephant [J]. Journal of Personality and Social Psychology, 1999, 76 (5): 805 – 819.

[232] Russell J A. Core Affect and the Psychological Construction of Emotion [J]. Psychological Review, 2003, 110 (1): 145 – 72.

[233] Ryan R M, Deci E L. On Happiness and Human Potentials: A Review of Research on Hedonic and Eudaimonic Well – being [J]. Annual Review of Psychology, 2001, 52 (1): 141 – 166.

[234] Sadri G. Emotional Intelligence and Leadership Development [J]. Public Personnel Management, 2012, 41 (3): 535 – 548.

[235] Schaubroeck J, Lam S S K, Cha S E. Embracing Transformational Leadership: Team Values and the Impact of Leader Behavior on Team Performance. [J]. Journal of Applied Psychology, 2007, 92 (4): 1020 – 1030.

[236] Schaubroeck J M, Shao P. The Role of Attribution in How Followers Respond to the Emotional Expression of Male and Female Leaders [J]. The Leadership Quarterly, 2012, 23 (1): 27 – 42.

[237] Schaubroeck J, Jones J R. Antecedents of Workplace Emotional Labor Dimensions and Moderators of Their Effects on Physical Symptoms [J]. Journal of Organizational Behavior, 2000, 21 (2): 163 – 183.

[238] Settoon R P, Mossholder K W. Relationship Quality and Relationship Context As Antecedents of Person – and Task – focused Interpersonal Citizenship Behavior [J]. Journal of Applied Psychology, 2002, 87 (2): 255 – 286.

[239] Shalley C E, Jing Z, Oldham G R. The Effects of Personal and Contextual Characteristics on Creativity: Where Should We Go From Here? [J]. Journal of Management, 2004, 30 (6): 933 – 958.

[240] Shao B. Moral Anger As A Dilemma? An Investigation on How Leader Moral Anger Influences Follower Trust [J]. The Leadership Quarterly, 2018, 12 (2): 155 – 187.

[241] Shao B, Wang L, Herman H M. Motivational or Dispositional? The Type of Inference Shapes the Effectiveness of Leader Anger Expressions [J]. The Leadership Quarterly, 2018, 29 (6): 709 – 723.

[242] Shirako A, Kilduff G J, Kray L J. Is There A Place for Sympathy in Negotiation? Finding Strength in Weakness [J]. Organizational Behavior and Human Decision Processes, 2015, 131 (6): 95 – 109.

[243] Sinaceur M, Adam H, Kleef G A V, et al. The Advantages of Being Unpredictable: How Emotional Inconsistency Extracts Concessions in Negotiation [J]. Journal of Experimental Social Psychology, 2013, 49 (3): 498 – 508.

[244] Sinaceur M, Tiedens L Z. Get Mad and Get More Than Even: When and Why Anger Expression is Effective in Negotiations [J]. Journal of Experimental Social Psychology, 2006, 42 (3): 314 – 322.

[245] Singer T, Lamm C. The Social Neuroscience of Empathy [J]. Annals of the New York Academy of Sciences, 2009, 1156 (1): 81 – 96.

[246] Singer T, Steinbeis N. Differential Roles of Fairness – and Compassion – based Motivations for Cooperation, Defection, and Punishment [J]. Annals of the New York Academy of Sciences, 2009, 1167 (1): 41 – 50.

[247] Skinner C, Spurgeon P. Valuing Empathy and Emotional Intelligence in Health Leadership: A Study of Empathy, Leadership Behaviour and Outcome Effectiveness [J]. Health Services Management Research, 2005, 18 (1): 1 – 12.

[248] Sy T, Côté S, Saavedra R. The Contagious Leader: Impact of the Leader's Mood on the Mood of Group Members, Group Affective Tone, and Group Processes

[J]. Journal of Applied Psychology, 2005, 90 (2): 295 – 311.

[249] Takeuchi R, Chen Z, Cheung S Y. Applying Uncertainty Management Theory to Employee Voice Behavior: An Integrative Investigation [J]. Personnel Psychology, 2012, 65 (2): 283 – 323.

[250] Tierney P, Farmer S M, Graen G B. An Examination of Leadership and Employee Creativity: The Relevance of Traits and Relationships [J]. Personnel Psychology, 2006, 52 (3): 591 – 620.

[251] Vaish A, Carpenter M, Tomasello M. Sympathy Through Affective Perspective Taking and Its Relation to Prosocial Behavior in Toddlers. [J]. Developmental Psychology, 2009, 45 (2): 534 – 543.

[252] Van Kleef G A, Homan A C, Beersma B, et al. Searing Sentiment or Cold Calculation? The Effects of Leader Emotional Displays on Team Performance Depend on Follower Epistemic Motivation [J]. Academy of Management Journal, 2009, 52 (3): 562 – 580.

[253] Van Rooy D L, Viswesvaran C. Emotional Intelligence: A Meta – analytic Investigation of Predictive Validity and Nomological Net [J]. Journal of Vocational Behavior, 2004, 65 (1): 71 – 95.

[254] Vera D, Rodriguez – Lopez A. Strategic Virtues: Humility As A Source of Competitive Advantage [J]. Organizational Dynamics, 2004, 33 (4): 393 – 408.

[255] Verner – Filion J, Lafrenière, Vallerand R J. On the Accuracy of Affective Forecasting: The Moderating Role of Passion [J]. Personality and Individual Differences, 2012, 52 (7): 849 – 854.

[256] Visser V A, Knippenberg D V, Kleef G A V, et al. How Leader Displays of Happiness and Sadness Influence Follower Performance: Emotional Contagion and Creative Versus Analytical Performance [J]. Leadership Quarterly, 2013, 24 (1): 172 – 188.

[257] Vonk, Roos. The Slime Effect: Suspicion and Dislike of Likeable Behavior Toward Superiors [J]. Journal of Personality and Social Psychology, 1998, 74 (4): 849 – 864.

[258] Vorauer J D, Quesnel M. Don't Bring Me Down: Divergent Effects of Being the Target of Empathy Versus Perspective – taking on Minority Group Members' Perceptions of Their Group's Social Standing [J]. Group Processes & Intergroup Relations, 2016, 19 (1): 94 – 109.

[259] Vuori T O, Huy Q N. Distributed Attention and Shared Emotions in the In-

novation Process: How Nokia Lost the Smartphone Battle [J]. Administrative Science Quarterly, 2015, 61 (9): 9 – 51.

[260] Wheeler L, Reis H T. Self – recording of Everyday Life Events: Origins, Types, and Uses [J]. Journal of Personality, 2010, 59 (3): 339 – 354.

[261] Wright T A, Cropanzano R. Psychological Well – being and Job Satisfaction as Predictors of Job Performance [J]. Journal of Occupational Health Psychology, 2000, 5 (1): 84 – 94.

[262] Wu L Z, Yim H K, Kwan H K, et al. Coping With Workplace Ostracism: The Roles of Ingratiation and Political Skill in Employee Psychological Distress [J]. Journal of Management Studies, 2012, 49 (1): 178 – 199.

[263] Xu A J, Loi R, Chow C W C. What Threatens Retail Employees' Thriving at Work Under Leader – Member Exchange? The Role of Store Spatial Crowding and Team Negative Affective Tone [J]. Human Resource Management, 2019, 3 (2): 1 – 12.

[264] Yang Y, Li Z, Liang L, et al. Why and When Paradoxical Leader Behavior Impact Employee Creativity: Thriving at Work and Psychological Safety [J]. Current Psychology, 2019, 11 (5): 197 – 233.

[265] 陈建安,金晶.能动主义视角下的工作幸福管理[J].经济管理,2013,35 (3): 183 – 194.

[266] 丁凤琴,陆朝晖.共情与亲社会行为关系的元分析[J].心理科学进展,2016 (8): 1159 – 1174.

[267] 段锦云,卢志巍,沈彦晗.组织中的权力:概念、理论和效应[J].心理科学进展,2015,23 (6): 1070 – 1078.

[268] 方慧,何斌,张韫等.自我决定理论视角下服务型领导对新生代员工幸福感的影响[J].中国人力资源开发,2018,35 (10): 6 – 15,38.

[269] 方卓,张秀娥.创业激情有助于提升大学生创业意愿吗?——基于六省大学生问卷调查的研究[J].外国经济与管理,2016,38 (7): 41 – 56.

[270] 寇彧,付马,马艳.初中生认同的亲社会行为的初步研究[J].心理发展与教育,2004,20 (4): 43 – 48.

[271] 雷星晖,单志汶,苏涛永等.谦卑型领导行为对员工创造力的影响研究[J].管理科学,2015,28 (2): 115 – 125.

[272] 屠兴勇,张琪,王泽英等.信任氛围、内部人身份认知与员工角色内绩效:中介的调节效应[J].心理学报,2017,49 (1): 83 – 93.

[273] 王佳艺,胡安安.主观工作幸福感研究述评[J].外国经济与管理,2006,11 (8): 49 – 55.

后 记

　　情感不仅使我们的生活泛起波澜，也为我们感知到的世界增添色彩（Damen et al.，2008）。作为一个笼统的概念，早期的学者认为，情感（Affect）是一种感觉状态（Feeling State），由心境（Mood）和情绪（Emotion）两个部分组成（Frijda，1994）。紧接着，Barsade 等（2007）提出，情感是个人所体验到的一系列感受，包括感觉状态情感及特质情感。在近期的研究中，Herman 等（2018）结合以往的相关界定，把情感看作是一种主观的感觉状态，由状态情感（包括情绪和心境）和特质情感组成。Herman（2018）对情感的定义得到了国内外学者的广泛认同，即认为情感是由状态情感和特质情感组成的一系列主观感受（冯镜铭和刘善仕，2018）。可见，情感从性质上一般可以分为状态情感和特质情感。基于情感强度、形成原因和持续时间存在的差异，状态情感又可进一步细分为情绪和心境两种不同的情感类型（Van Knippenberg & Van Kleef，2016）。相对而言，情绪状态比心境状态更为强烈和紧凑，且起因清晰，起点和终点明确，但情绪持续的时间较心境往往更为短暂。特质情感则依据个人的特质性倾向而表现出不同类型的具体情感。特质情感从性质上可以划分为积极情感特质和消极情感特质。状态情感与特质情感既有区别又相互作用。例如，Van Knippenberg 等（2016）认为，在某种程度上，积极情感状态和消极情感状态可以由积极情感特质和消极情感特质分别表征。对整体情感或具体情感的研究有重要意义，能够帮助我们更深入地理解不同情感的本质以及在不同情境下情感的作用。

　　情感在人类行为中起着核心作用（Goleman，1995），不仅影响日常的社会生活，同时也可能影响到职场。在工作场所中，情感会对个人和组织层面的结果产生重大影响（Ashkanasy & Humphrey，2011；Barsade & Knight，2015；Elfenbein，2007）。在传统的管理研究中，情感通常被认为是与理性相对立的（Seo & Barrett，2007）。总的来看，关于情感影响机理的研究经历了由关注个体内部到关注情感对人际互动影响的发展过程。早期的研究聚焦于情感对个体自身的影响。例如，Damasio（1994）和 Williams 等（1997）的研究探讨了个体状态情感（包括情绪和心境）对回忆、想象、专注、判断和计划等认知过程的影响，以及进一步对个体的想法和行为的作用。近年来，情感在人际互动中所扮演的角色开始受到研究者的关注。大量研究发现，情感不仅影响个体内部，而且还可能进一步对他人产生影响（Eisenkraft & Elfenbein, 2010; Madrid et al., 2016; Van Knippenberg & Van Kleef, 2016）。例如，情感表现（Affective Displays）作为人际互动过程中的一种信息投入，能向互动方提供有关意愿和关系取向方面的线索（Scherer, 1986），从而影响人际互动。

随着对情感研究的发展，组织情境下的情感研究开始受到关注。在以往的研究中，情感经常被视为工作以外的"副产品"而遭到忽视。近年来，有关情感的研究在组织研究中受到重视，越来越多的学者认识到许多情境影响因素正是通过情感这一桥梁对员工后续的行为和态度产生影响的（Barsade & Gibson, 2007）。近20年来，组织行为学研究领域甚至掀起了一场"情感革命"，大量展开对组织中情感的驱动因素和影响效应机制的研究。事实上，对工作场所中情感的研究正在蓬勃发展。如谷歌学术搜索显示，约有26万篇文章使用了情绪劳动（也称情感劳动）或情商一词，其中，仅2012年后发表的文章就有5万多篇。大量的研究探讨了组织中情感的内涵及其影响效应、影响机制和边界条件，包括对工作幸福感、情绪智力、工作激情、工作场所的移情研究以及领导者情感研究等，另外，还包括对愤怒表达、工作场所焦虑等负面结果的关注。

越来越多的研究开始强调工作中的情感对组织或组织中个体的重要性。例如，Weiss和Cropanzano（1996）提出，组织中的行为本质上是由成员对环境中的事件的情感反应来驱动的。但总体而言，早前的研究文献对于积极情感的关注要远远多于消极情感。积极的情感通常被认为能够带来正面的成果，而消极的情感则被认为会导致一系列不良后果。如积极的情感通常被认为与创造性相联系，当人们处于积极的情感状态之中时，其创造能力更高（Fredrickson, 2001）。基于扩展与构建理论，Sekerka等（2012）的研究也表明，积极情感可以促进个体意识的扩展，从而帮助个体建立社会资源。然而，最近的研究发现，消极情感也能在促进创造力和生产力方面发挥积极作用（To, Fisher & Ashkanasy, 2015; To, Fisher, Ashkanasy & Rowe, 2012）。但迄今为止仍然缺乏一个令人信服的理论框架来理解这种看似自相矛盾的情况背后的过程。矛盾结论不仅出现在不同效价（积极或消极）的情感研究之间，对相同效价情感的研究也产生了争议。因为即使是同一效价的情感也可能导致不同的后果。如同为消极情绪的愤怒和悲伤情绪对助人决策的影响效果就截然相反。处于悲伤的个体更有可能产生助人行为，而处于愤怒情绪则正好相反（杨昭宁等，2017）。

在现有工作场所中的情感研究中，领导者情感是研究得最多的一种情感，并取得了较为丰富的研究成果。领导者占据着突出而有权力的位置,掌握组织中资源的分配权,从而在组织或团队成员的认知、情感和行为过程中扮演着核心角色(Anderson et al., 2003; Magee & Galinsky, 2008)。领导者情感是指领导者的一种相对短暂的感觉状态,包括心境和情绪。从心境的角度来解读领导者情感,有学者认为,领导者情感是一种强度相对较低的一般感觉状态,这种感觉状态的出现没有明确的原因和对象(Sy et al., 2005)。而从情绪的角度来界定,学者强调领导者情感是领导在工作中受到某一具体刺激后所表现出的持续时间较短的情绪反应(Eberly et al., 2013)。即认为领导者情感是一种受到具体刺激而引发的当下状态,其持续时间较短,并且是动态的,会随着刺激的变化而改变。冯镜铭等(2018)则整合情绪和心境两部分,将领导者情感界定为一种相对短暂的感觉状态,包括情绪和心境。

研究表明,领导者情感对领导自身及下属均会产生重要影响。就领导者情感对领导自身的影响而言,以往研究达成的普遍共识是,领导者情感及其情感表达对下属对领导魅力和领导有效性的感知起到核心影响作用。例如,实证研究发现,当领导者表现出积极情感时,领导者会被认为是高效的(Gaddis et al., 2004)。与此相反,若领导者在沟通时表现出消极情感,其领导会被视为是低效的(Lewis, 2000)。对下属而言,领导者情感被众多学者证明是下属情感、工作态度、行为及工作产出的重要决定因素(Van Kleef, 2009; Knippenberg & Van Kleef, 2016; Liu et al., 2017)。不过,现有研究主要关注的还是积极领导情感及其影响后效,而领导者消极情感没有得到很好的探讨。并且,这些研究似乎都倾向于一个观点:领导者积极情感与积极效果相联系,而消极情感则只会导致消极后果。但是,随着对情感研究越来越深入和细化,越来越多的研究发现,领导者的积极情感不一定都能导致积极产出,而消极情感也不只会带来坏结果。例如,Sy 等(2005)的研究发现,领导者积极心境能够促进团队成员更加协调,同时领导者消极心境也能激励成员更加努力工作。这说明,将情感笼统地划分为积极情感和消极情感容易导致相互矛盾的结果,对情感进行更为细分的研究是未来的重要研究趋势,这也有助于更加全面和准确地理解情感的影响效果。未来研究也可以进一步探讨领导者情感研究矛盾发现中可能存在的边界条件,以调和已有的矛盾研究发现,推进领导者情感理论研究。

除了由关注效价(积极或消极)的情感大方向转为更为细分的探讨具体情感的影响研究趋势之外,在情感研究中还出现了一些新的切入点或关注要素。社交媒体使用的日益普遍可能给组织成员的情感体验和情感管理带来一些新特点和新挑战。研究发现,社交媒体允许用户自我表达和维系社交,因此,在一定程度上能够给用户带来愉悦的情感体验;但社交媒体的使用同样可能导致恐惧体验,使个体感到焦虑不安（季忠洋等，2018）。此外，被动的社交媒体使用还被证实与幸福感负相关（Kross et al.，2013；刘庆奇等，2017），并且可能会诱发抑郁（连帅磊等，2018；Feinstein et al.，2013）、嫉妒（Krasnova et al.，2013）等消极情绪体验。再者，社交媒体使组织及其成员信息与情感分享以及互动的动态机制发生了重大变化（Toubiana & Zietsma，2017），可能会由此引发不同于以往的情感体验与相应的态度反应。例如，社交媒体平台具有"情感回声室"效应，通过社交媒体自我呈现方式在线分享情感体验可能导致情感放大，并进一步影响互动双方的行为选择。在社交媒体上，用户可以自由地表达情感，而其他人对此做出反应或也在平台上表达自己的情感，从而使情感被放大，可能导致不恰当的反应（Toubiana & Zietsma，2017）。不恰当的情感表达会恶化冲突，特别是通过社交媒体的情感放大效应，可能进一步放大冲突，导致更为严重的后果。当员工在组织中受到排斥或不公正待遇时可能会产生负面情感反应。通过社交媒体表达自己强烈的负面情感，可能会引发非预期的后续反应。例如，Toubiana 等（2017）的研究表明，Facebook 可以作为一种情感回声室发挥作用。在这一社交媒体空间中，负面情感可能被放大，并导致组织成员投入情感驱动的线上及线下的非理性行动之中，对组织及其成员均有可能产生严重的负面结果。另外，在社交媒体上发表高情感状态的帖子还会引发情感级联效应或瀑布效应（Cascade Effect），使个体情感的影响呈数十倍放大。在社交媒体蓬勃发展的环境下，社交媒体上的情感表达策略及相应的情感管理可能成为个体情感管理的新挑战。在当今信息时代探讨社交媒体与情感之间的这种可能高度相联的关系是非常有意义的。究竟社交媒体使用如何影响职场中的情感、对于不同效价情感的影响有何不同，以及如何借助社交媒体平台促进职场中的员工或领导情感的管理是值得研究者特别关注的重要问题。

一直以来，组织中的情感研究往往将情感视为静态进行探讨，研究情感的静态效应。但现实是，情感并不是一种稳定不变的状态，而可能是一个动态发展的状态及结果。个体对于情感的体验可能在短时间内因为情感事件的变化而出现情感的变动，如破涕为笑。George 等（2007）指出，员工在实际工作场所中产生的情感可能是交替出现的，在多种因素的影响下，情感可能是由积极转向消极或消极转向积极，甚至是两种不同性质的情感在一段时间内的交替出现。George 等在此分析的基础上构建出了情感的双调谐模型（Dual-tuning Model）并检验了该观点，即阐释了在支持性情境下积极情感和消极情感究竟会如何对个体创造力产生作用。Bledow 等（2013）进一步更为直观地描述了情感变换的动态现象，即员工先体验到高水平消极情感，但这一情感在受到积极情感事件影响后会下降，同时积极情感会逐渐上升，表现为一个动态变化的过程。因此，从动态的视角探索情感的特性和影响显得尤为重要,这对于理解并引导恰当的情感的表达方式和情感管理也有着重要意义。

个体差异(Individual Differences)对个体情感反应的影响也是情感研究的一个新趋势。个体差异是社会科学中研究最频繁的课题之一,但还可以做更多的工作来了解个体差异如何塑造人们对情感事件的反应方式。例如,Lebel(2017)表明,男性和女性对恐惧事件的反应可能存在差异。面对恐惧事件,女性可能倾向于逃避、报复,而男性则倾向于克服。同样,多样化的个体差异很可能成为人们对组织中各种情绪事件反应的决定因素。对可能导致的个体对不同事件情感反应的差异性影响因素的探讨将是深入理解不同个体情感反应的重要基础。例如,研究发现,内向的个体与外向的个体相比,可能对大多数情感的表达和对情感事件的反应都存在差异。同样,个体对经验的开放性、随和性和尽责性的特质也可能在某种程度上影响了人们对于恐惧事件所做出的反应,以及人们对特殊情境中的其他情感事件的反应。因此,个体差异可能导致个体的情感体验和对情感事件的反应有所差异,而这种差异将直接导致不一样的态度与行为。可以说,基于个体差异的情感发展及情感效应的挖掘与利用是一个重要的主题,未来可以对此进行进一步探索。相信对这些问题的理解有助于更有针对性地指导组织中的情感管理实践。

此外,矛盾情感(混合情感)的研究最近也受到一些学者的关注。在研究离散情绪方面,大多数研究人员都倾向于研究单一的基本或自我意识的情绪,例如,快乐、幸福、恐惧、愤怒和羞愧。但是,生活中的许多情感经历是复杂的,在不同程度上涉及相互冲突、相互矛盾的多种情感。个体对于情感的体验也不总是单一的,如有可能同时存在多种不同性质的情感,如悲喜交加、百感交集。在最早的混合情感研究中,Pratt等(2000)将个体针对某一特定目标而产生积极和消极的混合情感体验界定为矛盾情感(Emotional Ambivalence)。矛盾情感体验的一个核心就是积极与消极情感同时高强度旗鼓相当的存在,难以回避或忽视其中的某一种情感。实际上,在组织情境下也可能存在这样的现象。例如,Rothman和Melwani(2017)探讨了领导者的矛盾情感如何帮助领导者通过变革努力引导他们的追随者。事实上,大多数组织变革都包括积极和消极结果的混合,领导者需要显示一系列复杂的情感,使他们的追随者体验到混合情感,帮助其取得更好的表现。但在此过程中,领导者或追随者都需要特别关注矛盾情感的发展状况,对其加以监管和调控,对由此可能产生的后续影响高度重视,特别是领导者自身个性或性格引起的矛盾情感状况,以利于领导者自身情感的更深层次调适,借以避免领导者不良情感状态可能导致的消极后果。

关于情感测量方法的探索和测量工具的开发也是情感研究的一个新趋势。在日常的社交活动中，人们经常假装或隐藏自己的情感（Jarvis，2017）。更糟糕的是，人们在假装自己的情感表现之后，最后导致连自己都没有意识到自己的真实情感。这使在工作场所观察、评估情感变得困难。有鉴于此，情感研究者呼吁加强对情感测量工具的探索和开发。大多数社会科学研究中的研究都倾向于使用自我报告量表，学者也就如何制作这些量表展开了一系列探索和检验。还有研究发现，实验方法有助于确定实验对象是否准确地意识到实验条件如何影响他们的情感（Jarvis，2017）。但人的情感是复杂的，许多情感事件（例如，对危机局势的反应、失业或欺凌事件）是不能或不适宜在实验室中产生的。因此，Ashkanasy、Humphrey 和 Huy（2017）认为，偶发事件或重大事件引发的复杂和强烈的情感只能通过案例研究获得启发。另外，还有研究发现，生理测量（如心跳、血压、出汗、面部运动等）也可以帮助提供独立于自我报告的情感反应（Ashkanasy et al.，2017）。有关情感测量方法的探索和测量工具的开发能够使我们更好地了解情感的现实表现，同时也能为后续的实证研究奠定基础。因此，情感测量方法和测量工具的研究是一个值得未来进一步探讨的重要主题。

将微观情感与宏观制度联系起来成为新的研究热点。究竟影响微观情感发展的宏观机制（如组织制度、政策）具有什么特征，这些特征对于情感发展影响的内在机理是什么是当前情感研究的一个新主题。例如，Cardon 等（2017）在对团队创业热情的研究中，探讨了丰富的基于群体的机制，包括相似性吸引、共享群体身份、群体多样性对创业团队成员情感的影响。最后发现，相似性吸引、共享群体身份、群体多样性都能在一定程度上激发团队成员的积极情感。在组织层面上，Parke 和 Seo（2017）提出了一个组织情感氛围的影响前因模型，该模型提出了影响员工情感体验和情感表达的方式，并且这些又将进一步影响到组织的成果。Fehr 等（2017）关注了人力资源实践如何促进集体感恩情感的发展，并获得组织利益提升，构建健康的组织情感文化。Fehr 的研究揭示了组织层面如何通过基于情绪的 HR 实践来塑造组织文化的情感维度，将组织文化与情感联系起来。另外，在机构层面，Jarvis（2017）研究了机构层面的信念如何塑造虚假的情感表现，展示了两者之间的相互作用机制，并探讨了个体层面的情绪调节和情绪展示对机构秩序维护或改变的影响。然而，虽然已有部分学者在战略变革的背景下研究了微观情感与宏观组织效应之间的联系，但这些微观与宏观的联系仍然不能有效推断个体水平的情感如何影响或受组织水平和机构层面结果的影响过程。例如，只有少数的研究证实，来自组织个体的情感可能会影响整个组织治理和制度制定，从而导致组织绩效下降（Huy，2011；Huy，Corley & Kraatz，2014；Vuori & Huy，2016）。而其他大部分研究依然没能得出确切的研究结论，仍处于假设推理阶段。对情感的跨层次研究仍然有待进一步推进和深化。

有关组织情感平衡与管理能力也是未来情感研究的一个重要理论主题和实践探讨方向。个体情感可以通过组织识别、监控、关注和管理员工情感的能力而转换成为集体和组织的情感（Huy，2005）。组织识别、监控、关注和管理员工情感的能力即组织管理其成员情绪的集体知识和技能，应纳入组织的日常学习工作中，以帮助组织实现目标。例如，在战略变革的背景下，Huy（2005）的研究表明，在战略变革过程中组织表达或引出特定的积极情感，如同情和希望的能力，将有助于促进组织变革的成功。特别地，领导者情感作为组织中最为重要情感之一，对于组织及其成员均有着重要的意义，因此，对领导者情感管理能力的培养尤为重要（Humphrey, Pollack & Hawver, 2008；Kaplan, Cortina, Ruark LaPort & Nicolaides, 2014）。例如，领导者情绪平衡能力的培养和发展。研究表明，情绪平衡是必要的，因为领导者太多和太快的情绪变化可能导致员工产生混乱，而太少和太慢的情绪变化则有可能产生惰性。此外，除了领导的情绪管理之外，还可以通过将情感管理嵌入组织行动中来执行情感管理和提升情感平衡能力（Huy，1999）。关于情感管理和平衡能力这一领域的研究潜力巨大，未来的研究可以进一步探索组织或领导者情感管理能力相关的过程和机制。

近年来，情绪劳动也是情感研究的一个新的关注热点。情绪劳动一直是情感的一个主要研究主题，在过去的几年里，学者们在这个主题上也做了大量的探索工作（Grandey, Diefendorff & Rupp, 2013）。情绪劳动是指个体在工作中按照一定的组织展示规则修改自己的情绪，反映的是一种情绪调节行为。情绪劳动要求是指组织管理者为了员工更好完成任务而对员工表现出的情绪状态提出的相应规定和要求，包括积极情绪展现和消极情绪压制等（Ashforth et al., 1993）。例如，餐厅和零售机构经常敦促他们的员工提供"微笑服务"。在组织中，即使占据突出权力地位的领导者也需要进行情绪劳动，即使在某些情况下自身正在经历消极情绪也必须进行调整，努力表现出积极的情感（Riggio et al., 2008）。虽然研究者在情绪劳动研究方面已经做了大量的工作，但仍有一些重要的研究议题需要进一步探索。首先，现存研究关于情绪劳动的"阴暗面"已经取得丰硕的研究成果。例如，研究发现，情绪劳动要求是引发员工工作场所焦虑的一个可能诱因，尤其是在员工真实情绪与外在情绪要求有矛盾，在个人难以有效调整自身情绪状态的情况下更是如此（Hochschild's，1983）。而情绪劳动的积极方面在很大程度上被忽视了。Humphrey、Ashforth 和 Diefendorff（2015）提出，情绪劳动的有害影响主要源于在人们使用错误的情绪劳动——表面行为，而不是更有益的形式——深层行为和自然、自发和真实的情绪劳动，深层情绪劳动行为在一定程度上反而有助于个体更出色地完成工作。Humphrey 等（2015）进一步提出，首先，表面行为通常是由于较差的人—工作匹配导致的，而对于那些具有良好工作匹配的人，特别是外向者和具有高情感稳定性、高情感智力的人来说，情绪劳动是有益的。其次，情绪劳动研究不再局限于特定服务行业，研究人员开始将情绪劳动的概念应用于领导和下属之间的互动中（Ashkanasy & Humphrey, 2011b; Fisk, & Friesen, 2012; Gardner, Fischer & Hunt, 2009; Humphrey et al., 2008）。领导者使用情绪劳动来调节自己的情绪，管理下属的情绪、工作态度和工作表现（Humphrey, 2012）。领导者和下属在互动时可以使用表象、深层行为或真实的情感，情绪劳动策略的选择可能会对领导—下属关系质量产生深远的影响。鉴于这些重要的发现，今后的研究显然需要继续推进，特别是要了解情绪劳动的"阳光面"及其边界条件，如个体—工作匹配是否可以缓冲情绪劳动的负面影响？领导者的情绪劳动（包括表层行为和深层行为）是否能促进领导—成员关系提升？如果可以，其作用机制和边界条件又是什么？等等问题是未来组织情感学者进一步研究可以关注的有趣主题。

最后，感谢潘清泉的硕士生赵青、程韶懿、江梦菲、李婉、王茜、朱亮名，韦慧民的硕士生农梅兰和张艳冰积极参与了本书部分章节的撰写工作。在此对他们表示衷心的感谢。